机电专业高新技能型人才培养实训丛书

维修电工操作实训教程

宋宏文　刘朝辉　主编

北京航空航天大学出版社

内 容 简 介

随着社会的进步和科学的发展,电工类的设备及产品更新换代迅猛,电类专业的教学设备、教材也随之改变。

教材的编写力图突破传统教学思路,引入项目教学法,以任务驱动模式完成维修电工技能学习;坚持从实际出发,重视实践能力的培养。教材吸收、借鉴、整合了电工各类书籍的经验,使之更加符合职业院校教学需求。本书涵盖有:电工的基本操作、电工仪表、电力拖动、电子技术、可编程控制器(PLC)、CAD、可控整流、变频器、直流调速技术及单片机的相关知识等。

本书可作为职业院校电类专业教学用书,亦可作为相关领域学习和培训指导用书。

图书在版编目(CIP)数据

维修电工操作实训教程 / 宋宏文,刘朝辉主编. --北京:北京航空航天大学出版社,2011.8
ISBN 978-7-5124-0540-0

Ⅰ.①维… Ⅱ.①宋…②刘… Ⅲ.①电工-维修-教材 Ⅳ.①TM07

中国版本图书馆 CIP 数据核字(2011)第 148560 号

版权所有,侵权必究。

维修电工操作实训教程

宋宏文 刘朝辉 主编

责任编辑 金友泉

*

北京航空航天大学出版社出版发行

北京市海淀区学院路 37 号(邮编 100191)　http://www.buaapress.com.cn
发行部电话:(010)82317024　传真:(010)82328026
E-mail:bhpress@263.net　邮购电话:(010)82316936
北京时代华都印刷有限公司印装　各地书店经销

*

开本:787×1 092　1/16　印张:24.5　字数:627 千字
2011 年 8 月第 1 版　2011 年 8 月第 1 次印刷　印数:4 000 册
ISBN 978-7-5124-0540-0　定价:39.00 元

若本书有倒页、脱页、缺页等印装质量问题,请与本社发行部联系调换。联系电话:(010)82317024。

序　言

职业教育是我国国民教育体系的重要组成部分，而教材建设是深化职业教育教学改革、提高职业教育教学质量的关键环节。随着科学技术和国民经济的迅猛发展，对从业人员的知识结构与实践操作能力的要求越来越高，专业课程改革如何满足学生就业的实际需求，教材建设如何适应课程改革的需要，是职业教育领域普遍面临的重要课题。

目前职业院校所应用的教材大多按传统的学科知识体系进行编排，过分强调学科基本知识，教材在反映知识的综合运用上有待进一步提高；教材内容老化，知识内容与行业科技前沿有一定差距，不能完全反映现代科学技术的发展水平；教材结构和内容过于单调，陈述性语言过多，不利于引起学生的学习兴趣；内容缺乏与相关行业和职业资格证书的衔接。这些情况直接影响了学生理解和掌握专业知识，妨碍学生创造力的培养，也不利于学生进行自学。

针对目前职业教育教材所存在的不足，天津机电工艺学院做了卓有成效的尝试，他们主动适应经济社会发展要求，从职业能力的研究入手，紧贴企业生产实际开展教学研究，以相关职业岗位的实际需求为目标，探索更加适合当前技能人才需求的教育培养模式，着力开发一体化课程。本套丛书便是他们几年来实施教学改革研究的结晶。

本丛书学以致用和"做中学"的特征显著，侧重培养学生的应用能力和创新素质。学生应掌握的专业知识和技能明确、具体；根据具体教学内容的特征及其所适用的教法，设计各书的结构，选取教学案例；教学过程详实；教学手段合理；内容由浅入深、简明扼要、通俗易懂。作为同类教材中的佼佼者，希望本丛书能为机电类职业教改提供有益的借鉴和思考。

中国职业教育学会副会长
天津职业技术师范大学校长

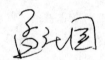

前　言

随着社会的进步和科学的发展,电工类的设备及产品更新换代迅猛,电类专业的教学设备、教材也随之改变。此教材为职业院校电类专业教学所编写,亦可作为相关领域学习和培训指导用书。

教材编写中坚持以实际出发,重视实践能力的培养。教材内容以实际操作为主,配合相关的理论知识;还吸收、借鉴、整合了电工类书籍的经验,使之更加符合职业院校教学需求。此书主要内容有:电工的基本知识、电工仪表、电力拖动、电子技术、可编程控制器(PLC)、CAD、可控整流、变频器、直流调速技术及单片机的相关知识等。

本书由机电工艺学院周秀峰编写绪论、模块一、模块九;李惠洁编写模块二;宋宏文编写模块三;刘朝辉编写模块四、模块五、模块八及附表;方晓群编写模块六、模块十;张长勇编写模块七。全书由宋宏文、刘朝辉任主编,天津职业技术师范大学张国香主审。

由于作者的水平有限,书中难免有不足之处,恳请广大使用者批评指正,我们将认真听取您的宝贵建议,在今后的工作中加以改进。

编　者

2011 年 5 月

《机电专业高新技能型人才培养实训丛书》
编 委 会

主　任　　宋春林

委　员　　卜学军　孙　爽　张铁城　阎　兵

　　　　　张玉洲　刘介臣　李　辉　张国香

　　　　　王金城　雷云涛　张　宇　刘　锐

总主编　孙　爽　卜学军

总主审　刘介臣

本书编委会

主　编　　宋宏文　刘朝辉

编　者　　周秀峰　李惠洁　宋宏文

　　　　　刘朝辉　方晓辉　张长勇

目 录

绪 论 安全用电 ·· 1
   0.1 安全用电常识 ·· 1
   0.2 设备运行安全常识 ·· 2
   0.3 安全电压 ·· 2
   0.4 触电事故原因 ·· 2
   0.5 电流对人体的伤害 ·· 4
   0.6 触电后的急救 ·· 5

模块一 电工基本技能 ··· 8
   课题一 验电工具的使用 ·· 8
   课题二 螺钉旋具的使用 ·· 9
   课题三 导线绝缘层的剖削及安装圈的制作 ·· 11
   课题四 导线的连接 ·· 14
   课题五 导线绝缘层的恢复 ·· 17

模块二 继电-接触式控制电路的安装与调试 ··· 19
   常用低压电气介绍 ··· 19
   课题一 交流接触器的拆装与检修 ··· 29
   课题二 三相异步电动机正转控制线路的安装与调试 ································ 33
   课题三 三相异步电动机正反转控制线路的安装与调试 ····························· 36
   课题四 顺序控制线路的安装与调试 ·· 41
   课题五 星形-三角形降压启动控制线路的安装与调试 ······························ 45
   课题六 单相半波整流能耗制动控制线路的安装与调试 ····························· 48
   课题七 多速异步电动机控制线路的安装与调试 ····································· 51

模块三 可编程控制器 ··· 56
   第一节 可编程控制器的基本概况 ··· 56
   第二节 欧姆龙 CPM1A 机的指令系统 ··· 71
   第三节 编程练习 ··· 77
   第四节 欧姆龙 CX - Programmer 软件的基本使用 ·································· 90
   第五节 西门子 S7 系列 PLC 概述及指令 ·· 106
   课题一 十字路口交通信号灯控制 ··· 127
   课题二 抢答器控制 ·· 131
   课题三 音乐喷泉控制 ··· 133

目录

模块四　常用电工仪器仪表的使用 ……………………………………………………… 136
　　课题一　用钳形电流表测量三相笼型异步电动机的空载电流 ……………………… 136
　　课题二　利用兆欧表测量电动机绝缘电阻 …………………………………………… 138
　　课题三　指针式万用表的基本操作 …………………………………………………… 141
　　课题四　数字式万用表的基本操作 …………………………………………………… 145
　　课题五　数字示波器测量波形的频率和峰值 ………………………………………… 149

模块五　电子技术基本操作 …………………………………………………………… 157
　　课题一　电阻器的识别与检测 ………………………………………………………… 157
　　课题二　电容器的识别与检测 ………………………………………………………… 162
　　课题三　识别与检测二极管 …………………………………………………………… 165
　　课题四　识别与检测三极管 …………………………………………………………… 168
　　课题五　电烙铁的安装与检测 ………………………………………………………… 173
　　课题六　电子元器件在印制电路板上的插装与焊接 ………………………………… 177
　　课题七　多用充电器的制作 …………………………………………………………… 184

模块六　电子 CAD ……………………………………………………………………… 191
　　第一节　DXP 软件简介 ………………………………………………………………… 191
　　第二节　电路原理图设计基础 ………………………………………………………… 193
　　第三节　制作元器件与建立元器件库 ………………………………………………… 198
　　第四节　PCB 板设计 …………………………………………………………………… 201
　　课题一　利用 DXP 软件自制元器件并绘制原理图 ………………………………… 206
　　课题二　应用 DXP 软件设计 PCB 板 ………………………………………………… 208

模块七　电力电子技术 ………………………………………………………………… 213
　　课题一　调试单结晶体管触发电路 …………………………………………………… 213
　　课题二　调试锯齿波同步移相触发电路 ……………………………………………… 217
　　课题三　单相半波可控整流电路的接线与调试 ……………………………………… 219
　　课题四　单相半控桥式整流电路的接线与调试 ……………………………………… 224
　　课题五　三相半波可控整流电路的接线与调试 ……………………………………… 228
　　课题六　三相桥式全控整流电路接线与调试 ………………………………………… 232

模块八　直流调速系统 ………………………………………………………………… 241
　　课题一　晶闸管直流调速系统主要单元调试 ………………………………………… 241
　　课题二　电压单闭环不可逆直流调速系统调试 ……………………………………… 246
　　课题三　电压、电流双闭环不可逆直流调速系统调试 ……………………………… 250

模块九　变频器的操作运行 …………………………………………………… 254
课题一　西门子变频器 MM420 面板基本操作控制 ……………………… 254
课题二　西门子 M420 型变频器控制电动机正反转 ……………………… 261

模块十　单片机 ………………………………………………………………… 269
第一节　单片机(MCS-51)简介 ……………………………………………… 269
第二节　MCS-51 系列单片机的指令系统及汇编语言程序设计 ………… 274
课题一　51 系列通用 I/O 控制 ……………………………………………… 276
课题二　定时器/计数器的应用 ……………………………………………… 286
课题三　中断系统的应用 …………………………………………………… 290
课题四　数码管的静态显示 ………………………………………………… 295
课题五　4×4 矩阵式键盘识别技术 ………………………………………… 299
课题六　8×8 点阵式 LED 显示 ……………………………………………… 301

附　表 …………………………………………………………………………… 307

参考文献 ………………………………………………………………………… 382

绪论　安全用电

随着电能应用的不断拓展,以电能为介质的各种电气设备广泛进入企业、社会和家庭生活中。与此同时,由于电本身看不见,摸不着,具有潜在的危险性,因此只有掌握了用电规律,懂得用电常识,按操作规程办事,电就可以为人类服务。否则,会造成电气事故,导致人身触电,电气设备损坏,轻则使人受伤,重则致人死亡。所以必须重视安全用电问题。

0.1　安全用电常识

① 不掌握电气知识的技术人员,不可安装和拆卸电气设备及电路。
② 禁止用一线(相线)一地(接地)安装用电器具。
③ 开关控制必须是相(火)线。
④ 绝不允许私自乱接电线。
⑤ 在一个插座上不可接过多或功率过大的用电电器。
⑥ 不准用铁丝或铜丝代替正规熔体。
⑦ 不可用金属丝绑扎电源线。
⑧ 不允许在电线上晾晒衣物。
⑨ 不可用湿手接触带电的电器,如开关、灯座等,更不可用湿布揩擦电器。
⑩ 私自在原有的线路上增加用电器具或采用不合格的用电器具。
⑪ 电动机和电气设备上不可放置衣物,不可在电动机上坐立,雨具不可挂在电动机或开关等电器的上方。
⑫ 任何电气设备或电路的接线桩头均不可外露。
⑬ 堆放和搬运各种物资、安装其他设备要与带电设备和电源线相距一定的安全距离。
⑭ 在搬运电钻、电焊机和电炉等可移动电器之前,应首先切断电源,不允许拖拉电源线来搬移电器。
⑮ 发现任何电气设备或电路的绝缘物有破损时,应及时对其进行绝缘物修复。
⑯ 在潮湿环境中使用可移动电器,必须采用额定电压为 36 V 的低压电器,若采用额定电压为 220 V 的电器,其电源必须采用隔离变压器;在金属容器如锅炉、管道内使用移动电器一定要用额定电压为 12 V 的低压电器,并要加接临时开关,还要有专人在容器外监护;低压移动电器应装特殊型号的插头,以防插入电压较高的插座上。
⑰ 雷雨时,不要接触或走近高电压电杆、铁塔和避雷针的接地导线的周围,不要站在高大的树木下,以防雷电入地时发生跨步电压触电;雷雨天禁止在室外变电所或室内的架空引入线上进行作业。
⑱ 切勿走近断落在地面上的高压电线,万一高压电线断落在身边或已进入跨步电压区域时,要立即用单脚或双脚并拢跳到 10 m 以外的地方。为了防止跨步电压触电,千万不可奔跑。

0.2 设备运行安全常识

① 在进行电气设备安装与维修操作时,必须严格遵守各种安全操作规程和规定,不得玩忽职守。

② 操作时,要严格遵守停电操作的规定,要切实做好防止突然送电时的各项安全措施,如锁上闸刀,并挂上"有人工作,不许合闸"的警告牌等,不准约定时间送电。

③ 在邻近带电部分操作时,要保证有可靠的安全距离。

④ 操作前应检查工具的绝缘手柄、绝缘鞋和绝缘手套等安全用具的绝缘性能是否良好,有问题的应立即更换,并应作定期检查。

⑤ 登高工具必须安全可靠,未经登高训练的,不准进行登高作业。

⑥ 发现有人触电,要立即采取正确的抢救措施。

⑦ 必须严格遵照操作规程进行运行操作,合上电源时,应先合隔离开关,再合负荷开关;分断电源时,应先断开负荷开关,再断开隔离开关。

⑧ 在需要切断故障区域电源时,要尽量缩小停电范围。有分路开关的,要尽量切断故障区域的分路开关,尽量避免越级切断电源。

⑨ 电气设备一般都不能受潮,要有防止雨、雪和水侵袭的措施。电气设备在运行时会发热,要有良好的通风条件,有的还要有防火措施。有裸露带电体的设备,特别是高压设备,要有防止小动物窜入造成短路事故的措施。

⑩ 所有电气设备的金属外壳,都必须有可靠的保护接地。

⑪ 凡有可能被雷击的电气设备,都要安装防雷装置。

0.3 安全电压

不带任何防护设备,对人体各部分组织均不造成伤害的电压值,称为安全电压。我国规定 12 V、24 V、36 V 三个电压等级为安全电压级别。在湿度大、狭窄、行动不便、周围有大面积接地导体的场所(如金属容器内、矿井内、隧道内等)使用的手提照明,应采用 12 V 安全电压。凡手提照明器具,在危险环境、特别危险环境的局部照明灯,高度不足 2.5 m 的一般照明灯,携带式电动工具等,若无特殊的安全防护装置或安全措施,均应采用 24 V 或 36 V 安全电压。

0.4 触电事故原因

众所周知,触电事故是由电流形成的能量所造成的事故。为了更好地预防触电事故,首先应了解触电事故的种类方式。例如在人们日常生活中经常出现如图 0.1 所示的不安全现象,从而导致触电事故的发生。

1. 触电事故种类

按照触电事故的构成方式,触电事故可分为电击和电伤。

(1) 电击

电击是电流对人体内部组织的伤害,是最危险的一种伤害,绝大多数(大约85%以上)的

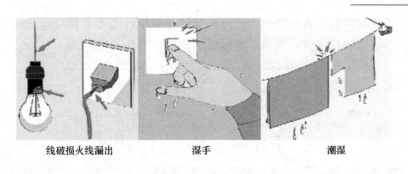

| 线破损火线漏出 | 湿手 | 潮湿 |

图 0.1 不安全现象

触电死亡事故都是由电击造成的。

(2) 电伤

电伤是由电流的热效应、化学效应、机械效应等效应对人造成的伤害。触电伤亡事故中，纯电伤性质及带有电伤性质的约占 75%（电烧伤约占 40%）。尽管大约 85% 以上的触电死亡事故是由电击造成的，但其中大约 70% 的含有电伤成分。对专业电工自身的安全而言，预防电伤具有更加重要的意义。

① 电烧伤　是电流的热效应造成的伤害，分为电流灼伤和电弧烧伤。

电流灼伤是人体与带电体接触，电流通过人体由电能转换成热能造成的伤害。电流灼伤一般发生在低压设备或低压线路上。

电弧烧伤是由弧光放电造成的伤害，分为直接电弧烧伤和间接电弧烧伤。前者是带电体与人体之间发生电弧，有电流流过人体的烧伤；后者是电弧发生在人体附近对人体的烧伤，包含熔化了的炽热金属溅出造成的烫伤。直接电弧烧伤是与电击同时发生的。

电弧温度高达 8 900 ℃ 以上，可造成大面积、大深度的烧伤，甚至烧焦、烧掉四肢及其他部位。大电流通过人体，也可能烘干、烧焦机体组织。高压电弧的烧伤较低压电弧严重，直流电弧的烧伤较工频交流电弧严重。

② 皮肤金属化　是在电弧高温的作用下，金属熔化、汽化，金属微粒渗入皮肤，使皮肤粗糙而张紧的伤害。皮肤金属化多与电弧烧伤同时发生。

③ 电烙印　是在人体与带电体接触的部位留下的永久性斑痕。斑痕处皮肤失去原有弹性、色泽，表皮坏死，失去知觉。

④ 机械性损伤　是电流作用于人体时，由于中枢神经反射和肌肉强烈收缩等作用导致的机体组织断裂、骨折等伤害。

⑤ 电光眼　是发生弧光放电时，由红外线、可见光、紫外线对眼睛的伤害。电光眼表现为角膜炎或结膜炎。

2. 触电事故方式

按照人体触及带电体的方式和电流流过人体的途径，电击可分为单相触电、两相触电和跨步电压触电。

(1) 单相触电

当人体直接碰触带电设备的其中一相时，电流通过人体流入大地，这种触电现象称为单相触电。对于高压带电体，人体虽未直接接触，但由于超过了安全距离，高电压对人体放电，造成单相接地而引起的触电，也属于单相触电。

低压电网通常采用变压器低压侧中性点直接接地和中性点不直接接地（通过保护间隙接地）的接线方式，这两种接线方式发生单相触电的情况如图0.2所示。

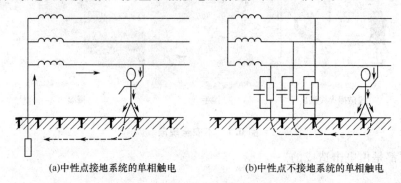

(a) 中性点接地系统的单相触电　　(b) 中性点不接地系统的单相触电

图0.2　单相触电示意图

（2）两相触电

人体同时接触带电设备或线路中的两相导体或在高压系统中，人体同时接近不同相的两相带电导体，而发生电弧放电，电流从一相导体通过人体流入另一相导体，构成一个闭合回路，这种触电方式称为两相触电。发生两相触电的情况如图0.3所示。

发生两相触电时，作用于人体上的电压等于线电压，这种触电是最危险的。

（3）跨步电压触电

当电气设备发生接地故障，接地电流通过接地体向大地流散，在地面上形成电位分布时，若人在接地短路点周围行走，其两脚之间的电位差，就是跨步电压。由跨步电压引起的人体触电，称为跨步电压触电。发生跨步电压触电的情况如图0.4所示。

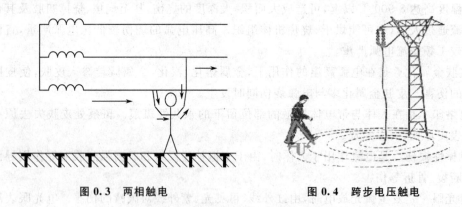

图0.3　两相触电　　　　　图0.4　跨步电压触电

0.5　电流对人体的伤害

电流通过人体时可对人体造成生理和病理的伤害，其伤害的表现形式为电击和电伤。电击是指电流通过人体后在其内部产生的反应。电伤是指由于电流的热效应、化学效应或机械效应等对人体外部造成的伤害。电流对人体的伤害程度取决于以下因素。

1. 通过人体电流的大小

触电时通过人体电流的大小是决定人体受伤害程度的主要因素之一。按照人体对电流的生理反应强弱和电流对人体的伤害程度可将电流分为 3 种,即感知电流、摆脱电流和致命电流。感知电流是指引起人体感觉但不会伤害生理反应的最小电流,其值约为 1 mA;摆脱电流是指人触电后能自主摆脱电源的最大电流,其值是 10 mA;致命电流是指在较短的时间内能引起触电者心室颤动而危及生命的最小电流,其值是 50 mA。在一般情况下,可取 30 mA 为安全电流。

2. 持续的时间

电流在人体中持续的时间越长,对人体的伤害程度就越严重。特别是电流持续时间超过心脏的心动周期时,则危险性更大,极易引起心室颤动而造成死亡。

3. 流过的部位

人体遭受电击时,如果电流通过心脏、肺和中枢神经系统,对人体的伤害程度就更严重。所以触电时的电流路径明显地影响着对人体的伤害程度。如从左手到前胸是最危险的电流路径,从一只脚到另一只脚是危险性较小的路径,但人体可能由于痉挛而摔倒,使电流通过全身或造成摔伤。

4. 电流的性质

电流的性质是指电流的频率。频率在 28~300 Hz 的电流对人体的影响较严重,尤其是频率为 40~60 Hz 的电流对人体的伤害最为严重;频率在 2 kHz 以上的高频电流对人体的伤害程度明显的减少;直流电流对人体的伤害程度较轻。

5. 人体电阻

人体电阻的大小是影响触电后人体受伤害程度的重要物理因素。人体电阻由体内电阻和皮肤电阻组成,体内电阻基本稳定,约为 500 Ω。接触电压为 220 V 时,人体电阻的平均值为 1 900 Ω;接触电压为 380 V 时,人体电阻降为 1 200 Ω。经过对大量实验数据的分析研究确定,人体电阻的平均值一般为 2 000 Ω 左右,而在计算和分析时,通常取下限值为 1 700 Ω。

0.6 触电后的急救

在电气操作和日常用电中,即使采取了有效的触电预防措施,也可能会有触电事故的发生。所以,在电气操作和日常用电中,尤其是在进行电气操作过程中,必须做好触电急救的思想和技术准备。一旦发生人身触电,迅速准确地进行现场急救,并坚持救治是抢救触电者的关键。不但电工应该正确熟练地掌握触电急救方法,所有用电的人都应该懂得触电急救常识,万一发生触电事故就能分秒必争地进行抢救,减少伤亡。

1. 断开触电者的电源

发现有人触电时,不要惊慌失措,应赶快使触电人脱离电源,但千万不要用手直接去拉触电者,防止造成群伤触电事故。

(1) 断开低压触电

如果是低压触电,断开电源有以下几种方法:

① 断开开关 如果发现有人触电,而开关设备就在现场,应立即断开开关。如果触电者接触灯线触电,不能认为拉开拉线开关就算停电了,因为有可能拉线开关是错误地接在零线上,应在顺手拉开拉线开关以后,再迅速地拉开附近的闸刀开关或保险盒才比较可靠。

② 利用绝缘物 如果触电者附近没有开关,不能立即停电,可用干燥的木棍、绝缘钳等不

导电的东西将电线拨离触电者的身体或用有绝缘柄的电工钳或干燥木柄的斧头,将电线切断,使触电者脱离电源。不能用潮湿的东西、金属物体去直接接触触电者,以防救护者触电。如果身边什么工具都没有,可以用干衣服或者干围巾等厚厚地把自己一只手严密绝缘起来,拉触电者的衣服(附近有干燥木板时,最好站在木板上拉),使触电人脱离电源,或用干木板等绝缘物插入触电者身下,以隔断电流。总之,要迅速用现场可以利用的绝缘物,使触电者脱离电源,并要防止救护者触电。

(2) 断开高压电源

对于高压触电事故,可以采用下列措施使触电者脱离电源:

① 立即通知有关部门停电。

② 戴上绝缘手套,穿上绝缘靴,用相应电压等级的绝缘工具断开开关。

③ 抛掷裸金属线使线路短路接地,断开电源。注意在抛掷金属线前,应将金属线的一端可靠地接地,然后抛掷另一端。

④ 如果是在高空触电,抢救时应做好防护工作,防止触电者在脱离电源后从高空摔下来加重伤势。

2. 现场急救

人触电后,往往会失去知觉或者形成假死,能否救治的关键,是在于使触电者迅速脱离电源和及时采取正确的救护方法。当触电者脱离电源后,应在现场就地检查和抢救。将触电者移至通风干燥的地方,使触电者仰天平卧,松开衣服和裤带;检查瞳孔是否放大,呼吸和心跳是否存在;同时通知医务人员前来抢救。急救人员应根据触电者的具体情况迅速采取相应的急救措施。对没有失去知觉的,要使其保持安静,不要走动,观察其变化;对触电后精神失常的,必须防止发生突然狂奔的现象。

对失去知觉的触电者,若呼吸不齐、微弱或呼吸停止而有心跳的,应采用"口对口人工呼吸法"进行抢救;对有呼吸而心脏跳动微弱、不规则或心跳已停的触电者,应采用"胸外心脏挤压法"进行抢救;对呼吸和心跳均已停止的触电者,应同时采用"口对口人工呼吸法"和"胸外心脏挤压法"进行抢救。抢救者要有耐心,必须持续不断的进行,直至触电者苏醒为止;即使在送往医院的途中也不能停止抢救。应该将触电者仰天平卧,颈部枕垫软物,头部稍后仰,松开衣服和腰带。

(1) 口对口人工呼吸法

具体操作步骤如下:

① 先使触电者仰卧,解开衣领、围巾、紧身衣服等,除去口腔中的粘液、血液、食物、假牙等杂物。

② 将触电者头部尽量后仰,鼻孔朝天,颈部伸直。救护人一只手捏紧触电者的鼻孔,另一只手掰开触电者的嘴巴。救护人深吸气后,紧贴着触电者的嘴巴大口吹气,使其胸部膨胀;之后救护人换气,放松触电者的嘴鼻,使其自动呼气。如此反复进行,吹气 2 s,放松 3 s,大约 5 s 一个循环。

③ 吹气时要捏紧鼻孔,紧贴嘴巴,不使漏气,放松时应能使触电者自动呼气。其操作示意如图 0.5 所示。

④ 如触电者牙关紧闭,无法撬开,可采取口对鼻吹气的方法。

⑤ 对体弱者和儿童吹气时用力应稍轻,以免肺泡破裂。

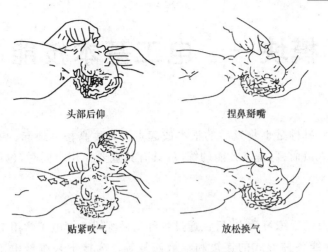

图 0.5　口对口人工呼吸法

（2）胸外心脏挤压法

急救者先跪跨在触电者臀部位置，右手掌照图 0.6(a)所示位置放在触电者的胸上，双手掌照图 0.6(b)所示方法，左手掌压在右手掌上，按照图 0.6(c)、(d)所示的方法，向下挤压 3～4 cm 后，突然放松。挤压和放松动作要有节奏，每秒钟 1 次（儿童 2 s 钟 3 次）为宜，挤压用力要适当，用力过猛会造成触电者内伤，用力过小则无效，必须连续进行到触电者苏醒为止。

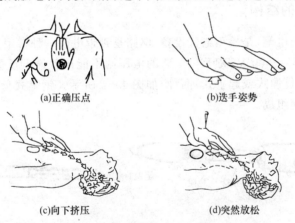

图 0.6　胸外心脏挤压法

思 考 题

（1）人体触电的方式有几种？
（2）发现有人低压触电，应采用哪些方法使触电者尽快脱离电源？

模块一　电工基本技能

【任务引入】

什么是基础呢？基础是事物发展的根本或起点。万丈高楼平地起，基础不好难成大厦。对于维修电工从业人员而言，基本技能的练习，具有其重要作用。同时，也可以避免对人身造成伤害。

【任务分析】

本模块以讲解及动手练习为主，旨在通过各种动手练习掌握电工常用工具的使用，导线去绝缘的方法，以及导线各种形式的连接和绝缘恢复等。为接下来维修电工学习打好坚实的基础。

课题一　验电工具的使用

【相关知识】

一、低压验电器的结构

低压验电器又称为电笔，是检测电气设备、电路是否带电的一种常用工具。普通低压验电器的电压测量范围为 60～500 V，高于 500 V 的电压则不能用普通低压验电器来测量。有钢笔式和螺丝刀式（又称旋凿式或起子式）两种，如图 1-1 所示。钢笔式低压验电器由氖管、电阻、弹簧、笔身和笔尖等组成。

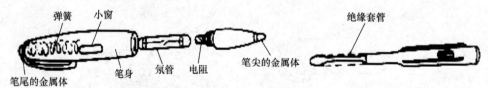

图 1-1　低压验电器

二、低压验电器用途

① 区别电压的高低　测试时可根据氖管发亮的强弱来估计电压的高低。

② 区别相线与零线　在交流电路中，当验电器触及导线时，氖管发亮的即是相线，在正常情况下，零线是不会使氖管发亮的。

③ 区别直流电与交流电　交流电通过验电笔时，氖管里的两个极同时发亮；直流电通过验电笔时，氖管里两个电极只有一个发亮。

④ 区别直流电的正负极　把测电笔连接在直流电的正负极之间，氖管发亮的一端即为直流电的负极。

⑤ 识别相线有无碰壳　用验电笔触及电动机、变压器等电气设备外壳,若氖管发亮,则说明该设备相线有碰壳现象。如果壳体上有良好的接地装置,氖管是不会发亮的。

三、使用低压验电器注意事项

使用低压验电器时要注意下列几个方面:

① 使用低压验电器之前,首先要检查其内部有无安全电阻、是否有损坏,有无进水或受潮,并在带电体上检查其是否可以正常发光,检查合格后方可使用。

② 测量时手指握住低压验电器笔身,食指触及笔身尾部金属体,低压验电器的小窗口应该朝向自己的眼睛,以便于观察。

③ 在较强的光线下或阳光下测试带电体时,应采取适当避光措施,以防观察不到氖管是否发亮,造成误判。

④ 低压验电器笔尖与螺钉旋具形状相似,但其承受的扭矩很小,因此应尽量避免用其安装或拆卸电气设备,以防受损。

【任务实施】

① 准备器材:低压验电器、控制变压器和直流稳压电源。
② 采用正确的方法握持验电器,使笔尖接触带电体。
③ 仔细观察氖管的状态,根据氖管的亮、灭判断相线(火线)和中性线(零线);
④ 根据氖管的亮、暗程度,判断电压的高低;
⑤ 根据氖管发光位置,判断直流电源的正、负极。

【任务评价】

低压电器检验成绩评分标准见附表1-1。

课题二　螺钉旋具的使用

【相关知识】

一、螺钉旋具作用分类

螺钉旋具俗称为起子或螺丝批(刀),主要用来紧固或拆卸螺钉。按头部形状的不同,常用螺钉旋具有一字形和十字形两种,如图1-2所示。

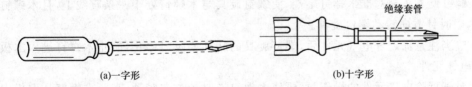

(a)一字形　　　　　　　　　　　(b)十字形

图1-2　螺钉旋具

一字形螺钉旋具用来紧固或拆卸带一字槽的螺钉,其规格用柄部以外的长度来表示,一字形螺钉旋具常用的规格有 50 mm、100 mm、150 mm 和 200 mm 等,其中电工必备的是 50 mm 和 150 mm 两种。

十字形螺钉旋具专供紧固或拆卸十字槽的螺钉,常用的规格有4个,Ⅰ号适用于直径为2~2.5 mm的螺钉,Ⅱ号为3~5 mm,Ⅲ号为6~8 mm,Ⅳ为10~12 mm。

二、使用方法

1. 大螺钉旋具的使用

大螺钉旋具一般用来紧固较大的螺钉。使用时,除大拇指、食指和中指要夹住握柄外,手掌还要顶住柄的末端,这样就可防止旋转时滑脱,用法如图1-3(a)所示。

2. 小螺钉旋具

小螺钉旋具一般用来紧固电气装置接线桩头上的小螺钉,使用时,可用大拇指和中指夹着握柄,用食指顶住柄的末端捻旋,如图1-3(b)所示。

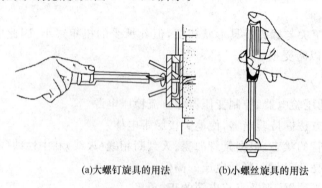

(a)大螺钉旋具的用法　　(b)小螺丝旋具的用法

图1-3　螺钉旋具的使用

三、使用螺钉旋具注意事项

① 螺钉旋具的手柄应该保持干燥、清洁、无破损且绝缘完好。

② 电工不可使用金属杆直通柄顶的螺钉旋具,在实际使用过程中,不应让螺钉旋具的金属杆部分触及带电体,也可以在其金属杆上套上绝缘塑料管,以免造成触电或短路事故。

③ 不能用锤子或其他工具敲击螺钉旋具的手柄,或当作錾子使用。

【任务实施】

① 准备器材　螺钉旋具、拉线开关、平灯、插座、木螺钉和木盘。

② 选用合适的螺钉旋具。

③ 螺钉旋具头部对准木螺钉尾端,使螺钉旋具与木螺钉处于一条直线上,且木螺钉与木板垂直,顺时针方向转动螺钉旋具。

④ 应当注意固定好电气元件后,螺钉旋具的转动要及时停止,防止木螺钉进入木板过多而压坏电气元件。

⑤ 对于拆除电气元件的操作,只要使木螺钉逆时针方向转动,直至木螺钉从木板中旋出即可。操作过程中,如果发现螺钉旋具头部从螺钉尾端滑至螺钉与电气元件塑料壳体之间,螺钉旋具应立即停止转动,以避免损坏电气元件壳体。

【任务评价】

螺钉旋具的使用成绩评分标准见附表1-2。

课题三 导线绝缘层的剖削及安装圈的制作

【相关知识】

一、常用导线绝缘层的剖削工具

1. 钢丝钳

(1) 钢丝钳的结构和作用

钢丝钳又称克丝钳、老虎钳,是电工应用最频繁的工具之一,其外观如图1-4所示。

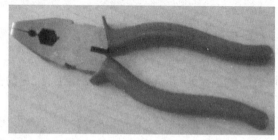

图1-4 钢丝钳

电工用钢丝钳由钳头和钳柄两部分组成,钳头有钳口、齿口、刀口和铡口四部分组成。主要用于剪切、绞弯、夹持金属导线,也可用作紧固螺母、切断钢丝。其结构和使用方法,如图1-5所示。钢丝钳有铁柄和绝缘柄两种,电工应该选用带绝缘手柄的钢丝钳,其绝缘性能为500 V。常用钢丝钳的规格有150 mm、175 mm和200 mm三种。

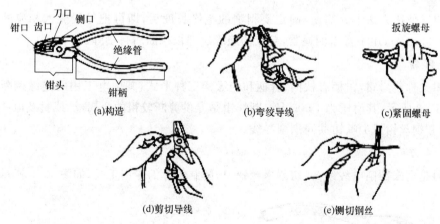

图1-5 电工钢丝钳的构造及用途

(2) 注意事项

① 使用电工钢丝钳以前,必须检查绝缘柄的绝缘是否完好。绝缘如果损坏,进行带电作业时会发生触电事故。

② 用电工钢丝钳剪切带电导线时,不得用刀口同时剪切相线和零线,或同时剪切两根相

线,以免发生短路故障。不得把钢丝钳当作锤子敲打使用,也不能在剪切导线或金属丝时,用锤或其他工具敲击钳头部分。另外,钳轴要经常加油,以防生锈。

2. 尖嘴钳

(1) 尖嘴钳的用途和结构

尖嘴钳的头部尖细,适用于在狭小的工作空间操作。主要用于夹持较小螺钉、垫圈、导线等元件,也可用于弯绞导线,剪切较细导线和其他金属丝,在装接控制线路板时,尖嘴钳能将单股导线弯成一定圆弧的接线鼻子。

(2) 分 类

电工使用的是带绝缘手柄的一种,其绝缘手柄的绝缘性能为 500 V,其外形及结构如图 1-6 所示。尖嘴钳按其全长分为 130 mm、160 mm、180 mm 和 200 mm 四种。

(3) 注意事项

尖嘴钳在使用时的注意事项应与钢丝钳一致。

3. 剥线钳

剥线钳是用于剥除较小直径导线、电缆的绝缘层的专用工具,它的手柄是绝缘的,绝缘性能为 500 V,其外形如图 1-7 所示。

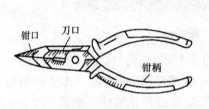
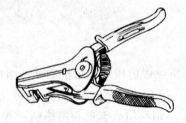

图 1-6　尖嘴钳　　　　　　　　图 1-7　剥线钳

剥线钳的使用方法十分简便,确定要剥削的绝缘长度后,即可把导线放入相应的切口中(直径 0.5~3 mm),用手将钳柄握紧,导线的绝缘层即被拉断后自动弹出。

4. 断线钳

断线钳又称斜口钳,钳柄有铁柄、管柄和绝缘柄三种形式,其中电工用的绝缘柄断线钳的外形如图 1-8 所示,其耐压为 1 000 V。断线钳是专供剪断较粗的金属丝、线材及电线电缆等用,也可以和钢丝钳或尖嘴钳共同剖削导线。

5. 电工刀

电工刀是用来剖削电线线头,切割木台缺口,削制木榫的专用工具,如图 1-9 所示。

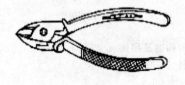

图 1-8　断线钳　　　　　　　　图 1-9　电工刀

1) 电工刀在使用时,应将刀口朝外剖削,剖削导线绝缘层时,应使刀面与导线成较小的锐角,以免割伤导线。

2) 电工刀的安全知识：
① 电工刀使用时应注意避免伤手。
② 电工刀用毕，随即将刀身折进刀柄。
③ 电工刀刀柄是无绝缘保护的，不能在带电导线或器材上剖削，以免触电。

二、导线绝缘层的剖削

1. 塑料硬线绝缘层的剖削

1) 芯线横截面积为 4 mm² 及以下的塑料硬线，一般用钢丝钳进行剖削，剖削方法如下：
① 用左手捏住导线，根据线头所需长短用钢丝钳口切割绝缘层，但不可切入芯线；
② 然后用右手捏住钢丝钳头部用力向外勒去塑料绝缘层，如图 1-10 所示；
③ 剖削出的塑料芯线应保持完整无损，如损伤较大，应重新剖削。

2) 芯线横截面积大于 4 mm² 塑料硬线，可用电工刀来剖削，方法如下：
① 根据所需的长度用电工刀以 45°角倾斜切入塑料绝缘层，如图 1-11(a) 所示；
② 接着刀面与芯线保持 25°角左右，用力向线端推削，不可切入芯线，削去上面一层料绝缘，如图 1-11(b) 所示；
③ 将下面塑料绝缘层向后扳翻，如图 1-11(c) 所示，最后用电工刀齐根切去。

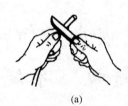

(a)　　　　(b)　　　　(c)

图 1-10　钢丝钳剖削塑料硬线绝缘层　　　图 1-11　电工刀剖削塑料硬线绝缘

2. 塑料软线绝缘层的剖削

塑料软线绝缘层只能用剥线钳或钢丝钳剖削，不可用电工刀剖，其剖削方法同上。

3. 塑料护套线绝缘层的剖削

塑料护套线的绝缘层必须用电工刀来剖削，剖削方法如下：
① 按所需长度用电工刀刀尖对准芯线逢隙间划开护套层，如图 1-12(a) 所示；
② 向后扳翻护套层，用刀齐根切去，如图 1-12(b) 所示；
③ 在距离护套层 5～10 mm 处，用电工刀以 45°角倾斜切入绝缘层，其他剖削方法如同塑料硬线。

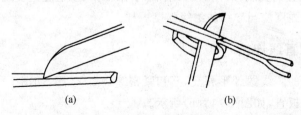

图 1-12　塑料护套线绝缘层的剖削

4. 注意事项

1) 用电工刀剖削时,刀口应向外,并注意安全,以防伤手。
2) 用电工刀或钢丝钳剖削导线绝缘层时,不得损伤芯线,若损伤较多应重新剖削。

【任务实施】

1) 准备器材:
① 工具:钢丝钳、尖嘴钳、电工刀和剥线钳。
② 耗材:BV1 mm²、BV1.5 mm² 单股导线。
③ 零件:直径为 4 mm 的螺钉。
2) 根据不同的导线选用适当的剖削工具。
3) 采用正确的方法进行绝缘层的剖削。
4) 根据安装圈的大小剖削导线部分绝缘层。
5) 检查剖削过绝缘层的导线,看是否存在断丝、线芯受损的现象。
6) 将剖削绝缘层的导线向右折,使其与水平线成约 30°夹角。
7) 由导线端部开始均匀弯制安装圈,直至安装圈完全封口为止。
8) 安装圈完成后,穿入相应直径的螺钉,检验其误差。

【任务评价】

电工常用工具应用与导线绝缘层的剖削成绩评分标准见附表 1-3。

课题四　导线的连接

【相关知识】

在进行电气线路、设备的安装过程中,如果当导线不够长或要分接支路时,就需要进行导线与导线间的连接。常用导线的线芯有单股、7 芯和 19 芯等几种,连接方法随芯线的金属材料、股数不同而异。

一、对导线连接的基本要求

① 接触紧密,接头电阻小,稳定性好。与同长度同截面积导线的电阻比应不大于1。
② 接头的机械强度应不小于导线机械强度的 80%。
③ 耐腐蚀。对于铝与铝连接,如采用熔焊法,主要防止残余熔剂或熔渣的化学腐蚀。对于铝与铜连接,主要防止电化腐蚀。在接头前后,要采取措施,避免这类腐蚀的存在。
④ 接头的绝缘层强度应与导线的绝缘强度一样。

二、单股铜线的直线连接

① 首先把两线头的芯线做 X 形相交,互相紧密缠绕 2～3 圈,如图 1-13(a)所示。
② 接着把两线头扳直,如图 1-13(b)所示。
③ 然后将每个线头围绕芯线紧密缠绕 6 圈,并用钢丝钳把余下的芯线切去,最后钳平芯线的末端,如图 1-13(c)所示。

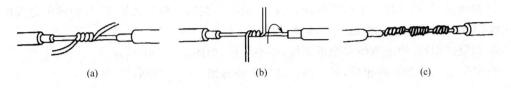

图 1-13 单股铜线的直线连接

三、单股铜线的 T 字形连接

① 如果导线直径较小,可按图 1-14(a)所示方法绕制成结状,然后再把支路芯线线头拉紧扳直,紧密地缠绕 6~8 圈后,剪去多余芯线,并钳平毛刺。

② 如果导线直径较大,先将支路芯线的线头与干线芯线做十字相交,使支路芯线根部留出约 3~5 mm,然后缠绕支路芯线,缠绕 6~8 圈后,用钢丝钳切去余下的芯线,并钳平芯线末端,如图 1-14(b)所示。

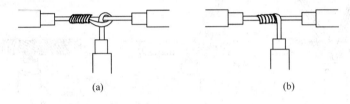

图 1-14 单股铜线的 T 字形连接

四、七股铜线的直线连接

① 先将剖去绝缘层的芯线头散开并拉直,然后把靠近绝缘层约 1/3 线段的芯线绞紧,接着把余下的 2/3 芯线分散成伞状,并将每根芯线拉直,如图 1-15(a)所示。

② 把两个伞状芯线隔根对叉,并将两端芯线拉平,如图 1-15(b)所示。

③ 把其中一端的 7 股芯线按两根、两根、三根分成三组,把第一组两根芯线扳起,垂直于芯线紧密缠绕,如图 1-15(c)所示。

④ 缠绕两圈后,把余下的芯线向右拉直,把第二组的两根芯线扳直,与第一组芯线的方向一致,压着前两根扳直的芯线紧密缠绕,如图 1-15(d)所示。

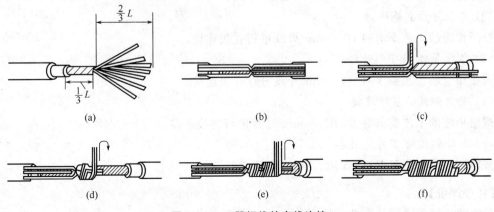

图 1-15 7 股铜线的直线连接

⑤ 缠绕两圈后,也将余下的芯线向右扳直,把第三组的三根芯线扳直,与前两组芯线的方向一致,压着前四根扳直的芯线紧密缠绕,如图1-15(e)所示。

⑥ 缠绕三圈后,切去每组多余的芯线,钳平线端,如图1-15(f)所示。

⑦ 除了芯线缠绕方向相反,另一侧的制作方法与图1-15相同。

五、七股铜线的T字形连接

① 把分支芯线散开钳平,将距离绝缘层1/8处的芯线绞紧,再把支路线头7/8的芯线分成4根和3根两组,并排齐;然后用螺钉旋具把干线的芯线撬开分为两组,把支线中4根芯线的一组插入干线两组芯线之间,把支线中另外3根芯线放在干线芯线的前面,如图1-16(a)所示。

② 把3根芯线的一组在干线右边紧密缠绕3～4圈,钳平线端;再把4根芯线的一组按相反方向在干线左边紧密缠绕,如图1-16(b)所示。缠绕4～5圈后,钳平线端,如图1-16(c)所示。

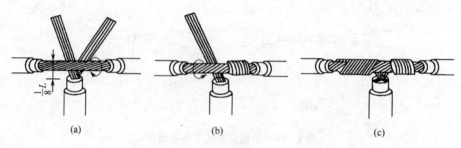

图1-16　7股铜线的T字形连接

七股铜线的直线连接方法同样适用于19股铜导线,只是芯线太多可剪去中间的几根芯线;连接后,需要在连接处进行钎焊处理,这样可以改善导电性能和增加其力学强度。19股铜线的T字形分支连接方法与7股铜线也基本相同。将支路导线的芯线分成10根和9根两组,而把其中10根芯线那组插入干线中进行绕制。

【任务实施】

(1) 准备器材

① 工具:钢丝钳、尖嘴钳、电工刀和剥线钳。

② 耗材:BV1 mm²、BVR2.5 mm²(七股)导线。

(2) 单股导线直线连接

按照相应的工艺要求对BV1 mm²导线进行直线连接。

(3) 单股导线T字形连接

按照相应的工艺要求对BV1 mm²导线进行直线连接。

(4) 七股铜线的直线连接

按照相应的工艺要求对BVR2.5 mm²导线进行直线连接。

(5) 七股铜线的T字形连接

按照相应的工艺要求对BVR2.5 mm²导线进行T字形连接。

【任务评价】

导线的连接成绩评分标准见附表1-4。

课题五　导线绝缘层的恢复

【相关知识】

导线的绝缘层破损后，必须恢复，导线连接后，也须恢复绝缘。恢复后的绝缘强度不应低于原有绝缘层。通常用黄蜡带、涤纶薄膜带和黑胶带作为恢复绝缘层的材料，黄蜡带和黑胶带一般选用 20 mm 宽较适中，包缠也方便。

一、直线连接接头的绝缘恢复

① 首先将黄蜡带从导线左侧完整的绝缘层上开始包缠，包缠两根带宽后再进入无绝缘层的接头部分，如图 1-17(a) 所示。

② 包缠时，应将黄蜡带与导线保持约 55°的倾斜角，每圈叠压带宽的 1/2 左右，如图 1-17(b) 所示。

③ 包缠一层黄蜡带后，把黑胶布接在黄蜡带的尾端，按另一斜叠方向再包缠一层黑胶布，每圈仍要压叠带宽的 1/2，如图 1-17(c)、1-17(d) 所示。

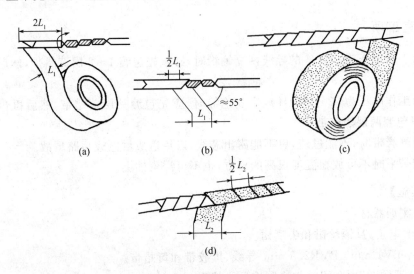

图 1-17　直线连接接头的绝缘恢复

二、T 字形连接接头的绝缘恢复

① 首先将黄蜡带从接头左端开始包缠，每圈叠压带宽的 1/2 左右，如图 1-18(a) 所示。

② 缠绕至支线时，用左手拇指顶住左侧直角处的带面，使它紧贴于转角处芯线，而且要使处于接头顶部的带面尽量向右侧斜压，如图 1-18(b) 所示。

③ 当围绕到右侧转角处时，用手指顶住右侧直角处带面，将带面在干线顶部向左侧斜压，使其与被压在下边的带面呈 X 状交叉，然后把带再回绕到左侧转角处，如图 1-18(c) 所示。

④ 使黄蜡带从接头交叉处开始在支线上向下包缠，并使黄蜡带向右侧倾斜，如图 1-18(d) 所示。

⑤ 在支线上绕至绝缘层上约两个带宽时，黄蜡带折回向上包缠，并使黄蜡带向左侧倾斜，

绕至接头交叉处,使黄蜡带围绕过干线顶部,然后开始在干线右侧芯线上进行包缠,如图1-18(e)所示。

⑥ 包缠至干线右端的完好绝缘层后,再接上黑胶带,按上述方法包缠一层即可,如图1-18(f)所示。

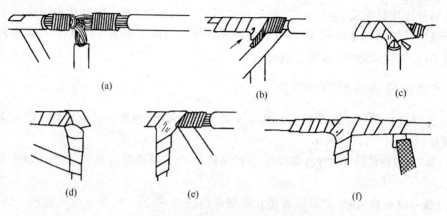

图1-18 T字形连接接头的绝缘恢复

三、注意事项

① 在为工作电压为380 V的导线恢复绝缘时,必须先包缠1~2层黄蜡带,然后再包缠一层黑胶带。

② 在为工作电压为220 V的导线恢复绝缘时,应先包缠一层黄蜡带,然后再包缠一层黑胶带,也可只包缠两层黑胶带。

③ 包缠绝缘带时,不能过疏,更不能露出芯线,以免造成触电或短路事故。

④ 绝缘带平时不可放在温度很高的地方,也不可浸染油类。

【任务实施】

1) 准备实训器材:

① 工具:电工刀、钢丝钳和尖嘴钳。

② 耗材:BV1 mm^2、BVR2.5 mm^2 导线、黑胶带和黄蜡带。

2) 根据"课题四"中介绍的方法制作导线接头。

3) 单股和多芯导线直线连接的绝缘层恢复方法参照"【相关知识】"。

4) 完成绝缘恢复后,将其浸入水中约30 min,然后检查是否渗水。

【任务评价】

导线绝缘恢复成绩评分标准见附表1-5。

模块二　继电-接触式控制电路的安装与调试

常用低压电器介绍

一、组合开关（转换开关）

组合开关又称为转换开关，它体积小，触头对数多，接线方式灵活，操作方便，常用于交流 50 Hz、380 V 以下及直流 220 V 以下的电气线路中，供手动不频繁的接通和断开电路、换接电源和负载以及控制 5 kW 以下小容量异步电动机的启动、停止和正反转，其外形如图 2-1 所示。

1. 型号及含义

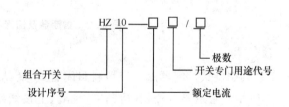

图 2-1　组合开关

2. 结构

静触头一端固定在胶木盒内，另一端伸出盒外，与电源或负载相连。动触片套在绝缘方杆上，绝缘方轴每次作 90°正或反方向的转动，带动动触头与静触头接通。特点：结构紧凑，安装面积小，操作方便，其结构及图形符号如图 2-2 所示。

3. 组合开关的选用

组合开关应根据电源种类、电压等级、所需触头数、接线方式和负载容量进行选用。用于直接控制异步电动机的启动和正反转时，开关的额定电流一般取电动机额定电流的 1.5～2.5 倍。

二、RL1 系列螺旋式熔断器

熔断器是低压配电网络和电力拖动系统中主要用作短路保护的电器。使用时串联在被保护电路中，当电路发生短路故障，通过熔断器的电流达到或超过某一规定值时，以其自身产生的热量使熔体熔断，从而自动分断电路，起到保护作用，其外形和符号如图 2-3 所示。

模块二 继电-接触式控制电路的安装与调试

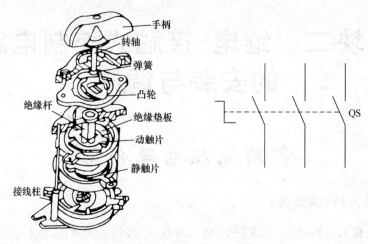

图 2-2 结构及图形符号

1. 型号及含义

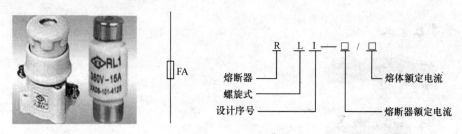

图 2-3 熔断器及图形符号

2. 结 构

RL1 系列螺旋式熔断器属于有填料封闭管式,其结构如图 2-4 所示。它主要由瓷帽、熔断管、瓷套、上接线座、下接线座及瓷座等部分组成。

该系列熔断器的熔断管内,熔丝的周围填充着石英砂以增强灭弧性能。熔丝焊在瓷管两端的金属盖上,其中一端有一个标有不同颜色的熔断指示器,当熔丝熔断时,熔断指示器自动脱落,此时只需要更换同规格的熔断管即可。

3. RL1 系列螺旋式熔断器主要技术参数

① 额定电压:指熔断器长期工作所能承受的电压。如果熔断器的实际工作电压大于其额定电压,熔体熔断时可能会发生电弧不能熄灭的危险。

② 额定电流:指保证熔断器长期正常工作的电流。它由熔断器各部分长期工作时允许的温升决定。

提示:熔断器的额定电流与熔体的额定电流是两个不同的概念。熔体的额定电流是指在规定的工作条件下,长

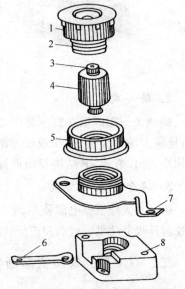

1—瓷帽;2—金属螺管;3—指示器;
4—熔管;5—瓷套;6—下接线端;
7—上接线端;8—瓷座

图 2-4 螺旋式熔断器结构示意图

时间通过熔体而熔体不熔断的最大电流值。通常情况下,要保证熔体的额定电流值不能大于熔断器的额定电流值。例如:型号为 RL1-15 的熔断器,其额定电流为 15 A,它可以配用额定电流为 2 A、4 A、6 A、10 A 和 15 A 的熔体。

③ 分断能力:在规定的使用和性能条件下,在规定电压下熔断器能分断的预期分断电流值。常用极限分断电流值来表示。

RL1 系列主要技术参数如表 2-1 所列。

表 2-1 RL1 系列主要技术参数

类别	型号	额定电压/V	额定电流/A	熔体额定电流等级/A	极限分断能力/kA	功率因数
螺旋式熔断器	RL1	500	15	2、4、6、10、15	3	≥0.3
			60	20、25、30、35、40、50、60	2.5	

4. 应用场合

广泛应用于控制箱、配电箱、机床设备及振动较大的场合,在交流额定电压 500 V、额定电流 200 A 及以下的电路中作为短路保护器件。

5. 熔体的选用

对于 RL1 系列熔断器其熔体的选用按照下列原则进行选用:

① 对一台不经常启动且启动时间不长的电动机的短路保护,熔体的额定电流 I_{RN} 应大于或等于 1.5~2.5 倍电动机额定电流 I_N,即 $I_{RN} \geq (1.5 \sim 2.5) I_N$。

② 对多台电动机的短路保护,熔体的额定电流应大于或等于其中最大容量电动机的额定电流 $I_{N,max}$ 的 1.5~2.5 倍,再加上其余电动机额定电流的总和 $\sum I_N$,即 $I_{RN} \geq (1.5 \sim 2.5) I_{N,max} + \sum I_N$。

三、控制按钮

1. 控制按钮的功能

它是一种具有用人体某一部分(一般为手指或手掌)所施加力而操作的操动器,并具有储能(弹簧)复位的一种控制开关。在低压控制电路中,控制按钮发布手动控制指令。

按钮的触头允许通过的电流较小,一般不超过 5 A,因此一般情况下它不直接控制主电路的通断,而是在控制电路中发出指令或信号去控制接触器、继电器等电器,再由它们去控制主电路的通断、功能转换或电器联锁。部分常见按钮的外形如图 2-5 所示。

2. 型号含义

按钮的型号及含义

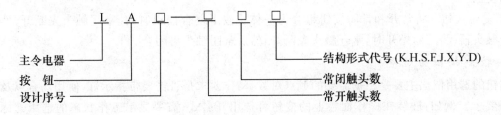

模块二 继电-接触式控制电路的安装与调试

图 2-5 部分按钮外形

其中结构形式代号的含义如下：

K—开启式；H—保护式；S—防水式；F—防腐式；J—紧急式；X—旋钮式；Y—钥匙操作式；D—光标按钮。

3. 控制按钮的结构

控制按钮一般由按钮帽、复位弹簧、桥式动触头、静触头、支柱连杆及外壳等部分组成，控制按钮结构示意图如图 2-6 所示。

按钮按静态(不受外力作用)时触头的分合状态，可分为常开按钮(启动按钮)、常闭按钮(停止按钮)和复合按钮(常开、常闭组合为一体的按钮)。控制按钮一般用红色表示停止按钮，绿色表示启动按钮，其具体的图形符号及文字符号如图 2-7 所示。

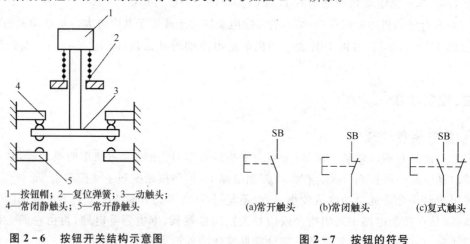

1—按钮帽；2—复位弹簧；3—动触头；
4—常闭静触头；5—常开静触头

图 2-6 按钮开关结构示意图　　　　　图 2-7 按钮的符号

① 常开按钮　未按下时，触头是断开的；按下时触头闭合；当松开后，按钮自动复位。

② 常闭按钮　与常开按钮相反，未按下时，触头是闭合的；按下时触头断开；当松开后，按钮自动复位。

③ 复合按钮　将常开和常闭按钮组合为一体。按下复合按钮时，其常闭触头先断开，然后常开触头再闭合；而松开时，常开触头先断开，然后常闭触头再闭合。

4. 控制按钮的选用

按钮的选用依据主要是根据需要的触点对数、动作要求是否需要带指示灯、使用场合以及颜色等要求。例如：嵌装在操作面板上的按钮可选用开启式；需要显示工作状态的选用光标式;在控制回路中需要三个控制按钮,可选用三联钮。

四、行程开关

1. 行程开关功能

行程开关是用以反应工作机械的行程,发出命令以控制其运动方向和行程大小的开关。其作用原理与按钮相同,区别在于它不是靠手指的按压而是利用生产机械运动部件的碰压使其触头动作,从而将机械信号转变为电信号,用以控制机械动作或用作程序控制。通常,行程开关被用来限制机械运动的位置或行程,使运动机械按一定的位置或行程实现自动停止、反向运动、变速运动或自动往返运动等。

2. 行程开关分类和结构

各系列行程开关的基本结构大体相同,都是由触头系统、操作机构和外壳组成。以某种行程开关元件为基础,装置不同的操作机构,可得到不同形式的行程开关,种类按运动形式分为直动式、转动式;按结构分为直动式(见图2-8)、滚动式(见图2-9)和微动式(见图2-10)。

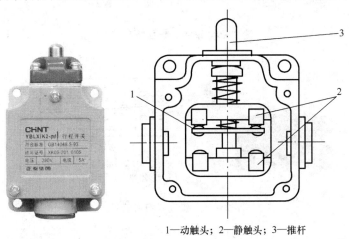

1—动触头; 2—静触头; 3—推杆

图 2-8 直动式行程开关外形及结构

3. 行程开关的选用

行程开关的主要参数是形式、工作行程、额定电压及触头的电流容量,在产品说明书中详细说明。例如,JLXK1系列行程开关的主要技术数据见表2-2。选用行程开关时主要根据动作要求、安装位置及触头数量进行选择。

表 2-2　JLXK1 系列行程开关的主要技术数据

型　号	额定电压 额定电流	结构特点	触头对数		工作行程	超行程
			常 开	常 闭		
JLXK1-111	500 V	单轮防护式	1	1	12°~15°	≤30°
JLXK1-211	5 A	双轮防护式	1	1	约45°	≤45°
JLXK1-311	—	直动防护式	1	1	1~3 mm	2~4 mm
JLXK1-411		直动滚轮 防护式	1	1	1~3 mm	2~4 mm

模块二 继电-接触式控制电路的安装与调试

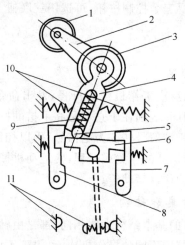

1—滚轮；2—上转臂；3—盘形弹簧；4—推杆；
5—小滚轮；6—擒纵件；7、8—压板；
9、10—弹簧；11—触头

图 2-9 滚轮旋转式行程开关

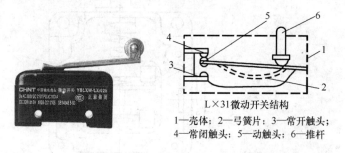

L×31微动开关结构

1—壳体；2—弓簧片；3—常开触头；
4—常闭触头；5—动触头；6—推杆

图 2-10 微动式行程开关

3. 安　装

① 行程开关安装时,安装位置要准确,安装要牢固;滚轮的方向不能装反,挡铁与其碰撞的位置应符合控制线路的要求,并确保能可靠的与挡铁碰撞。

② 行程开关在使用中,要定期检查和保养,除去油垢及粉尘,清理触头,经常检查其动作是否灵活、可靠,及时排除故障。防止因行程开关触头接触不良或接线松脱产生误动作而导致设备和人身安全事故。

五、热继电器

热继电器是利用流过继电器的电流所产生的热效应而反时限动作的继电器。热继电器主要用于电动机的过载保护、断相保护、电流不平衡运行的保护及其他电气设备发热状态的控制。常见热继电器外形及图形符号如图 2-11 和图 2-12 所示。

1. 热继电器种类

热继电器的形式有多种,其中双金属片式应用最多。按级数划分有单极、两极和三极三种。其中三极的又包括带断相保护装置和不带断相保护装置两种;按复位方式划分有自动复位式和手动复位式两种。

图 2-11 常见热继电器

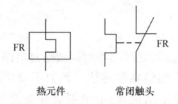

图 2-12 热继电器图形符号

2. 热继电器结构及工作原理

① 结构 图 2-13 所示为三极双金属片热继电器的结构,它主要由热元件、传动机构、常闭触头、电流整定装置和复位按钮组成。热继电器的热元件由主双金属片和绕在外面的电阻丝组成。主双金属片由两种热膨胀系数不同的金属片复合而成。

② 工作原理 使用时,将热继电器的三相热元件分别串接在电动机的三相主电路中,常闭触头串接在控制电路的接触器线圈回路中。电动机过载时,流过电阻丝的电流超过热继电器整定电流,电阻丝发热,主双金属片弯曲,推动传动机构向右移动,从而推动出头系统动作,辅助常闭触头分断,切断接触器线圈电路,将电源切除起保护作用。电源切除后,主双金属片逐渐冷却恢复原位,于是动触头在失去作用力的情况下,靠弹簧的弹性自动复位。

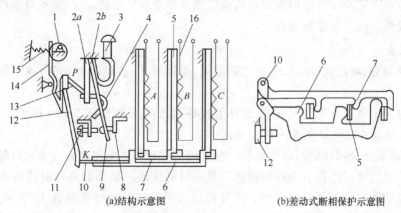

1—电流调节凸轮;2—簧片;3—手动复位机构;4—弓簧片;5—主双金属片;6—外导板;7—内导板;8—常闭静触头;9—动触头;10—杠杆;11—复位调节螺钉;12—补偿双金属片;13—推杆;14—连杆;15—压簧 16-热元件

图 2-13 热继电器的结构示意图

3. 热继电器的选用

选择热继电器时,主要根据所保护的电动机的额定电流来确定热继电器的规格和热元件的电流等级。

① 根据电动机的额定电流选择热继电器的规格。一般应使热继电器的额定电流略大于电动机的额定电流。

② 根据需要的整定电流值选择热元件的编号和电流等级。一般情况下,热元件的整定电流应为电动机额定电流的 0.95~1.05 倍。

③ 根据电动机定子绕组的连接方式选择热继电器的结构形式,即定子绕组作星形(Y)连接的电动机选用普通三相结构的热继电器,接成三角形(△)的电动机必须采用三极带断相保护装置的热继电器。

4. 提 示

① 所谓反时限动作,是指电器的延时动作时间随通过电路电流的增加而缩短。

② 热继电器的整定电流是指热继电器连续工作而不动作的最大电流。其大小可通过旋转电流整定旋钮来调节。超过整定电流,热继电器将在负载未达到其允许的过载极限之前动作。

③ 热继电器不能作短路保护。

由于热继电器主双金属片受热膨胀的热惯性及传动机构传递信号的惰性热继电器从电动机过载到触头动作需要一定的时间。也就是说,即使电动机严重过载甚至短路,热继电器也不会瞬时动作,因此热继电器不能作短路保护。

六、时间继电器

自得到动作信号起至触头动作或输出电路产生跳跃式改变有一定延时时间,该延时时间又符合其准确度要求的继电器称为时间继电器。

时间继电器是作为辅助器件用于各种保护及自动装置中,使被控元器件达到所需要的延时动作的继电器。它是一种利用电磁机构或机械动作原理所组成,当线圈通电或断电以后,触点延迟闭合或断开的自动控制器件。

1. 分 类

按构成原理分:电磁式、电动式、空气阻尼式、晶体管式;按延时方式分:通电延时型、断电延时型。

常用的时间继电器有空气阻尼式、晶体管式等,它们的外形如图 2-14 所示。

(1) 空气阻尼式时间继电器结构

组成:电磁系统、延时机构、触头系统。空气阻尼式时间继电器又称气囊式时间继电器,是利用气囊中的空气通过小孔节流的原理来获得延时动作的。根据触点延时的特点,可分为通电延时动作型和断电延时复位型两种。常见的空气阻尼式时间继电器有 JS7-A 系列等,其结构如图 2-15(a)所示。如果将通电延时型时间继电器的电磁机构翻转 180°安装即成为断电延时型时间继电器。

(2) 晶体管式时间继电器

晶体管时间继电器又称为半导体时间继电器和电子式时间继电器。它具有结构简单、延

模块二　继电-接触式控制电路的安装与调试

(a)空气阻尼式

(b)晶体管式

图 2-14　常用时间继电器

时范围广、精度高、消耗功率小、调整方便及寿命长等优点，所以发展很迅速，其应用范围越来越广。

晶体管时间继电器按结构分为阻容式和数字式两类；按延时方式分为通电延时型、断电延时型及带瞬动触点的通电延时型。常用的 JS20 系列晶体管时间继电器适用于交流 50 Hz、电压 380 V 及以下或直流 110 V 及以下的控制电路，作为时间控制器件，按预定的时间延时，周期性地接通或分断电路，其外形如图 2-15(b)所示。只要调整好时间继电器 KT 触头的动作时间，电动机由启动过程切换到运行过程就能准确可靠地完成。

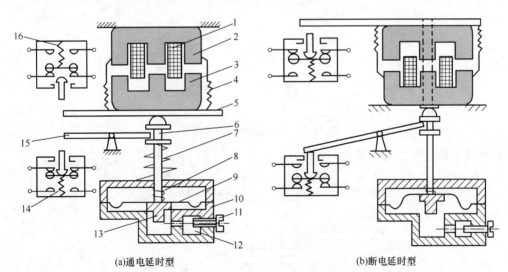

(a)通电延时型　　　　　　　　　　(b)断电延时型

1—线圈；2—铁芯；3—衔铁；4—反力弹簧；5—推板；6—活塞杆；7—塔形弹簧；8—弱弹簧

图 2-15　JS7-A 系列空气阻尼式时间继电器结构原理图

JS20 系列晶体管时间继电器具有保护外壳，其内部结构采用印刷电路组件（见图 2-16）。安装和接线采用专用的插接座，并配有带插脚标记的下标盘作接线指示，具体接线如图 2-17 所示。上标盘上还带有发光二极管作为动作指示。

模块二　继电-接触式控制电路的安装与调试

 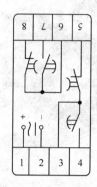

图 2-16　JS20 系列时间继电器　　　　图 2-17　JS20 系列时间继电器接线

2. 时间继电器图形符号

时间继电器图形符号如图 2-18 所示。

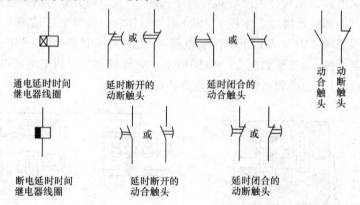

图 2-18　时间继电器图形符号

时间继电器符号含义如图 2-19 所示。

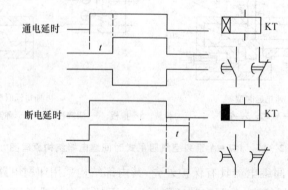

图 2-19　时间继电器符号含义

3. 用　途

空气阻尼式时间继电器延时范围大,结构简单、寿命长、价格低。但延时误差大,难以精确地整定延时值,且延时值易受周围环境温度、尘埃等的影响。因此,对延时精度要求较高的场合不宜采用空气阻尼式时间继电器,应采用晶体管时间继电器。

课题一　交流接触器的拆装与检修

【任务引入】

交流接触器是电力拖动的基本元器件,对于它的了解和掌握及使用维修是非常重要的。在使用的过程中,元器件会出现各种问题,学会检修及维修是电气工作人员必须掌握的一门技术。

【任务分析】

在本课题实训中,首先要掌握交流接触器的工作原理,通过拆装和检修交流接触器,掌握维修方法是学习的主要目的。正确使用、准确判断及维修是本课题的学习重点。

【相关知识】

一、接触器

接触器是一种用于中远距离频繁地接通与断开交直流主电路及大容量控制电路的一种自动开关电器。接触器有交流接触器和直流接触器两大类型。交流接触器在电力拖动自动控制线路中被广泛应用,其外形如图2-20所示。

图 2-20　接触器

1. 接触器的结构与原理

① 电磁机构　电磁机构是接触器及其他电磁式电器的主要组成部分之一,它的主要作用是将电磁能量转换为机械能量,带动触头动作,从而完成接通或分断电路。

电磁机构由吸引线圈、铁芯、衔铁等几部分组成。

常用的磁路结构如图 2-21 所示,可分为三种形式。

② 触头系统　触头是接触器其他电器的执行部分,起接通和分断电路的作用。

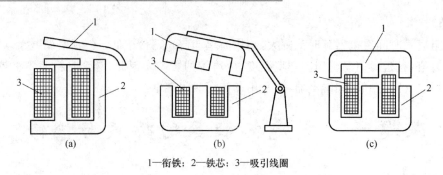

1—衔铁；2—铁芯；3—吸引线圈

图 2-21 常用的磁路结构

图 2-22(a)所示为两个点接触的桥式触头，图 2-22(b)所示为两个面接触的桥式触头，图 2-22(c)所示为指形触头。

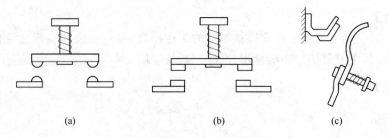

图 2-22 触头的结构形式

③ 电弧的产生及灭弧的方法　接触器的触头在大气中断开电路时，如果被断开电路的电流超过某一数值，触头间隙中就会产生电弧。

2. 交流接触器

① 交流接触器的结构示意图如图 2-23 所示。它由电磁机构、触头系统、灭弧装置等组成。

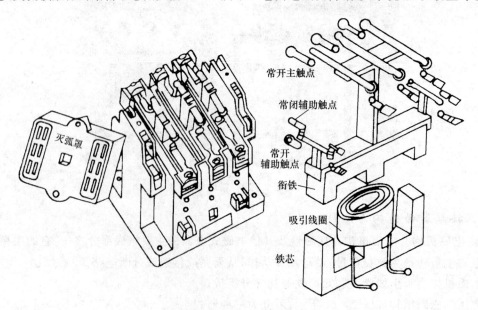

图 2-23　CJ10 型交流接触器

② 工作原理 交流接触器有两种工作状态：得电状态（动作状态）和失电状态（释放状态）。接触器主触点的动触头装在与衔铁相连的绝缘连杆上，其静触点则固定在壳体上。当线圈得电后，线圈产生磁场，使静铁芯产生电磁吸力，将衔铁吸合。衔铁带动动触点动作，使常闭触点断开，常开触点闭合，分断或接通相关电路。当线圈失电时，电磁吸力消失，衔铁在反作用弹簧的作用下释放，各触点随之复位。

③ 图形符号 接触器图形符号如图 2-24 所示。

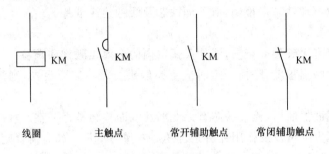

线圈　　　主触点　　　常开辅助触点　　常闭辅助触点

图 2-24 接触器图形符号

二、任务实施

1. 准备工具、仪表及器材

① 工具 螺钉旋具、电工刀、尖嘴钳、剥线钳、镊子等。
② 仪表 电流表、电压表、万用表、兆欧表。
③ 器材 见表 2-3。

表 2-3 元件明细表

代　号	名　称	型号规格	数　量
T	调压变压器	TDGC2-10/0.5	1
KM	交流接触器	CJ10-20	1
QS1	三极开关	HK1-15/3	1
QS2	二极开关	HK2-15/2	1
EL	指示灯	220 V、25 W	3
	控制板	500 mm×400 mm×30 mm	1
	连接导线	BVR 1.0 mm²	若干

2. 实施步骤及工艺要求

（1）拆　卸

① 卸下灭弧罩紧固螺钉，取下灭弧罩。
② 拉紧主触头定位弹簧夹，取下主触头及主触头压力弹簧片。拆卸主触头时必须将主触头侧转 45°后取下。
③ 松开辅助常开静触头的线桩螺钉，取下常开静触头。
④ 松开接触器底部的盖板螺钉，取下盖板。在松盖板螺钉时，要用手按住螺钉并慢慢

放松。
⑤ 取下静铁芯缓冲绝缘纸片及静铁芯。
⑥ 取下静铁芯支架及缓冲弹簧。
⑦ 拔出线圈接线端的弹簧夹片,取下线圈。
⑧ 取下反作用弹簧。
⑨ 取下衔铁和支架。
⑩ 从支架上取下动铁芯定位销,取下动铁芯及缓冲绝缘纸片。

(2) 检 修

① 检查灭弧罩有无破裂或烧损,清除灭弧罩内的金属飞溅物和颗粒。
② 检查触头的磨损程度,磨损严重时应更换触头。若不需要更换,则清除触头表面上烧毛的颗粒。
③ 清除铁芯端面的油垢,检查铁芯有无变形及端面接触是否平整。
④ 检查触头压力弹簧及反作用弹簧是否变形或弹力不足。如有需要则更换弹簧。

弹簧更换后为保证检修质量应作以下的检查试验:

a. 测量动、静触头刚接触时作用在触头上的压力,即触头初压力。触头完全闭合后作用于触头上的压力,即触头终压力。测量桥式触头终压力的方法如图2-25所示。指示灯刚熄灭时,每一触头的终压力为砝码质量的1/2。

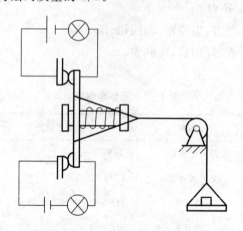

图 2-25 触头终压力测量

b. 测量触头在完全分开时,动、静触头间的最短距离,即开距。触头完全闭合后,将静触头取下,动触头接触处发生的位移,即超程。触头的开距和超程可用卡尺、塞尺或内卡钳等量具进行测量。

⑤ 检查电磁线圈是否有短路、断路及发热变色现象。

(3) 装 配

按拆卸的逆顺序进行装配。

(4) 自 检

用万用表欧姆挡检查线圈及各触头是否良好;用兆欧表测量各触头间及主触头对地电阻是否符合要求;用手按动主触头检查运动部分是否灵活,以防产生接触不良、振动和噪声。

【任务评价】

接触器的拆装与检修成绩评分标准见附表2-1。

课题二 三相异步电动机正转控制线路的安装与调试

我们在学习了有关电气元器件的基础上,继续学习电力拖动基本电路控制的安装及检修方法,在学习各个电路的工作原理基础上掌握检修方法。

【任务引入】

由于各种生产机械的工作性质和加工工艺不同,使得它们对电动机的控制要求不同。要使电动机按照生产机械的要求正常安全地运转,必须配备一定的电器,组成一定的控制线路。本课题主要练习三相异步电动机的正转控制线路的安装与调试。

【任务分析】

三相异步电动机的正转控制线路,主要介绍了自锁、欠压保护、失压保护、过载保护的概念,以及电路的工作原理。技能训练完成正转控制线路和接触器自锁正转控制线路的安装与调试。

【相关知识】

一、接触器自锁正转控制线路

在实际工作中,往往要求电动机启动后能够连续运转,为实现电动机的连续运转,可采用图2-26所示的接触器自锁控制线路。

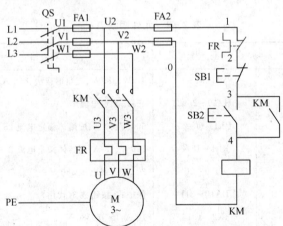

图2-26 接触器自锁正转控制电路图

线路的工作原理如下:

先合上组合开关QS,此时电动机M尚未接通电源。按下启动按钮SB2,接触器KM的线圈得电,使接触器衔铁吸合,同时带动接触器KM的三对主触头闭合,辅助常开触头闭合形成自锁,电动机M便接通电源启动运转。当电动机需要停转时,只要按下按钮SB1,使接触器

模块二　继电-接触式控制电路的安装与调试

KM 的线圈失电,衔铁在复位弹簧作用下复位,带动接触器 KM 的三对主触头恢复分断,电动机 M 失电停转。像这种当松开启动按钮 SB2 后,接触器 KM 通过自身常开辅助触头而使线圈保持得电的作用称为自锁。与启动按钮 SB2 并联起到自锁作用的常开辅助触头称为自锁触头。

接触器自锁控制线路不但能使电动机连续运转,而且还有一个重要的特点,就是具有欠压和失压保护作用。

1. 欠压保护

"欠压"是指线路电压低于电动机应加的额定电压。"欠压保护"是指当线路电压下降到某一数值时,电动机能自动脱离电源停转,避免电动机在欠压下运行的一种保护。

2. 失压保护

"失压保护"是指电动机在正常运行中,由于外界某种原因引起突然断电时,能自动切断电动机电源;当重新供电时,保证电动机不能自行启动的一种保护。

二、任务实施

(1) 准备工具、仪表及器材。

① 工具　测电笔、螺钉旋具、尖嘴钳、斜口钳、剥线钳和电工刀等。

② 仪表　5050 型兆欧表、T301-A 型钳形电流表和 MF30 型万用表。

③ 器材:

a. 控制板一块(500 mm×400 mm×20 mm)。

b. 导线规格:主电路采用 BV1.5 mm² 和 BVR1.5 mm²(黑色);控制电路采用 BV1 mm²(红色);按钮线采用 BVR0.75 mm²(红色);接地线采用 BVR1.5 mm²(黄绿双色)。

c. 电器元件如表 2-4 所列。

表 2-4　元件明细表

代号	名称	型号	规格	数量
M	三相异步电动机	Y112M-4	4 kW、380 V、三角形接法、8.8 A、1 440 r/min	1
QS	组合开关	HZ10-25/3	三极、额定电流 25 A	1
FU1	螺旋式熔断器	RL1-60/25	500 V、60 A、配熔体额定电流 25 A	3
FU2	螺旋式熔断器	RL1-15/2	500 V、15 A、配熔体额定电流 2 A	2
KM	交流接触器	CJ10-20	20 A、线圈电压 380 V	1
SB	按钮	LA10-3H	保护式、按钮数 3(代用)	1
XT	端子板	JX2-1015	10 A、15 节、380 V	1

(2) 识读接触器联锁正转控制线路

明确线路所用电器元件及作用,熟悉线路的工作原理,绘制元件布置图(见图 2-27)和接线图。

(3) 按表 2-4 配齐所用电器元件,并进行检验

① 电器元件的技术数据(如型号、规格、额定电压、额定电流等)应完整并符合要求,外观无损伤,配件、附件齐全完好。

② 电器元件的电磁机构动作是否灵活,有无衔铁卡阻等不正常现象。用万用表检查电磁线圈的通断情况以及各触头的分配情况。

③ 接触器线圈额定电压与电源电压是否一致。

④ 对电动机的质量进行常规检查。

(4) 在控制板上安装电器元件,并贴上醒目的文字符号
安装电器元件工艺要求如下:

① 组合开关、熔断器的受电端子应安装在控制板外侧,并使熔断器的受电端为底座的中心端。

② 各元器件的位置应整齐、匀称,间距合理,便于元件的更换。

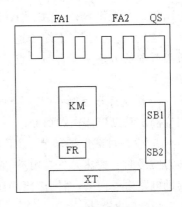

图 2-27 接触器自锁正转控制电路元件布置图

③ 紧固各元器件时要用力均匀,紧固程度适当。在紧固熔断器、接触器等易碎裂元件时,应用手按住元件一边轻轻摇动,一边用旋具轮换旋紧对角线的螺钉,直到手摇不动后再适当旋紧些即可。

(5) 板前明线布线工艺
板前明线布线的工艺要求是:

① 布线通道尽可能少,同路并行导线按主、控电路分类集中,单层密排,紧贴安装面布线。

② 同一平面的导线应高低一致或前后一致,不能交叉。

③ 布线应横平竖直,分布均匀。变换走向时应垂直。

④ 布线时严禁损伤芯线和导线绝缘。

⑤ 布线顺序一般以接触器为中心,由里向外,由低至高,先控制电路,后主电路进行。

⑥ 导线与接线端子或接线桩连接时,不得压绝缘层,不反圈及不露铜过长。

⑦ 同一元件、同一回路的不同节点的导线间距应保持一致,不能交叉。

⑧ 一个电器元件接线端子上的连接导线不得多于两根。

(6) 自 检
利用万用表进行自检,将万用表拨到 R×1 挡,并进行校零,以防错漏短路故障。断开 QS。

① 检查主电路:

a. 要拔掉 FA2 以断开辅助电路,用万用表笔分别测量 QS 下端 U1-V1、V1-W1 和 U1-W1 之间的电阻值,其读数应为 $R\to\infty$(断路)。否则说明被测线路有短路处,要仔细检查被测线路。

b. 用手按压接触器触头架,使三极主触点都闭合,重复上述的测量,可测出电动机各相绕组的电阻值。若某次测量结果为 $R\to\infty$(断路),说明被测线路有断路处,则应仔细检查所测两相的各段接线。

② 检查辅助电路要接好 FA2,检查方法如下:

a. 检查启动控制将万用表笔跨接在 U2 和 V2 处,应测得断路;按下 SB2 应测得 KM 线圈的电阻值。

b. 检查自锁控制松开 SB2 后,按下 KM 触头架,使其常开触头闭合,应测得 KM 线圈的

电阻值。如操作 SB2 或按下 KM 触头架后,测得结果为断路,应检查按钮及 KM 自锁触点是否正常,检查它们上、下端子连接线是否正确,有无虚接及脱落。必要时可使用移动表笔缩小故障范围的方法来探查断路点。如上述检测为短路,则重点检查两根导线是否错接到同一端子上了。

c. 检查停车控制:在按下 SB2 或按下 KM 触头架测得 KM 线圈电阻值后,同时按下 SB1,则应测出辅助电路由通而断。否则应检查按钮盒内接线,并排除错接。

d. 检查过载保护环节:摘下热继电器盖板后,按下 SB2 测得 KM 线圈阻值,同时用小螺丝刀缓慢向右拨热元件自由端,在听到热继电器常闭触头分断动作声音的同时,万用表应显示辅助电路由通而断,否则应检测热继电器的动作及连接线情况,并排除故障。

(7) 通电试车

完成上述检查后,清理好工具和安装板检查三相电源。要将热继电器电流整定值按所接电动机的需要调节好,在指导老师的监护下通电测试。

① 接通三相电源 L1、L2、L3,合上电源开关 QS 后,用测电笔检查熔断器出线端,氖管亮则说明电源接通。按下 SB2 后松开,接触器 KM 立即得电动作。并能自锁而保持吸合状态,按下 SB1 则 KM 释放。反复操作几次,以检查线路动作的可靠性。观察接触器情况是否正常,是否符合线路功能要求;观察电器元件是否灵活,有无卡阻及噪声过大现象;观察电动机运行是否正常等。但不得对线路接线是否正确进行带电检查。观察过程中,若有异常现象,例如接触器振动,发出噪声,主触点燃弧严重,以及电动机嗡嗡响,不能启动,则应马上停车。当电动机运转平稳后,用钳形电流表测量三相电流是否平衡。

② 出现故障后,学生应独立进行检修。若需带电进行检查时,教师必须在现场监护。检查完毕,如需再次试车,也应该有教师监护,并有时间记录。

③ 通电试车完毕,停转,切断电源。先拆除三相电源线,再拆除电动机线。

【任务评价】

三相异步电动机正转控制线路的安装与调试成绩评分标准见附表 2-2。

课题三　三相异步电动机正反转控制线路的安装与调试

【任务引入】

正转控制线路只能使电动机朝一个方向运转,带动生产机械的运动部件朝一个方向运动。但许多生产机械往往要求运动部件能向正反两个方向运动。如机床工作台的前进与后退;万能铣床主轴的正转与反转;起重机的上升与下降等,这些生产机械要求电动机能实现正反转控制。

当改变通入电动机定子绕组的三相电源相序,即把接入电动机三相电源进线中的任意两相对调接线时,电动机就可以反转。

【任务分析】

电动机的正反转控制常见的有倒顺开关正反转控制、接触器联锁的正反转控制和按钮连锁的正反转控制和按钮和接触器双重联锁正反转控制四种。本课题着重介绍接触器联锁的正反转控制和按钮、接触器双重联锁正反转控制电路,并进行安装。

【相关知识】

一、接触器联锁的正反转控制线路

接触器联锁的正反转控制线路如图2-28所示。线路中采用了两个接触器,即正转用的接触器KM1和反转用的接触器KM2,它们分别由正转按钮SB2和反转按钮SB3控制。从主电路中可以看出,这两个接触器的主触头所接通的电源相序不同,KM1按L1-L2-L3相序接线,KM2则按L3-L2-L1相序接线。相应地控制电路有两条,一条是由按钮SB2和KM1线圈等组成的正转控制电路;另一条是由按钮SB3和KM2线圈等组成的反转控制电路。

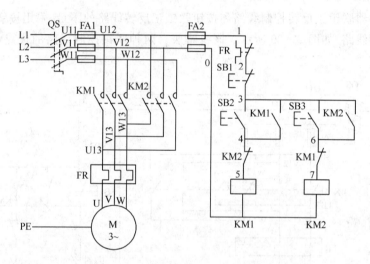

图2-28 接触器联锁的正反转控制电路图

必须指出,接触器KM1和KM2的主触头绝不允许同时闭合,否则将造成两相电源短路事故。为了避免两个接触器KM1和KM2同时得电动作,就在正、反转控制电路中分别串接了对方接触器的一对常闭辅助触头,这样,当一个接触器得电动作时,通过其常闭辅助触头使另一个接触器不能得电动作,接触器间这种相互制约的作用称为接触器联锁。实现联锁作用的常闭辅助触头称为联锁触头,联锁符号用"▽"表示。

线路的工作原理如下:先合上电源开关QS。

1. 正转控制

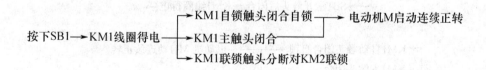

2. 反转控制

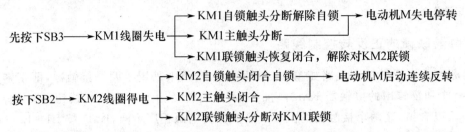

停止时，按下停止按钮SB3 → 控制电路失电 → KM1(或KM2)主触头分断 → 电动机M失电停转

二、按钮、接触器双重联锁的正反转控制线路

为克服接触器联锁正反转控制线路和按钮联锁正反转线路的不足，采用按钮、接触器双重联锁正反转控制线路，如图2-29所示。该线路兼有两种联锁控制线路的优点，操作方便，工作安全可靠。

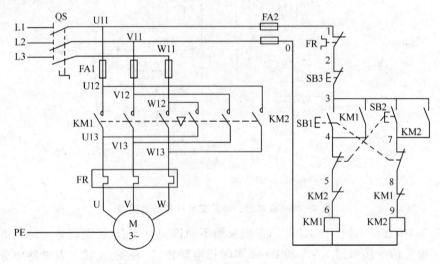

图2-29 双重联锁的正反转控制电路图

线路的工作原理如下：先合上电源开关QS。

1. 正转控制

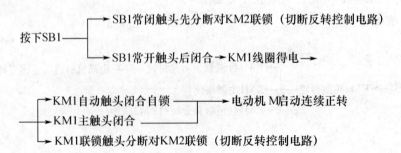

2. 反转控制

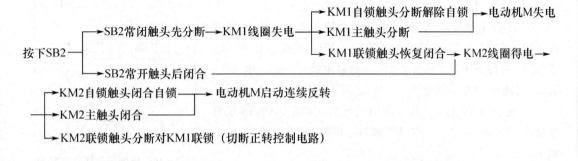

若要停止,按下 SB3,整个控制电路失电,主触头分断,电动机 M 失电停转。

三、任务实施

(1) 准备工具、仪表及器材

① 工具　测电笔、螺钉旋具、尖嘴钳、斜口钳、剥线钳和电工刀等。

② 仪表　5050 型兆欧表、T301-A 型钳形电流表和 MF30 型万用表。

③ 器材：

a. 控制板一块(500 mm×400 mm×20 mm)。

b. 导线规格：主电路采用 BV1.5 mm^2 和 BVR1.5 mm^2(黑色)塑铜线；控制电路采用 BVR1 mm^2(红色)；电器元件如表 2-5 所列。

表 2-5　元件明细表

代号	名　称	型　号	规　格	数　量
M	三相异步电动机	Y-112M-4	250 W　Y/△ 教学电动机	1
QS	组合开关	HZ10-10/3	三级额定电流 10A	1
FA1	螺旋式熔断器	RL1-15/2	500 V、15 A 熔体	3
FA2	螺旋式熔断器	RL1-15/2	500 V、5 A 熔体	2
KM	交流接触器	CJ10-10	10 A 线圈电压 380 V	2
SB	按钮	LA-3H	保护式按钮数 3 联	1
XT4	端子板	JX2-1015	10 A,15 节	1
	自制木板		600 mm×500 mm×50 mm	1

(2) 识别接触器按钮双重联锁正反转控制线路

识读接触器按钮双重联锁正反转控制线路,明确线路所用电器元件及作用,熟悉线路的工作原理,绘制元件布置图(见图 2-30)和接线图。

(3) 质量检验

① 按表 2-5 配齐所用电器元件,并进行质量检验。

② 在控制板上按如图 2-29 所示安装所有的电器元件,并贴上醒目的文字符号。

③ 根据工艺要求进行板前明线布线。

④ 自检　断开 QS(如使用带灭弧罩的接触器,要摘下 KM1 和 KM2 的灭弧罩),用万用表 R×1 挡检查主电路和辅助电路。检查主电路断开 FA2 切除辅助电路,做以下检查：

a. 检查各相通路　将两支表笔分别接 U1 - V1、V1 - W1 和 U1 - W1 端子,应测得断路;分别按下 KM1、KM2 的触头架,均应测得电动机一相绕组的直流电阻值。

b. 检查电源换相通路　将两支表笔分别接 U1 和接线端子板上的 U 端子,按下 KM1 的触头架时应测得 $R\rightarrow 0$;松开 KM1 而按下 KM2 触头架时,应测得电动机一相绕组的电阻值,用同样的方法测量 W1~W 之间的回路。

⑤ 检查辅助电路　拆下电动机接线,接通 FA2;将万用表笔接 QS 下端的 U1 与 V1 端子,对照原理图检测方法如下:

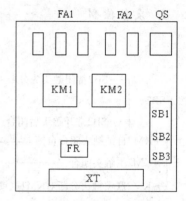

图 2 - 30　接触器按钮双重联锁正反转控制电路元件布置图

a. 检查启动和停车的控制　分别按下 SB1、SB2,各应测得 KM1、KM2 的线圈电阻值,在按下 SB1 和 SB2 的同时,按下 SB3,万用表应显示电路由通而断。

b. 检查自锁线路　分别按下 KM1、KM2 的触头架,各应测得 KM1、KM2 的线圈电阻值;如操作的同时按下 SB3,万用表应显示电路由通而断。如果测量时发现异常,则重点检查接触器自锁触点上、下端子的连线。容易接错处是:将 KM1 的自锁线错接到 KM2 的自锁触点上。将常闭触点用做自锁触点等,应根据异常现象分析、检查。

c. 检查联锁按钮　按下 SB1 测得 KM1 线圈电阻值后,再同时按下 SB2,万用表显示电路由通而断;同样,先按下 SB2 再同时按下 SB1,也应测得电路由通而断。发现异常时,应重点检查按钮盒内 SB1、SB2 和 SB3 之间的连线;检查按钮盒引出护套线与接线端子板 XT 的连接是否正确,发现错误予以纠正。

d. 检查辅助触点联锁线路　按下 KM1 触头架测得 KM1 线圈电阻值后,再同时按下 KM2 触头架,万用表应显示电路由通而断;同样,先按下 KM2 触头架再同时按下 KM1 触头架,也应测得电路由通而断。如发生异常,应重点检查接触器常闭触点与相反转向接触器线圈端子之间的连线。常见的错误接线是:将常开触头误作联锁触头;将接触器的联锁线错接到同一接触器的线圈端子上等,应对照原理图、接线图认真核查排除错误。安装完毕的控制线路板,必须按要求进行认真检查,确保无误后才允许通电试车。

⑥ 交验合格后,通电试车　通电时,必须经指导教师同意后,由指导教师接通电源,并在现场进行监护。出现故障后,学生应独立进行检修。若需带电检查时,也必须有教师在现场监护。

⑦ 通电试车:

a. 接通三相电源 L1、L2、L3,学生合上电源开关 QS 后,用验电笔检查熔断器出线端,氖管亮说明电源接通。按下 SB1 后松开,接触器 KM1 立即得电动作,并能自锁而保持吸合,此时按下 SB2 后送开,接触器 KM1 线圈失电,KM2 立即得电动作,并能自锁而保持吸合,按下 SB3 则 KM2 释放。反复操作几次,以检查线路动作的可靠性。观察接触器情况是否正常,是否符合线路功能要求;观察电器元件是否灵活,有无卡阻及噪声过大现象;观察电动机运行是否正常等。但不得对线路接线是否正确进行带电检查。观察过程中,若有异常现象,例如接触器振动,发出噪声,主触点燃弧严重,以及电动机嗡嗡响,不能启动等现象应马上停车。当电动机运转平稳后,用钳形电流表测量三相电流是否平衡。

b. 出现故障后,学生应独立进行检修。若需带电进行检查时,教师必须在现场监护。检查完毕，如需再次试车，也应该有教师监护，并有时间记录。

c. 通电试车完毕，停转，切断电源。先拆除三相电源线，再拆除电动机线。

【任务评价】

三相异步电动机正反转控制线路的安装与调试成绩评分标准见附表2-3。

课题四　顺序控制线路的安装与调试

【任务引入】

在装有多台电动机的生产机械上，各电动机所起的作用是不同的，有时需按一定的顺序启动或停止，才能保证操作过程的合理和工作的安全可靠。例如：X62W型万能铣床上要求主轴电动机启动后，进给电动机才能启动；M7120型平面磨床的冷却泵电动机，要求当砂轮电动机启动后才能启动。像这种要求几台电动机的启动和停止必须按一定的先后顺序来完成的控制方式，称为电动机的顺序控制。

【任务分析】

顺序控制电路分为主电路实现顺序控制和控制电路实现顺序控制两种方式。本课题介绍的是控制电路实现顺序控制，两台电动机顺序启动、逆序停止控制线路。

【相关知识】

一、顺序启动、逆序停止的顺序控制电路

如图2-31所示的控制线路中，在接触器KM2线圈电路中，串联一个KM1接触器的辅助常开触头，来实现顺序启动。在接触器KM1线圈电路中，在SB1停止按钮下面并联了一个KM2接触器的辅助常开触头，只要KM2接触器得电，停止按钮SB1就失去作用，只有在

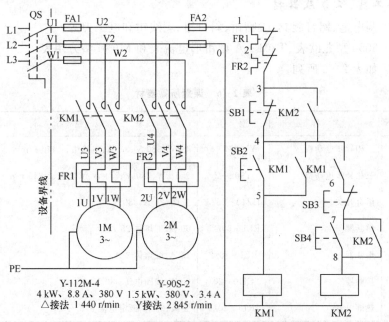

图2-31　顺序启动、逆序停止的顺序控制电路图

KM2 接触器失电后,停止按钮 SB1 才能起作用,从而达到逆序停止的目的。

二、线路工作原理

线路的工作原理如下:先合上电源开关 QS。

1. 启 动

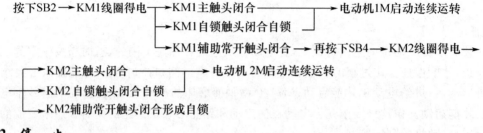

2. 停 止

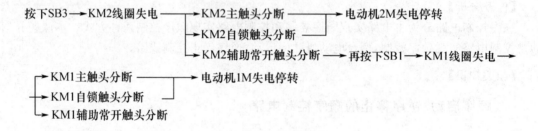

三、任务实施

1. 准备工具、仪表及器材

① 工具　测电笔、螺钉旋具、尖嘴钳、斜口钳、剥线钳和电工刀等。
② 仪表　5050 型兆欧表、T301-A 型钳形电流表和 MF30 型万用表。
③ 器材　如表 2-6 所列。

表 2-6 课题所需器材

代号	名称	型号	规格	数量
M1	三相异步电动机	Y112M-4	4 kW、380 V、8.8 A、△接法、1 440 r/min	1
M2	三相异步电动机	Y90S-2	1.5 kW、380 V、3.4 A、Y接法、2 845 r/min	1
QS	组合开关	HZ10-25/3	三级、25 A、380 V	1
FA1	熔断器	RL1-60/25	60 A、配熔体 25 A	3
FA2	熔断器	RL1-15/2	15 A、配熔体 2 A	2
KM1、KM2	接触器	CJ10-20	20 A、线圈电压 380 V	2
FR1	热继电器	JR16-20/3	三级、20 A、额定电流 8.8 A	1

模块二 继电-接触式控制电路的安装与调试

续表 2-6

代号	名称	型号	规格	数量
FR2	热继电器	JR16-20/3	三级、20 A、额定电流 3.4 A	1
SB11-SB12	按钮	AL10-3H	保护式、按钮数 3	1
SB21-SB22	按钮	AL10-3H	保护式、按钮数 3	1
XT	端子板	JD0-1020	380 V、10 A、20 节	1
	主电路导线	BVR-1.5	1.5 mm²	若干
	控制电路导线	BVR-1.0	1 mm²	若干
	按钮线	BVR-0.75	0.75 mm²	若干
	走线槽		18~25 mm	若干
	控制板		500 mm×400 mm×20 mm	1

2. 识别、读取线路

① 识读两台电动机顺序启动、逆序停止控制线路(见图 2-31),明确线路所用电器元件及作用,熟悉线路的工作原理,绘制元件布置图(见图 2-32)和接线图。

② 按表 2-6 配齐所用电器元件,并检验元件质量。

③ 在控制板上安装走线槽和所有电器元件。

④ 按电路图进行板前线槽布线。

3. 板前线槽布线工艺要求

① 线槽内的导线要尽可能避免交叉,槽内装线不要超过其容量的 70%,并能方便盖上线槽盖,以便装配和维修。线槽外的导线也应做到横平竖直、整齐、走线合理。

② 各电器元件与走线槽之间的外露导线要尽量做到横平竖直,变换走向要垂直。同一元件位置一致的端子和相同型号电器元件中位置一致的端子上引入、引出的导线,要敷设在同一平面上,并应做到高低一致、前后一致,不得交叉。

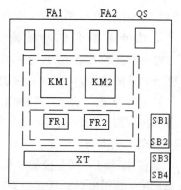

图 2-32 两台电动机顺序启动、逆序停止控制线路元件布置图

③ 在电器元件接线端子上,对其间距很小或元件机械强度较差的引出或引入的导线,允许直接架空敷设外,其他导线必须经过走线槽进行连接。

④ 电器元件接线端子引出导线的走向,以元件的水平中心线为界限,水平中心线以上接线端子引出的导线,须进入元件上面的线槽;水平中心线以下接线端子引出的导线,须进入元件下面的线槽。任何导线都不允许从水平方向进入线槽内。

⑤ 导线与接线端子的连接,必须牢靠,不得松动。在任何情况下,接线端子必须与导线截面积和材料性质相适应,并且所有连接在接线端子上的导线其端头套管上的编码要与原理图上节点的线号相一致。

⑥ 所有导线必须要采用多芯软线,其截面积要大于 0.75 mm²。电子逻辑及类似低电平的电路,可采用 0.2 mm² 的硬线。

⑦ 当接线端子不适合连接软线或较小截面积的软线时可以在导线端头穿上针形或叉形

轧头并压紧后再进行连接。

⑧ 一般一个接线端子只能连接一根导线,如果采用专门设计的端子,可以连接两根或多根导线,但导线的连接方式,必须采用工艺上成熟的连接方式,如夹紧、压接、焊接、绕接等,并且连接工艺应严格按照工序要求进行。

⑨ 布线时,严禁损伤线芯和导线绝缘。

4. 自　检

断开 QS(如使用带灭弧罩的接触器,要摘下 KM1 和 KM2 的灭弧罩),用万用表 R×1 挡检查主电路和辅助电路。

① 检查主电路　断开 FA2 切除辅助电路,做以下检查:

a. 检查各相通路　将两支表笔分别接 U1—V1、V1—W1 和 U1—W1 端子,应测得断路;分别按下 KM1、KM2 的触头架,均应测得电动机一相绕组的直流电阻值。

b. 用手按压接触器 KM1 触头架,使三极主触点都闭合,重复上述的测量,可测出电动机 M1 各相绕组的电阻值。若某次测量结果为 $R\to\infty$(断路),说明被测线路有断路处,则应仔细检查所测两相的各段接线。用手按住 KM2 的触头架,重复上述的测量,可分别测出电动机 M2 两相绕组串联的电阻值。若某次测量结果为 $R\to\infty$(断路),说明被测线路有断路处,则应仔细检查所测两相的各段接线。

② 检查辅助电路　检查辅助电路要接好 FA2,按照课题二讲授的方法步骤分别检查 M1、M2 两台电动机的启动控制、自锁、停车及过载保护控制电路。

5. 通电实验和试车校验

完成上述检查后,清理好工具和安装板及检查三相电源。要将热继电器电流整定值按电动机的需要调节好,在指导老师的监护下进行通电实验和接电动机试车校验。

① 通电实验　合上 QS,按下 SB2 后松开,接触器 KM1 立即得电动作,并能自锁而保持吸合状态。按下 SB4 则 KM2 立即得电动作并能自锁保持吸合状态。按下 SB3 则 KM2 释放,再按下 SB1 则 KM1 释放。反复操作几次,以检查线路动作的可靠性。

② 接电动机后试车校验　切断电源后,接好电动机接线,合上 QS,按下 SB2 后松开,电动机 M1 应立即得电启动后运行,按下 SB4 后松开,电动机 M2 立即得电启动运行。按下 SB3,KM2 断电释放,M2 断电停车。按下 SB1,KM1 断电释放,M1 断电停车。

6. 注意事项

① 通电试车前,应熟悉线路的操作顺序,即先合上电源开关 QS,然后按下 SB2 后,再按 SB4 顺序启动;按下 SB3 后,再按下 SB1 逆序停止。

② 通电试车时,注意观察电动机、各电器元件及线路各部分工作是否正常。若发现异常情况,必须立即切断电源开关 QS,因为此时停止按钮 SB1 已失去作用。

③ 安装训练应在规定定额时间内完成。同时要做到安全操作和文明生产。

【任务评价】

顺序控制线路的安装与调试成绩评分标准见附表 2-4。

课题五 星形-三角形降压启动控制线路的安装与调试

【任务引入】

加在电动机定子绕组上的电压为电动机的额定电压,属于全压启动,又称直接启动。直接启动的优点是电器设备少,线路简单,维修量较小。异步电动机直接启动时,启动电流一般为额定电流的4~7倍。在电源变压器容量不够大而电动机功率较大的情况下,直接启动将导致电源变压器输出电压下降,不仅减小电动机本身的启动转矩,而且会影响同一供电线路中其他电器设备的正常工作。因此,较大容量的电动机需采用降压启动。

【任务分析】

降压启动是指利用启动设备将电压适当降低后加到电动机的定子绕组上进行启动,待电动机启动运转后,再使其电压恢复到额定值正常运转。常见的降压启动方法有四种:定子绕组串接电阻降压启动;自耦变压器降压启动;星形-三角形(Y-△)降压启动;延边△降压启动。本节主要介绍时间继电器自动控制 Y-△降压启动控制线路。

【相关知识】

一、时间继电器自动控制 Y-△降压启动控制电路及工作原理

1. Y-△降压启动控制电路

时间继电器自动控制 Y-△降压启动控制电路如图2-33所示。该线路由三个接触器、一个热继电器、一个时间继电器和两个按钮组成。时间继电器 KT 用作控制 Y 形降压启动时间和完成 Y-△自动切换。

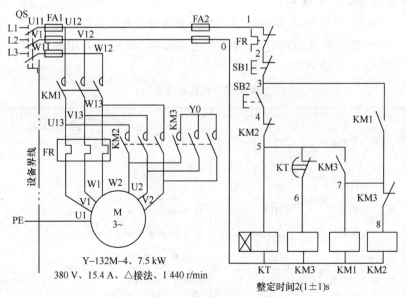

图 2-33 时间继电器自动控制 Y-△降压启动控制电路

2. 工作原理

线路的工作原理如下:先合上电源开关 QS。

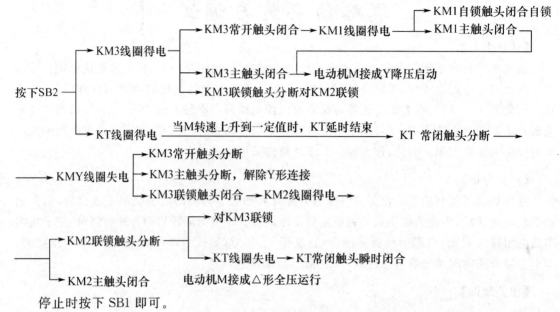

停止时按下 SB1 即可。

该线路中,接触器 KM_Y 得电以后,通过 KM_Y 的常开辅助触头使接触器 KM 得电动作,这样 KM_Y 的主触头是在无负载的条件下进行闭合的,故可延长接触器 KM_Y 主触头的使用寿命。

二、任务实施

1. 准备工具、仪表及器材

① 工具　测电笔、螺钉旋具、尖嘴钳、斜口钳、剥线钳和电工刀等。
② 仪表　5050 型兆欧表、T301-A 型钳形电流表和 MF30 型万用表。
③ 器材　如表 2-7 所列。

表 2-7　元件明细表

代号	名称	型号	规格	数量
M	三相异步电动机	Y132M-4	7.5 kW、380 V、15.4 A、△接法、1 440 r/min	1
QS	组合开关	HZ10-25/3	三级、25 A、380 V	1
FA1	熔断器	RL1-60/35	60 A、配熔体 35 A	3
FA2	熔断器	RL1-15/2	15 A、配熔体 2 A	2
KM1-KM3	接触器	CJ10-20	20 A、线圈电压 380 V	2
FR1	热继电器	JR16-20/3	三级、20 A、额定电流 8.8 A	1
KT	时间继电器	SJ7-2A	线圈电压 380 V	1
SB1、SB2	按钮	AL10-3H	保护式、按钮数 3	1

模块二 继电-接触式控制电路的安装与调试

表 2-7

代号	名　称	型　号	规　格	数量
XT	端子板	JD0-1020	380 V、10 A、20 节	1
	主电路导线	BVR-1.5	1.5 mm²	若干
	控制电路导线	BVR-1.0	1 mm²	若干
	按钮线	BVR-0.75	0.75 mm²	若干
	走线槽		18～25 mm	1
	控制板		500 mm×400 mm×20 mm	

2. 识别与读取线路

① 识读 Y-△降压启动控制线路控制线路(见图 2-33)，明确线路所用电器元件及作用，熟悉线路的工作原理，绘制元件布置图(见图 2-34)和接线图。

② 按表 2-7 配齐所用电器元件，并检验元件质量。

③ 在控制板上安装走线槽和所有电器元件。

④ 按电路图进行板前线槽布线。

3. 自　检

断开 QS，万用表拨到 R×1 挡，做下列检查：

① 检查主电路断开 FA2 切除辅助电路。

a. 检查 KM1 的控制作用　将万用表笔分别接 QS 下端的 U11 和 XT 上的 U2 端子测得断路；按下 KM1 触头架，再测得电动机一相绕组的电阻值。可用同样的方法检测 V11-V2、W11-W2 间的电阻值。

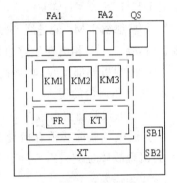

图 2-34　星-三角形降压启动控制线路元件布置图

b. 检查 Y 连接启动电路　将万用表笔接 QS 下端的 U11、V11 端子，同时按下 KM1 和 KM3 的触头架，可测得电动机两相绕组串联的电阻值。可用同样的方法测得 V11-W11 及 U11-W11 间的电阻值。

c. 检查△连接运行电路　将万用表笔接在 QS 下端的 U11、V11 端子，同时按下 KM1 和 KM2 的触头架，可测得电动机两相绕组串联后再与第三相绕组并联的电阻值(小于一相绕组的电阻值)。

② 检查辅助电路拆下电动机接线，接通 FA2，用万用表笔接 QS 下端的 U11 和 V11，并做下列几项检查：

a. 检查 Y 连接启动控制　按下 SB2，可测得 KT 和 KM2 两只线圈的并联电阻值；同时按下 KM2 的触头架，测得 KT、KM2 及 KM1 三只线圈的并联电阻值；同时按下 KM1 与 KM2 的触头架，也应该测得上述三只线圈的并联电阻值。

b. 检查联锁电路　按下 KM1 的触头架，可测得电路中四个电器线圈的并联电阻值；再轻按 KM2 的触头架使其常闭触点分断(不要放开 KM1 的触头架)，切除 KM3 线圈，测得电阻值应该增大；如在按下 SB2 的同时再轻按 KM3 的触头架，使其常闭触点分断，测得线路由通而断。

c. 检查 KT 的控制作用　按下 SB2 测得 KT 与 KM2 两只线圈的并联电阻值，再按住 KT 电磁机构的衔铁不放，大约 5 s 后，KT 的延时触点分断切除 KM2 的线圈，测得的电阻值应增大。

4. 通电和试车校验

检查三相电源，在指导教师的监护下通电试车。

① 通电校验　合上 QS，按下 SB2，KT、KM2 和 KM1 应立即得电动作，约 5 s 后，KT 和 KM2 断电释放，同时 KM3 得电动作。按下 SB1，则 KM1 和 KM3 释放。反复操作几次，检查线路动作的可靠性。调节 KT 的针阀，使其延时更准确。

② 接电动机后试车　断开 QS，接好电动机接线，仔细检查主电路各熔断器的接触情况，检查各端子的接线情况，做好立即停车的准备。合上 QS，按下 SB2，电动机应立即得电启动转速上升，此时应注意电动机运转的声音；约 5 s 后转换，电动机转速再次上升进入全压运行。

5. 注意事项

① 用 Y-△降压启动控制的电动机，必须有 6 个出线端子且定子绕组在△接法时的额定电压等于三相电源线电压。

② 接线时要保证电动机△形接法的正确性，即接触器 $KM_△$ 主触头闭合时，应保证定子绕组的 U1 与 W2、V1 与 U2、W1 与 V2 相连接。

③ 接触器 KM_Y 的进线必须从三相定子绕组的末端引入，若误将其首端引入，则在 KM_Y 吸合时，会产生三相电源短路事故。

④ 控制板外部配线，必须按要求一律装在导线通道内，使导线有适当的机械保护，以防止液体、铁屑和灰尘的侵入。

⑤ 通电校验前要再检查一下熔体规格及时间继电器、热继电器的各整定值是否符合要求。

⑥ 通电校验前必须有指导老师在现场监护，学生应根据电路图的控制要求独立进行校验，若出现故障也应自行排除。

【任务评价】

星形-三角形降压启动控制线路安装与调试成绩评分标准见附表 2-5。

课题六　单相半波整流能耗制动控制线路的安装与调试

【任务引入】

电动机断开电源以后，由于惯性作用不会马上停止转动，而是需要转动一段时间才会完全停下来。这种情况对于某些生产机械是不适宜的。例如：起重机的吊钩需要准确定位；万能铣床要求立即停转等。满足生产机械的这种要求就需要对电动机进行制动。

【任务分析】

制动，就是给电动机一个与转动方向相反的转矩使它迅速停转。制动的方法一般有两类：机械制动和电力制动。电力制动常用的方法有：反接制动、能耗制动、电容制动和再生发电制动等。

【相关知识】

一、能耗制动

使电动机在切断电源停转的过程中，产生一个和电动机实际旋转方向相反的电磁力矩，迫使电动机迅速制动停转的方法称为电力制动。当电动机切断交流电源后，立即在定子绕组的任意两相中通入直流电，迫使电动机迅速停转的方法称为能耗制动。

二、无变压器单相半波整流、单向启动能耗制动自动控制电路及工作原理

1. 无变压器单相半波整流、单向启动能耗制动自动控制电路

图 2-35 所示为无变压器单相半波整流、单向启动能耗制动控制电路图。

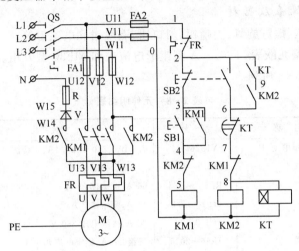

图 2-35 单相半波整流能耗制动控制电路图

2. 工作原理

线路的工作原理如下：先合上电源开关 QS。

① 单向启动运转

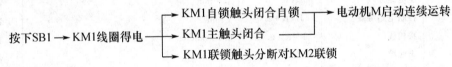

② 能耗制动停转

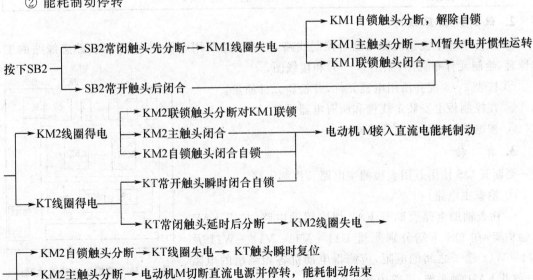

模块二 继电-接触式控制电路的安装与调试

图2-44中KT瞬时闭合常开触头的作用是当KT出现线圈断线或机械卡住等故障时,按下SB2后能使电动机制动后脱离直流电源。

三、任务实施

1. 准备工具、仪表及器材

① 工具　测电笔、螺钉旋具、尖嘴钳、斜口钳、剥线钳和电工刀等。
② 仪表　5050型兆欧表、T301-A型钳形电流表和MF30型万用表。
③ 器材　如表2-8所列。

表2-8　元件明细表

代号	名称	型号	规格	数量
M	三相异步电动机	Y132M-4	7.5 kW、380 V、15.4 A、△接法、1 440 r/min	1
QS	组合开关	HZ10-25/3	三级、25 A、380 V	1
FA1	熔断器	RL1-60/35	60 A、配熔体35 A	3
FA2	熔断器	RL1-15/2	15 A、配熔体2 A	2
KM1、KM2	接触器	CJ10-20	20 A、线圈电压380 V	2
FR1	热继电器	JR16-20/3	三级、20 A、额定电流8.8 A	1
KT	时间继电器	SJ7-2A	线圈电压380 V	1
SB1、SB2	按钮	AL10-3H	保护式、按钮数3	1
V	整流二极管	2CZ30	30 A、600 V	1
R	制动电阻		0.5 Ω、50 W	1
XT	端子板	JD0-1020	380 V、10 A、20节	1
	主电路导线	BVR-1.5	1.5 mm²	若干
	控制电路导线	BVR-1.0	1 mm²	若干
	按钮线	BVR-0.75	0.75 mm²	若干
	走线槽		18~25 mm	若干
	控制板		500 mm×400 mm×20 mm	1

2. 识别和读取线路

① 识读单相半波整流能耗制动控制线路,明确线路所用电器元件及作用,熟悉线路的工作原理,绘制元件布置图(见图2-36)和接线图。
② 按表2-8配齐所用电器元件,并检验元件质量。
③ 在控制板上安装走线槽和所有电器元件。
④ 按电路图进行板前线槽布线。

3. 自检

要断开QS使用万用表检测主电路和控制电路。
① 检查主电路:
a. 检查辅助电路要断开FA2切除辅助电路,按下KM1的触头架,在QS下端分别测量U11-V11、V11-W11及U11-W11端子之间的电阻,应测得电动机各相绕组的电阻值;放开KM1触头架,电路由通而断。

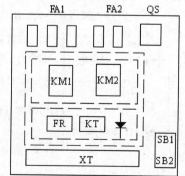

图2-36　单相半波整流能耗控制线路元件布置图

b. 检查制动电路 将万用表拨到 R×10 kΩ 挡,按下 KM2 触头架,将黑表笔接 QS 下端 U11 端子,红表笔接中性线 N 端,应测得整流器 V 的正向导通阻值;将表笔调换位置再测量,应测得 $R \rightarrow \infty$。

② 检查辅助电路 拆下电动机接线,接通 FA2,将万用表拨回 R×1 挡,表笔接 QS 下端检查启动电路,检查启动控制电路方法同前面所述。

a. 检查制动控制 按下 SB2 或按下 KM2 的触头架,均测得 KM2 与 KT 两只线圈的并联电阻值。

b. 检查 KT 延时控制 断开 KT 线圈的一端接线,按下 SB2 应测得 KM2 线圈电阻值,同时按住 KT 电磁机构的衔铁,当 KT 延时触点动作时,万用表应显示电路由通到断。重复检测几次,将 KT 的延时时间调到 2 s 左右。

4. 通电实验和试车检验

① 通电检测 合上 QS,按下 SB1,KM1 应得电并自锁吸合;轻按 SB2 则 KM1 释放,按 SB1 使 KM1 动作并自锁吸合,将 SB2 按到底,则 KM1 释放而 KM2 和 KT 同时得电动作,KT 延时触头约 2 s 左右动作,KM2 和 KT 同时释放。

② 接电动机试车 断开 QS,接好电动机连线,先将 KT 线圈一端引线和 KM2 自锁触点一端引线断开,还将 KM2 自锁触点一端引线断开,合上 QS,检查制动作用。启动电动机后,轻按 SB2,观察 KM1 释放后电动机能否惯性运转。再启动电动机,将 SB2 按到底使电动机进入制动过程,待电动机停转立即松开 SB1。

5. 整定制动时间

切断电源后,按前一项测定的时间调整 KT 的延时,接好 KT 线圈及 KM2 自锁触点的连接线,检查无误后接通电源。启动电动机,待达到额定转速后进行制动,电动机停转时,KT 和 KM2 应刚好断电释放,反复试验调整以达到上述要求。

6. 注意事项

① 时间继电器的整定时间不要调得太长,以免制动时间过长引起定子绕组发热。
② 整流二极管要配装散热器和固装散热器支架。
③ 制动电阻要安装在控制板外面。
④ 进行制动时,停止按钮 SB2 要按到底。
⑤ 通电试车时,必须有指导教师在现场监护,同时要做到安全文明生产。

【任务评价】
单相半波整流能耗制动控制线路的安装与调试成绩评分标准见附表 2-6。

课题七 多速异步电动机控制线路的安装与调试

【任务引入】
改变异步电动机转速可通过三种方法来实现:一是改变电源频率 f_1;二是改变转差率 s;三是改变磁极对数 p。本课题主要介绍通过改变磁极对数 p 来实现电动机调速的基本控制线路。

模块二 继电-接触式控制电路的安装与调试

【任务分析】

改变异步电动机的磁极对数进行调速称为变极调速。变极调速是通过改变定子绕组的连接方式来实现的,它是有级调速,且只适用于笼形异步电动机。凡磁极对数可改变的电动机称为多速电动机,常见的多速电动机有双速、三速、四速等几种类型。本课题主要介绍时间继电器控制双速电动机控制线路。

【相关知识】

一、时间继电器控制双速电动机的控制线路

1. 双速异步电动机定子绕组的连接

双速异步电动机定子绕组的△/YY 接线如图 2-37 所示。图中,三相定子绕组接成△形,由三个连接点接出三个出线端 U1、V1、W1,从每相绕组的中点各接出一个出线端 U2、V2、W2,这样定子绕组共有 6 个出线端。通过改变这 6 个出线端与电源的连接方式,就可以得到两种不同的转速。要使电动机在低速工作时,就把三相电源分别接至定子绕组作△形连接顶点的出线端 U1、V1、W1 上,另外三个出线端 U2、V2、W2 空着不接,如图 2-37(a)所示,此时电动机定子绕组接成△形,磁极为 4 极,同步转速为 1 500 r/min;若要使电动机高速工作,就把三个出线端 U1、V1、W1 并接在一起,另外三个出线端 U2、V2、W2 分别接到三相电源上(见图 2-37(b)),这时电动机定子绕组接成 YY 形,磁极为 2 极,同步转速为 3 000 r/min。可见双速电动机高速运转时的转速是低速运转转速的两倍。

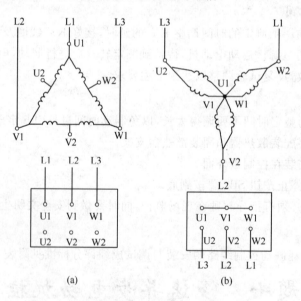

图 2-37 双速异步电动机定子绕组接线图

2. 时间继电器控制双速电动机控制线路

用按钮和时间继电器控制双速电动机低速启动高速运转的电路如图 2-38 所示。时间继电器 KT 控制电动机的△启动时间和△/YY 的自动换接运转的时间。

线路工作原理如下:先合上电源开关 QS。

模块二　继电-接触式控制电路的安装与调试

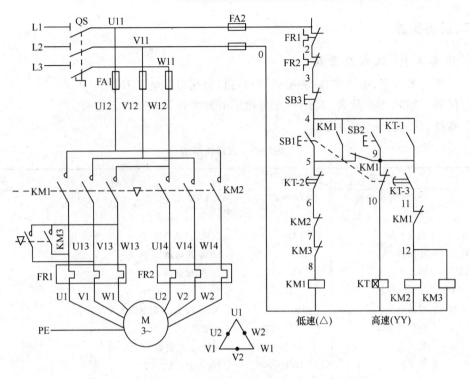

图 2-38　按钮和时间继电器控制双速电动机控制电路图

三角形低速启动运转：

按下 SB1 → SB1常闭触头先分断
　　　　　↳ SB1常开触头后闭合 → KM1线圈得电 →

↳ KM1自锁触头闭合自锁 → 电动机M接成△形后低速启动运转
↳ KM1主触头闭合
↳ KM1两对常闭触头分断对KM2、KM3联锁

YY形高速运转：

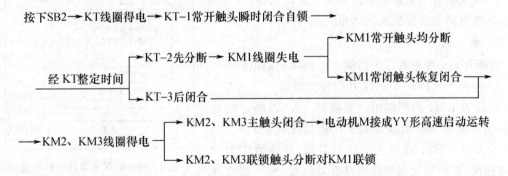

停止时，按下 SB3 即可。若电动机只需高速运转时，可直接按下 SB2，则电动机△形低速启动后，YY形高速运转。

二、任务实施

1. 准备工具、仪表及器材

① 工具　测电笔、螺钉旋具、尖嘴钳、斜口钳、剥线钳和电工刀等。
② 仪表　5050 型兆欧表、T301-A 型钳形电流表和 MF30 型万用表。
③ 器材　如表 2-9 所列。

表 2-9　元器件明细

代号	名称	型号	规格	数量
M	三相异步电动机	YD112M-4/2	3.3 kW、380 V、7.4 A/8.6 A、△/YY、	1
			1 440 r/min 或 2 890 r/min	1
QS	组合开关	HZ10-25/3	三级、25 A、380 V	3
FA1	熔断器	RL1-60/35	60 A、配熔体 35 A	2
FA2	熔断器	RL1-15/4	15 A、配熔体 2 A	2
KM1-KM3	交流接触器	CJ10-20	20 A、线圈电压 380 V	1
FR1、FR2	热继电器	JR16-20/3	三级、20 A、额定电流 8.8 A	2
KT	时间继电器	SJ7-2A	线圈电压 380 V	1
SB1-SB3	按钮	AL10-3H	保护式、按钮数 3	1
XT	端子板	BVR-1.5	380 V、10 A、20 节	1
	主电路导线	BVR-1.0	1.5 mm²	若干
	控制电路导线	BVR-0.75	1 mm²	若干
	按钮线		0.75 mm²	若干
	走线槽		18~25 mm	若干
	控制板		500 mm×400 mm×20 mm	1

2. 识别与读取控制线路

① 识读时间继电器控制双速电动机的控制线路,明确线路所用电器元件及作用,熟悉线路的工作原理,绘制元件布置图(见图 2-39)和接线图。
② 按表 2-10 配齐所用电器元件,并检验元件质量。
③ 在控制板上安装走线槽和所有电器元件。
④ 按电路图进行板前线槽布线。

3. 自检

要断开 QS 使用万用表检测主电路和控制电路。
① 检查主电路断开 FA2 切除辅助电路。

a. 检查 KM1 控制作用　要拔掉 FA2 以断开辅助电路,用万用表笔分别测量 QS 下端 U11-V11、V11-W11 及 U11-W11 端子之间的电阻值,其读数应为 $R \to \infty$(断路)。否则说明被测线路有短路处,要仔细检查被测线路。用手按压接触器 KM1 触头架,使三极主触点都闭合,重复上述的测量,可测出电动机 M 各相绕组的电阻值。若某次测量结果为 $R \to \infty$

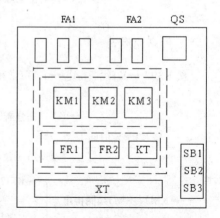

图 2-39　时间继电器控制双速电动机控制线路元件布置图

（断路），说明被测线路有断路处，则应仔细检查所测两相的各段接线。

  b. 检查 KM2 的控制作用 用手按住接触器 KM2 的触头架，使其主触点闭合，重复上述的测量，可测出电动机 M 各相绕组 1/2 的电阻值。

  ② 检查辅助电路 拆下电动机接线，接通 FA2，用万用表笔接 QS 下端的 U11 和 V11 端，并做下列几项检查：

  a. 检查低速启动电路 按下 SB1，可测得 KM1 线圈的电阻值；

  b. 检查高速运行电路 按下 SB2，测得 KT 线圈的阻值。

  c. 检查 KT 的控制作用 按下 SB2 再按住 KT 电磁机构的衔铁不放，此时顺动点 KT-1 闭合大约 5 s 后，KT-2 延时触点分断，KT-3 延时闭合点闭合 测得的电阻值应为 KT、KM2、KM3 线圈并联阻值。

4. 试　车

检查三相电源，在指导教师的监护下通电实验和试车。

  ① 通电校验 合上 QS，按下 SB1，KM1 应立即得电动作并自锁，电动机低速运行。按下 SB2，KT 线圈得电，KT-1 瞬间闭合，约 5 s 后，KT-2 释放断开，KM1 断电释放，KT-3 闭合，KM2、KM3 得电动作。按下 SB3 则 KT 和 KM2、KM3 断电释放，反复操作几次，检查线路动作的可靠性。调节 KT 的针阀，使其延时更准确。

  ② 接电动机后试车 断开 QS，接好电动机接线，仔细检查主电路各熔断器的接触情况，检查各端子的接线情况，做好立即停车的准备。

  合上 QS，按下 SB1，电动机应立即得电，△连接低速启动，此时应注意电动机运转的声音；约 5 s 后转换，电动机转换高速运行。

5. 注意事项

  a. 接线时，注意主电路中接触器 KM1、KM2 在两种转速下电源相序的改变，不能接错；否则，两种转速下电动机的转向相反，换相时将产生很大的冲击电流。

  b. 控制双速电动机△形接法的接触器 KM1 和 YY 形接法的接触器 KM2 的主触头不能对换接线，否则不但无法实现双速控制要求，而且会在 YY 形运转时造成电源短路事故。

  c. 热继电器 FR1、FR2 的整定电流及其在主电路中的接线不要搞错。

  d. 通电试车前，要复验以下电动机的接线是否正确，并测试绝缘电阻是否符合要求。

  e. 通电试车时，必须有指导教师在现场监护，同时要做到安全文明生产。

【任务评价】

单相半波整流能耗制动控制线路的安装与调试成绩评分标准见附表 2-7。

模块三 可编程控制器

第一节 可编程控制器的基本概况

一、可编程控制器简介

1. 可编程序控制器的定义

可编程序控制器(programmable controller),简称 PC 或 PLC。它是在 20 世纪 70 年代以来,在继电接触器控制技术和计算机控制技术的基础上发展起来的一种新型工业自动控制设备。它以微处理器为核心,集自动化技术、计算机技术、通信技术为一体。

2. 可编程序控制器的发展

(1) 高性能、高速度、大容量发展

为了提高 PLC 的处理能力,要求 PLC 具有更好的响应速度和更大的存储容量。目前,有的 PLC 的扫描速度可达 0.1 ms/千步左右。PLC 的扫描速度已成为很重要的一个性能指标。在存储容量方面,有的 PLC 最高可达几十兆字节。为了扩大存储容量,有的公司已使用了磁泡存储器或硬盘。

(2) 向小型化和大型化两个方向发展

小型 PLC 由整体结构向小型模块化结构发展,使配置更加灵活。为了市场需要已开发了各种简易、经济的超小型微型 PLC,最小配置的 I/O 点数为 8~16 点,以适应单机及小型自动控制的需要。

大型化是指大中型 PLC 向大容量、智能化和网络化发展,使之能与计算机组成集成控制系统,对大规模、复杂系统进行综合性的自动控制。现已有 I/O 点数达 14 336 点的超大型 PLC,其使用 32 位微处理器,多 CPU 并行工作和大容量存储器,功能强。

(3) 大力开发智能模块,加强联网与通信能力

为满足各种控制系统的要求,不断开发出许多功能模块,如高速计数模块、温度控制模块、远程 I/O 模块、通信和人机接口模块等。为了加强联网和通信能力,PLC 生产厂家也在协商制订通用的通信标准,以构成更大的网络系统。

(4) 增强外部故障的检测与处理能力

据统计资料表明:在 PLC 控制系统的故障中,CPU 占 5 %,I/O 接口占 15 %,输入设备占 45 %,输出设备占 30 %,线路占 5 %。前二项共 20 % 故障属于 PLC 的内部故障,它可通过 PLC 本身的软、硬件实现检测、处理。而其余 80 % 的故障属于 PLC 的外部故障。PLC 生产厂家都致力于研制、发展用于检测外部故障的专用智能模块,进一步提高系统的可靠性。

(5) 编程语言多样化

在 PLC 系统结构不断发展的同时,PLC 的编程语言也越来越丰富,功能也不断提高。除了大多数 PLC 使用的梯形图、语句表语言外,为了适应各种控制要求,出现了面向顺序控制的

步进编程语言、面向过程控制的流程图语言、与计算机兼容的高级语言(BASIC、C 语言等)等。多种编程语言并存、互补与发展是 PLC 进步的一种趋势。

3. 可编程序控制器的特点
① 抗干扰能力强,可靠性高。
② 采用模块化组合结构。
③ 编程语言简单易学。
④ 可以在线维修,柔性好。

4. 可编程控制器的类型
(1) 按 I/O 点数分
① 小型 PLC 的 I/O 点数在 256 点以下的为小型 PLC(其中 I/O 点数小于 64 点的为超小型或微型 PLC)。
② 中型 PLC 的 I/O 点数在 256 点以上、2 048 点以下的为中型 PLC。
③ 大型 PLC 的 I/O 点数在 2 048 以上的为大型 PLC(其中 I/O 点数超过 8 192 点的为超大型 PLC)。

(2) 按结构形式分
① 整体式 PLC　将电源、CPU、I/O 接口等部件都集中装在一个机箱内,具有结构紧凑、体积小、价格低等特点,如图 3-1 所示。

图 3-1　整体式 PLC

② 模块式 PLC　将 PLC 各组成部分分别制成若干个单独的模块,如 CPU 模块、I/O 模块、电源模块(有的含在 CPU 模块中)以及各种功能模块,如图 3-2 所示。

图 3-2　模块式 PLC

③ 紧凑式 PLC　还有一些 PLC 将整体式和模块式的特点结合起来,如图 3-3 所示。

图 3-3　紧凑式 PLC

(3) 按功能分

① 低档 PLC　具有逻辑运算、定时、计数、移位以及自诊断、监控等基本功能,还可有少量模拟量输入/输出、算术运算、数据传送和比较、通信等功能。

② 中档 PLC　具有低档 PLC 功能外,增加模拟量输入/输出、算术运算、数据传送和比较、数制转换、远程 I/O、子程序、通信联网等功能。有些还增设中断、PID 控制等功能。

③ 高档 PLC　具有中档机功能外,增加带符号算术运算、矩阵运算、位逻辑运算、平方根运算及其他特殊功能函数运算、制表及表格传送等。高档 PLC 机具有更强的通信联网功能。

二、可编程序控制器的基本结构

可编程序控制器是以微处理器为核心的工业专用计算机系统,所以它的硬件组成与计算机有类似之处。图 3-4 为可编程序控制器的内部组成框图。

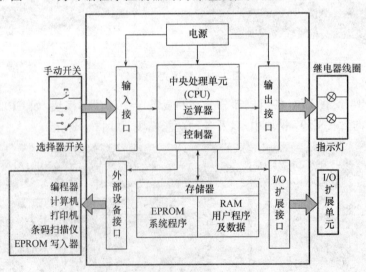

图 3-4　可编程序控制器内部组成方框图

由图可见,可编程序控制器是由中央处理器、存储器、输入/输出接口、电源及外接编程器等构成。在目前较流行的模块式结构中,常在母板上按系统要求配置 CPU 单元(包括电源)、存储单元、I/O 单元等。

1. 中央处理单元

中央处理单元是可编程序控制器的主要部分,是可编程序控制器系统的控制中心。它通过地址总线、数据总线、控制总线与储存单元、I/O 单元连接;其主要功能是:

① 将输入信号(包括编程器键入的用户程序和数据)送到可编程序控制器中储存起来;
② 检查电源、存储器、I/O 的状态,诊断用户程序的语法错误;
③ 按存放的先后顺序取出用户程序,进行编译;
④ 完成用户程序规定的各种操作;
⑤ 将结果送到可编程序控制器的输出端,响应各种外部设备的请求;
⑥ 循环执行上述步骤,直到停止运行为止。

2. 存储器

可编程序控制器的存储器是用来存放系统程序、用户程序和工作数据的。存放应用程序及数据的存储器称为用户程序储存器,存放系统程序的存储器称为系统程序存储器。

(1) 系统程序存储器

制造可编程序控制器产品的厂家根据 CPU 部件的指令系统编写的程序称为系统程序。它是固化在只读存储器(ROM)和可擦除可编程只读存储器(EPROM)中。存储在 ROM 和 EPROM 的内容,在断电情况下保持不变。

(2) 用户程序存储器

使用可编程序控制器产品的用户根据机器指令编写的程序称为用户程序。一般可编程序控制器产品说明书中所列的存储器就是指用户存储器。用户程序存储器内容包括用户由编程器键盘输入的程序、各种暂存数据和中间结果等。

3. 输入/输出接口

输入/输出接口起到可编程序控制器与外围设备之间传送信息的作用。

(1) 输入接口

可编程序控制器通过输入接口把工业设备生产过程中的状态或信息输入主机,通过用户程序的运算和操作,将结果通过输出接口输出给执行设备。一般情况下,现场的输入信号可以是按钮开关、行程开关、接触器的触点以及其他一些传感器输出的开关量或模拟量(要通过数/模变换后才能输入可编程序控制器内)。输入接口一般由光电耦合电路和微电脑输入接口电路组成。

各种 PLC 的输入电路大都相同,通常有三种输入类型:一种是直流(12~24 V)输入;另一种是交流(100~120 V、200~240 V)输入;第三种是交直流输入。外部输入器件是通过 PLC 输入接口与 PLC 相连的。

PLC 输入电路中有光电隔离、RC 滤波器,用以消除输入抖动和外部噪声干扰。当输入器件被激励时,一次电路中流过电流,输入指示灯亮,光耦合器接通,晶体管从截止状态变为饱和导通状态,这是一个数据输入的过程。图 3-5 为一个直流输入端内部接线示意图。

(2) 输出接口

可编程序控制器的输出信号是通过输出接口传送的,这些信号控制现场的执行部件完成相应的动作。常见现场执行部件有电磁阀、接触器、继电器、信号灯、电动机等。现场输出接口

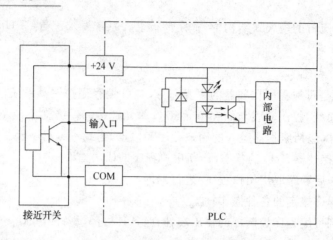

图 3-5 直流输入端内部接线图

电路由接口电路和功率驱动电路组成。

PLC 的输出有三种形式：继电器输出、晶体管输出、晶闸管输出。

① 继电器输出型在 PLC 中最为常用。当 CPU 有输出时，接通输出电路中的继电器线圈，继电器的触点闭合，通过该触点控制外部负载电路的负载。很显然，继电器输出的 PLC 是利用了继电器的触点和线圈将 PLC 的内部电路与外部负载电路进行了电气隔离。

② 晶体管输出型在 PLC 中是通过光耦合器使晶体管截止或导通以控制外部负载电路，并同时对 PLC 内部电路和晶体管输出电路进行电气隔离。

③ 双向晶闸管输出型，采用了光耦合器触发双向晶闸管。

三种输出形式的 PLC 中，继电器输出型响应最慢，而晶体管输出型响应最快。图 3-6 为 PLC 的三种输出形式电路图。

输出电路的负载电源由外部提供，每一点的负载电流因输出形式不同而不同。对电阻负载而言，继电器输出的 PLC 每点负载电流为 2 A，极个别型号的 PLC 每点负载电流可高达 8～10 A；晶闸管和晶体管输出型的 PLC 负载电流一般在 0.3～0.5 A 之间。

PLC 制造商为用户提供多种用途的 I/O 模块，从数据类型上看有开关量和模拟量之分；从电压类型上看有直流型和交流型之分；从速度上看有低速和高速之分；从点数上看有 8 点、16 点、32 点、64 点之分；从距离上看可分为本地 I/O 和远距离 I/O。

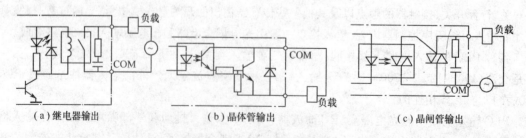

(a) 继电器输出　　　　(b) 晶体管输出　　　　(c) 晶闸管输出

图 3-6 PLC 的输出电路图

4. 编程器

编程器是可编程序控制器输入（或调试）程序的专门装置，它也可以用来监控可编程序控制器的程序执行情况。一般编程器有三个部分组成，分别是键盘、显示器和通信接口。

(1) 键　盘

可编程序控制器编程器键盘一般分成三个区域：其一是数字键0～9，用来设定地址和程序中的数据；其二是指令符号键，用来键入各种指令，常见的指令符号键都用助记符表示各种指令，在较高档次的编程器中，也有用图形表示各种指令的；其三是功能键，利用这类键可以编辑和调试程序，键入的指令是某种操作。

(2) 显示器

在编程器面板上一般安装有液晶显示器，其作用是显示地址、数据、工作方式、指令执行情况和系统工作状态等。

(3) 通信接口

通信接口是用来将编译好的或正在编辑的程序送到可编程序控制器中。简易编程器在其面板反面留有接口位置，可将编程器直接插在可编程序控制器上，也可以通过电缆与可编程序控制器连接。

三、可编程序控制器工作方式

PLC是一种工业控制计算机，它的工作原理与计算机的工作原理基本上是一致的。也就是说，PLC是在系统程序的管理下，通过运行应用程序完成用户任务，实现控制目的。但是通用计算机与PLC的工作方式有所不同，计算机一般是采用等待命令的工作方式，如常见的键盘扫描方式或I/O扫描方式。当键盘有键按下或I/O口有信号输入时，则中断转入相应的子程序。而PLC是采用循环扫描的工作方式，即顺序地逐条地扫描用户程序的操作，根据程序运行的结果，一个输出的逻辑线圈应接通或断开，但该线圈的触点并不立即动作，而必须等用户程序全部扫描结束后，才将输出动作信息全部送出执行。也就是说，PLC系统的工作任务管理和应用程序执行都是以循环扫描方式完成的。这种方式是在系统程序的控制下，对用户程序作周期性的循环扫描。可编程序控制器工作方式示意图如图3-7所示，在可编程序控制器中，用户程序按顺序存放，CPU从第1条指令执行，直到遇到结束符号（指令）后又返回第1条指令，如此周而复始不断循环。

由此可见，可编程序控制器扫描工作方式由内部处理到输出处理等几个阶段构成，全过程扫描一次所需要时间称为扫描周期，各阶段工作情况如下。

1. 内部处理阶段

可编程序控制器检查CPU模块的硬件是否正常，并将监控定时器复位等。

2. 通信操作阶段

PLC在通信服务阶段检查是否有与编程器和计算机的通信请求，若有则进行相应处理，如接收由编程器送来的程序、命令和各种数据，并把要显示的状态、数据、出错信息等发送给编程器进行显示，如果有与计算机等的通信要求，也在这段时间完成数据的接收和发送任务。当PLC处于停（STOP）状态时只进行以上的操作，当PLC处于运行（RUN）状态时，还要进行输入采样、执行程序和输出刷新处理，这个工作过程如图3-8所示。

3. 输入采样

输入采样是指可编程序控制器的CPU在开始工作时，首先对各个输入端进行扫描，并将输入端的状态信息存入输入状态寄存器中。接着是输入程序执行阶段。在程序执行期间，输

模块三 可编程控制器

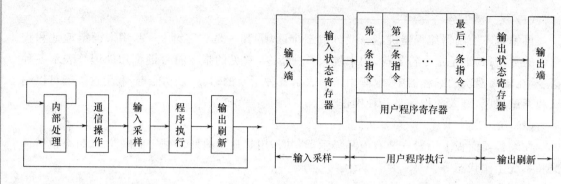

图 3-7 扫描工作方式　　　图 3-8 可编程序控制器工作过程

入状态寄存器与外界(输入端)隔离,即使输入状态发生变化,输入寄存器的内部也不会改变,只有在下一个扫描周期的输入采样阶段才被读入信息。

4. 执行程序

CPU 将用户程序寄存器中的用户指令按先左后右、先上后下的顺序逐条调出并执行。当用户程序涉及到输入输出状态时,可编程序控制器从输入状态寄存器中读出上一阶段采入的对应输入端状态,从输出状态寄存器中读出对应输出寄存器的状态,根据用户程序进行处理,并将结果再存入有关器件的寄存器中。也就是说,对于其每个器件而言,器件状态寄存器中所寄存的内容,会随程序执行的进程而变化。

5. 输出刷新

当所有的指令执行完毕时,集中把输出状态寄存器的内容通过输出部件转换成被控设备所能接受的电压或电流信号,以驱动被控设备,这才是可编程序控制器的实际输出。

可编程序控制器重复地执行上述后三个阶段的工作周期,每次称为一个扫描周期。由于扫描占用的时间很短(基本是 ms 级),它主要取决于程序的长短,一般情况下对工业设备不会有什么影响。可编程序控制器的扫描即可按固定的顺序进行,也可按用户程序所指定的可变顺序进行,这不仅是因为有的程序不需要每扫描一次就执行一次,而且也因为在一些大系统中需要处理的 I/O 点数很多,通过安排不同的组织模块,采用分时分机扫描的执行方法,可以缩短循环扫描周期和提高控制的定时响应速度。

可编程序控制器与继电器-接触器控制的重要区别之一就是工作方式不同。可编程序控制器是以反复扫描的方式工作,是循环地、连续逐条执行程序,任一时刻它只能执行一条指令,也就是说可编程序控制器是以"串行"方式工作的。而继电器-接触器是按"并行"方式工作的,或者说是同时执行方式工作的,只要形成电流通路,就可能有几个电器同时动作。继电器-接触器系统的并行工作方式因触点动作的延误易产生触点竞争和时序失配问题,这些在串行工作方式的可编程序控制器中不会发生。

四、可编程序控制器的基本技术指标

可编程序控制器的技术指标很多,但用户一般只需了解其主要技术指标,主要包括以下几个:

1. 输入/输出点数(I/O 点数)

I/O 点数是指可编程序控制器外部输入、输出端子总数,这是可编程序控制器最重要的一项指标。一般按可编程序控制器点数多少来区分机型的大小,小型机的 I/O 点数在 256 点以下(无模拟量),中型机在 256~2 048 点(模拟量为 64~128 路),大型机在 2 048 点(模拟量为 128~512 路)以上。

2. 扫描速度

一般以执行 1 000 步指令所需时间来衡量,故单位为 ms/k 步,也有以执行一步指令的时间计,如 μs/步。

3. 指令条数

这是衡量可编程序控制器软件功能强弱的主要指标。可编程序控制器具有的指令条数越多,说明其软件功能越强。

4. 内存容量

内存容量是指可编程序控制器内有效用户程序的存储器容量。在可编程序控制器中程序指令是按"步"存放的(一条指令往往不止一步),一步占用一个地址单元,一个地址单元一般占用两个字节。一个内存容量为 1 000 步的可编程序控制器内存约为 2 KB。

5. 高功能模块

可编程序控制器除了主机模块外,还可以配接各种高功能模块。主机模块实现基本控制功能,高功能模块则可实现某一特殊的功能。作为衡量可编程序控制器产品水平高低的重要指标是它高功能模块的多少,功能的强弱。常见的高功能模块主要是 A/D 模块、D/A 模块、高速计数模块、速度控制模块、温度控制模块、位置控制模块、轴定位模块、远程通信模块、高级语言编辑以及各种物理量转换模块等。

五、可编程序控制器的编程语言

可编程序控制器的编程语言,因生产厂家不同和机型不同而各不相同。由于目前还没有统一的通用语言,所以在使用不同厂家的可编程序控制器时,其编程语言(例如梯形图编程语言或指令表编程语言)也有所不同。它们大致可分成五种,即梯形图编程语言、指令语句编程语言、功能块图、顺序功能图编程语言、结构化文本编程语言。

1. 梯形图编程语言

梯形图编程语言是在继电器-接触器控制系统电路图基础上简化了符号演变而来的,可以说是沿袭了传统控制的电路图。在简化的同时还加进了许多功能强大而又使用灵活的指令,结合微机的使用特点,使编程容易,而实现的功能却大大超过传统控制电路图,是目前使用最多的一种可编程序控制器编程语言。

继电器逻辑控制电路图和 PLC 梯形图如图 3-9 所示。由图可见两种控制电路逻辑含义是一样的,但具体表达方式上却有本质的区别。PLC 的梯形图使用的是内部继电器、定时器、计数器等,都是由软件实现的软器件,使用方便,修改灵活,是继电器、接触器电器控制线路硬接线无法比拟的。在 PLC 控制系统中,由按钮、开关等输入元件提供的输入信号,以及 PLC 提供给电磁阀、指示灯等负载的输出信号只有通与断两种完全相反的工作状态,分别和逻辑代数中的"1"和"0"相对应。

PLC 梯形图有如下特点:

① 梯形图格式中的继电器不是物理继电器,而是软继电器。软继电器各触点均为存储器

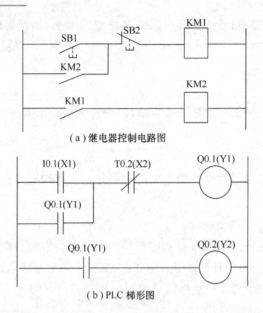

图 3-9 两种控制电路图

中的一位,相应位为"1"状态,表示软继电器线圈通电,它的常开触点闭合或常闭触点断开;相应位为"0"状态,表示软继电器线圈失电,它的常开触点断开或常闭触点闭合。

② PLC 梯形图左右两端的母线是不接任何电源的。通常所指梯形图中流过的电流不是指物理电流,而仅仅是指"概念"电流,又称假想电流、虚电流。"概念"电流是指在执行用户梯形图程序时,满足输出执行条件的形象表示方式,"概念"电流只能从左向右流动。

③ 梯形图中软器件的触点可在用户编制程序时无限次引用,既可用常开,也可用常闭。

④ 梯形图中用户程序逻辑运算结果,马上可以为后面用户程序的运算所利用。

⑤ 梯形图中输入软器件触点和输出逻辑线圈不是物理触点和物理线圈,用户程序的运算是根据 PLC I/O 映像区对应位的状态,而不是现场开关的实际状态。

⑥ 梯形图中输出逻辑线圈中对应输出映像区的相应位,不能用该编程软器件直接驱动现场执行机构。

2. 指令语句表编程语言

梯形图编程语言优点是直观、简便,但要求带 CRT 屏幕显示的图形编程器(或计算机)方可输入图形符号。当不具备上述条件时,可采用经济便携的编程器(指令编程器)将程序输入到可编程序控制器中。这种编程方法使用指令语句(助记符语言),它类似微机中的汇编语言。

语句是指令语句表编程语言的基本单元,每个控制功能由一个或多个语句组成的程序来执行。每条语句是规定可编程序控制器中 CPU 如何动作的指令,它是由操作码和操作数组成的。操作码用助记符表示(例如,LD 表示"取",OR 表示"或",OUT 表示"输出"等),表明指令要执行的功能,操作数(参数)表明操作的地址(如输入继电器、输出继电器、定时器等)或一个预先设定的值(如定时值、计数值等)。指令语句表如表 3-1 所列。

3. 功能块图编程语言(Function Block Diagram,FBD)

功能块图是一种类似于数字逻辑电路的编程语言,熟悉数字电路的人比较容易掌握。该编程语言用类似与门、或门的框来表示逻辑运算关系,框的左侧为逻辑运算的输入变量,右侧为输出变量,信号自左向右流动,就像电路图一样,它们被"导线"连在一起,功能块图的实例示图如图3-10所示。

表 3-1 指令语句表

步 序	操作码(助记符)	操作数参数
1	LD	0000
2	AND - NOT	0001
3	OUT	0500
4	LD	0500
5	OUT	0501

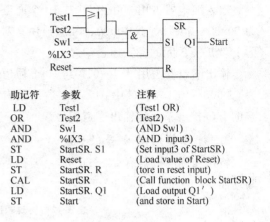

助记符	参数	注释
LD	Test1	(Test1 OR)
OR	Test2	(Test2)
AND	Sw1	(AND Sw1)
AND	%IX3	(AND input3)
ST	StartSR. S1	(Set input3 of StartSR)
LD	Reset	(Load value of Reset)
ST	StartSR. R	(tore in reset input)
CAL	StartSR	(Call function block StartSR)
LD	StartSR. Q1	(Load output Q1')
ST	Start	(and store in Start)

图 3-10 功能块图

4. 顺序功能图编程语言(Sequential Function Chart,SFC)

顺序功能图属于图形语言,用它经常编制顺序控制类程序。顺序功能图的一个实例示于图3-11上,用它可显示其顺序并行执行来描述一个PLC程序的结构。SFC含有步(STEP)、执行和转换三个要素。顺序功能图编程法可将一个复杂的控制过程分解为一些小的工作状态,对这些小状态的功能分别处理后再把这些小状态依一定的顺序控制要求连接组合成整体的控制程序。图3-11中,S0~S3是执行部分,t1~t5是转换条件。顺序功能图体现了一种编程思想,在步进顺序控制中应用广泛。

5. 结构化文本编程语言(Structured Text,ST)

在PLC许多的复杂功能中用梯形图编程会很不方便,而使用结构化文本语言ST就可以解决这种复杂的控制功能。ST被称为PASCAL和C语言一样的高级编程语言。ST不是采用低级的、面向机器的操作符,而是以高度压缩的方式提供大量描述复杂功能的抽象语句。与语句指令表相比,ST语言的优点是明显的:编程任务高度压缩化的表达格式在语句块中有清晰的程序结构。

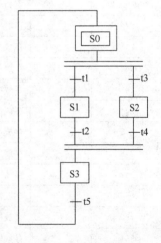

图 3-11 步进功能图

六、PLC 内部资源分配

PLC内部资源主要包括输入输出继电器、内部继电器和内部辅助继电器等,以欧姆龙CPM1A型机为例介绍其内部资源分配。

1. 内部继电器(IR)

内部继电器分为两部分:一部分是供输入、输出用的输入/输出继电器,其通道号为000~019;另一部分是供用户编写程序使用的内部辅助继电器,其通道不能直接对外输出。内部辅助继电器编号为:200~231中的32个通道,每个通道有16位(点),故共有512点。一个继电器的编号要用5位数表示,前3位是该继电器所在的通道号,后2位数是该继电器所在的通道中的位序号。例如某继电器的编号是00105,其中的001是通道号,05表示该继电器的位序号。

输入继电器占用000~009共10个通道,每个通道有00~15共16位,输入继电器的编号为00000~00915。其中000、001通道用来对主机的输入通道编号,002~009用于对主机连接的I/O扩展单元的输入通道编号。

输出继电器占用010~019共10个通道,每个通道有00~15共16位,输出继电器的编号为01000~01915。其中010、011通道用来对主机的输出通道编号,012~019用于对主机连接的I/O扩展单元的输出通道编号。

2. 特殊辅助继电器(SR)

特殊辅助继电器有24个通道,主要供系统使用。表3-2所列为特殊辅助继电器的编号与功能。

表3-2 特殊辅助继电器的编号与功能

通道号	继电器号	功 能	
232~235		宏指令输入区,不使用宏指令的时候,可作为内部辅助继电器使用	
236~239		宏指令输入区,不使用宏指令的时候,可作为内部辅助继电器使用	
240		存放中断0的计数器设定值	输入中断使用计数器模式时的设定值-1(0000~FFFF),输入中断不使用计数器模式时,可作为内部辅助继电器使用
241		存放中断1的计数器设定值	
242		存放中断2的计数器设定值	
243		存放中断3的计数器设定值	
244		存放中断0的计数器当前值-1	输入中断使用计数器模式时的计数器当前值-1(0000~FFFF),输入中断不使用计数器模式时,可作为内部辅助继电器使用
245		存放中断1的计数器当前值-1	
246		存放中断2的计数器当前值-1	
247		存放中断3的计数器当前值-1	
248~249		存放高速计数器的当前值。不使用高速计数器时,可作为内部辅助继电器使用	
250		存放模拟电位器0设定值	设定值为0000~0200(BCD码)
251		存放模拟电位器1设定值	
252	00	高速计数器复位标志(软件设置复位)	
	01~07	不可使用	
	08	外设通信口复位时为"ON"(使用总线无效),之后自动回到"OFF"状态	
	09	不可使用	
	10	系统设定区域(DM6600~DM6655)初始化的时候为"ON",之后自动回到"OFF"状态(仅编程模式时有效)	
	11	强制置位/复位的保持标志:若 OFF:编程模式与监控切换时,解除强制置位/复位的接点 ON:编程模式与监控切换时,保持强制置位/复位的接点	
	12	I/O保持标志:若 OFF:运行开始/停止时,输入/输出、内部辅助继电器和连接继电器的状态被复位 ON:运行开始/停止时,输入/输出、内部辅助继电器和连接继电器的状态被保持	

续表 3-2

通道号	继电器号	功能
252	13	不可使用
	14	故障复位时为"ON",之后自动回到"OFF"
	15	不可使用
253	00~07	故障码存储区,故障发生时将故障码存入 故障报警(FAL/FALS)指令执行时,FAL 号被存储 FAL00 指令执行时,故障码存储区复位(成为 00)
	08	不可使用
	09	当扫描周期超过 100 ms 时为"ON"
	10~12	不可使用
	13	常 ON
	14	常 OFF
	15	PLC 上电后第一个扫描周期内为"ON",常作为初始化脉冲
254	00	输出 1 min 脉冲(占空比 1:1)
	01	输出 0.02 s 时钟脉冲(占空比 1:1),当扫描周期>0.01 s 时不能正常使用
	02	负数标志(N 标志)
	03~05	不可使用
	06	微分监视完了标志(微分监视完了时为"ON")
	07	STEP 指令中一个行程开始时,仅一个扫描周期为"ON"
	08~15	不可使用
255	00	输出 0.1 s 时钟脉冲(占空比 1:1),当扫描周期>0.05 s 时不能正常使用
	01	输出 0.2 s 时钟脉冲(占空比 1:1),当扫描周期>0.1 s 时不能正常使用
	02	输出 1 s 时钟脉冲(占空比 1:1)
	03	ER 标志(执行指令时,出错发生时为"ON")
	04	CY 标志(执行指令时,结果有进位或错位发生时为"ON")
	05	>标志(执行比较指令时,第一个比较数大于第二个比较数时,该位"ON")
	06	=标志(执行比较指令时,第一个比较数等于第二个比较数时,该位"ON")
	07	<标志(执行比较指令时,第一个比较数小于第二个比较数时,该位"ON")
	08~15	不可使用

对表 3-2 说明如下:

① 特殊辅助继电器的前半部分(232~251)通常以通道为单位使用,其功能如表 3-2 所列。

② 232~249 通道在未按表 3-2 中指定的功能使用时,可作为内部辅助继电器使用。

③ 250、251 通道只能按表 3-2 中指定的功能使用时,不可作为内部辅助继电器使用。

④ 特殊辅助继电器的后半部分(252~255)是用来存储 PLC 的工作状态标志,发出工作

启动信号,产生时钟脉冲等。除25200外的其他继电器,用户程序只能利用其状态而不能改变其状态,或者说用户程序只能用其触点,而不能将其作为输出继电器使用。

⑤ 25200是高速计数器的软件复位标志位,其状态可由用户程序控制,当其为"ON"时,高速计数器被复位,高速计数器的当前值被置为0000。

⑥ 25300~25307是故障码存储区。故障码由用户编号,范围为01~99。执行故障诊断指令后,故障码存到25300~25307中,其低位数字存放在25300~25303中,高位数字存放在25304~25307中。

3. 暂存继电器(TR)

暂存继电器编号为TR0~TR7共8个。在编写用户程序时,暂存继电器用于暂存复杂梯形图中分支点之前的ON/OFF状态。同一编号的暂存继电器在同一程序段内不能重复使用,在不同的程序段内可重复使用。

4. 保持继电器(HR)

该区有编号为HR00~HR19的20个通道,每个通道有16位,共有320个继电器。保持继电器的使用方法同内部辅助继电器一样,但保持继电器的通道编号必须冠以HR。

保持继电器具有断电保持功能,其断电保持功能通常有两种用法:

① 当以通道为单位用作数据通道时,断电后再恢复供电时,数据不会丢失;

② 以位为单位与KEEP指令配合使用时或做成自保持电路时,断电后再恢复供电时,该位能保持掉电前的状态。

5. 辅助记忆继电器(AR)

辅助记忆继电器区共有AR00~AR15的16个通道,通道编号前要冠以AR字样。该继电器区具有断电保持功能。AR区用来存储PLC的工作状态信息,如扩展单元连接的台数、断电发生的次数、扫描周期最大值及当前值、高速计数器和脉冲输出的工作状态标志、通信出错码、系统设定区域异常标志等,用户可根据其状态了解系统运行状况。表3-3所列为辅助记忆继电器的功能。

表3-3 辅助记忆继电器的功能

通道号	继电器号	功　能
AR00~AR01		不可使用
AR02	00~07	不可使用
AR02	08~11	扩展单元连接的台数
AR02	12~15	不可使用
AR03~AR07		不可使用
AR08	00~07	不可使用
AR08	08~11	外围设备通信出错码(BCD码) 0:正常终了　　1:奇偶出错　　2:格式出错　　3:溢出出错
AR08	12	外围设备通信异常时为"ON"
AR08	13	不可使用
AR09		不可使用

续表 3-3

通道号	继电器号		功　能	
AR10	00～15		电源断电发生的次数(BCD码)，复位时外围设备写入0000	
AR11		00	1号比较条件满足时为"ON"	高速计数器进行区域比较时，各编号的条件符合时成为"ON"继电器
		01	2号比较条件满足时为"ON"	
		02	3号比较条件满足时为"ON"	
		03	4号比较条件满足时为"ON"	
		04	5号比较条件满足时为"ON"	
		05	6号比较条件满足时为"ON"	
		06	7号比较条件满足时为"ON"	
		07	8号比较条件满足时为"ON"	
	08～14		不可使用	
	15		脉冲输出状态 0:停止中 1:输入中	
AR12			不可使用	
AR13		00	DM6600～DM6614(电源"ON"时读出的PLC系统设定区域)中有异常时为"ON"	
		01	DM6615～DM6644(运行开始时读出的PLC系统设定区域)中有异常时为"ON"	
		02	DM6645～DM6655(经常读出的PLC系统设定区域)中有异常时为"ON"	
		03～04	不可使用	
		05	在DM6619中设定的扫描时间比实际扫描时间大的时候为"ON"	
		06～07	不可使用	
		08	在用户存储器(程序区域)范围以外存在继电器区域时为"ON"	
		09	高速存储器发生异常时为"ON"	
		10	固定DM区域(6144～6599)发生累加和校验出错时为"ON"	
		11	PLC系统设定区域发生累加和校验出错时为"ON"	
		12	在用户存储器(程序区域)发生累加和校验出错,执行不正确指令时为"ON"	
		13～15	不可使用	
AR14	00～15		扫描周期最大值(BCD码4位)(×0.1 ms) 运行开始以后存入的最大扫描周期 运行停止时不复位,但运行开始时被复位	
AR15	00～15		扫描周期当前值(BCD码4位)(×0.1 ms) 运行中最新的扫描周期被存入 运行停止时不复位,但运行开始时被复位	

6. 链接继电器(LR)

链接继电器区共有编号为LR00～LR15的16个通道,通道编号前要冠以LR字样。

当CPM1A与CQM1、CPM1、SRM1以及C200HS、C200HX/HG/HE之间进行1∶1连接

时,要使用连接继电器与对方交换数据。在不进行1∶1连接时,连接继电器可作为内部辅助继电器使用。

7. 定时器计数器(TC)

该区共有128个定时器/计数器,编号范围为000~127。定时器、计数器又各分为2种,即普通定时器TIM和高速定时器TIMH,普通计数器CNT和可逆计数器CNTR。定时器/计数器统一编号(称为TC号),一个TC号既可分配给定时器,又可分配给计数器,但所有定时器或计数器的TC号不能重复。例如,127已分配给普通计数器,则其他的普通计数器、高速定时器、普通定时器、可逆计数器便不能再使用127。

定时器无断电保持功能,电源断电时定时器复位。计数器有断电保持功能。

8. 数据存储区(DM)

数据存储区用来存储数据。该区共有1 536个通道,每个通道16位。通道编号用4位数,通道编号前要冠以DM字样,其编号为DM0000~DMl023、DM6144~DM6655。对数据存储区有几点说明。

① 数据存储区只能以通道为单位使用,不能以位为单位使用。

② DM0000~DM0999、DMl022~DMl023为程序可读写区,用户程序可自由读写其内容。

③ DMl000~DMl021主要用作故障履历存储器(记录故障信息),如果不用作故障履历存储器,也可作普通数据存储器使用。是否作为故障履历存储器,由DM6655的00~03位来设定。

④ DM6144~DM6599为只读存储区,用户程序可以读出但不能用程序改写其内容,利用编程器可预先写入数据内容。

⑤ DM6600~DM6655称为系统设定区,用来设定各种系统参数。通道中的数据不能用程序写入,只能用编程器写入。DM6600~DM6614仅在编程模式的时候设定,DM6615~DM6655可在编程模式或监控模式的时候设定。

⑥ 数据存储区DM有掉电保持功能。

在DM区中有一块系统设定区域,系统设定区域的内部反映了可编程序控制器的某些状态,可以在下述时间定时读出其内容。

DM6600~DM6614:当电源"ON"时,仅一次读出。DM6615~DM6644:运行开始(执行程序),仅一次读出。DM6645~DM6655:当电源"ON"时,经常被读出。

若系统设定区域的设定内容有错,则在该区的读取时会产生运行出错(故障码9B)信息,此时反映设定通道有错的辅助记忆继电器ARl300~ARl302将为"ON"。对于有错误的设定,只有用初始化来处理。

思 考 题

(1) 可编程控制器的特点是什么?

(2) 可编程控制器一般有几种编程语言?各有什么特点?

(3) 欧姆龙内部继电器包括哪几种?共同特点是什么?

第二节 欧姆龙 CPM1A 机的指令系统

所谓指令就是用英文名称的缩写字母来表达 PLC 各种功能的助记符号。由指令构成的能完成控制任务的指令组合就是指令表。每一条指令一般由指令助记符和作用器件编号两部分组成。本节以欧姆龙 CPM1A 机为例，介绍 PLC 指令。CPM1A 系列可编程控制器的编程指令共有 153 条，按指令的不同可分为基本指令和应用指令两类。基本指令是直接对输入和输出点进行操作的指令，例如输入、输出及逻辑"与"、"或"、"非"等操作。应用指令是进行数据传送、数据处理、数据运算、程序控制等操作的指令。

一、欧姆龙 CPM1A 系列可编程序控制器的基本指令

CPM1A 系列可编程序控制器的编程指令共有 153 条，按指令的不同可分为基本指令和应用指令两类。基本指令是直接对输入和输出点进行操作的指令，如输入、输出及逻辑"与"、"或"、"非"等操作。应用指令是进行数据传送、数据处理、数据运算、程序控制等操作的指令。

下面介绍欧姆龙 CPM1A 系列的基本指令和部分应用指令。

(1) LD 指令

LD 指令的格式、逻辑符号、操作数的含义及范围如表 3-4 所列。

功能：动合触点与母线相连接。

表 3-4　LD 指令

指　令	格　式	逻辑符号	操作数 B 的含义及范围
LD	LD B	B ─┤├─	IR、SR、HR、LR、TC、TR 以位为单位进行操作

(2) LD-NOT 指令

LD-NOT 指令的格式、逻辑符号、操作数的含义及范围如表 3-5 所列。

表 3-5　LD-NOT 指令

指　令	格　式	逻辑符号	操作数 B 的含义及范围
LD-NOT	LD-NOT B	B ─┤/├─	IR、SR、HR、LR、TC、TR 以位为单位进行操作

功能：动断触点与母线连接指令。

(3) AND 指令

AND 指令的格式、逻辑符号、操作数的含义及范围如表 3-6 所列。

功能：串联动合触点指令，即进行逻辑"与"操作。它是将原来保存在结果寄存器 R 的操作结果和指定的继电器 B 的内容相"与"，并把这一逻辑操作的结果存入寄存器 R。

(4) AND-NOT 指令

AND-NOT 指令的格式、逻辑符号、操作数的含义及范围如表 3-7 所列。

功能：串联动断触点指令。它是将原来保存在结果寄存器 R 的操作结果和指定的继电器

B 的内容求反后相"与",并把这一逻辑操作的结果存入寄存器 R。

表 3-6 AND 指令

指令	格式	逻辑符号	操作数 B 的含义及范围
AND	AND B	─┤├─ B	IR、SR、HR、AR、TC、LR 以位为单位进行操作

表 3-7 AND-NOT 指令

指令	格式	逻辑符号	操作数 B 的含义及范围
AND-NOT	AND-NOT B	─┤╱├─ B	IR、SR、HR、AR、TC、LR 以位为单位进行操作

(5) OR 指令

OR 指令的格式、逻辑符号、操作数的含义及范围如表 3-8 所列。

功能:并联动合触点指令,即进行逻辑"或"操作。它是将原来保存在结果寄存器 R 的操作结果和指定的继电器 B 的内容相"或",并把这一逻辑操作的结果存入寄存器 R。

表 3-8 OR 指令

指令	格式	逻辑符号	操作数 B 的含义及范围
OR	OR B	B	IR、SR、HR、AR、TC、LR 以位为单位进行操作

(6) OR-NOT 指令

OR-NOT 指令的格式、逻辑符号、操作数的含义及范围如表 3-9 所列。

功能:并联动断触点指令。它是将原来保存在结果寄存器 R 的操作结果和指定的继电器 B 的内容求反后相"或",并把这一逻辑操作的结果存入寄存器 R。

表 3-9 OR-NOT 指令

指令	格式	逻辑符号	操作数 B 的含义及范围
OR-NOT	OR-NOT B	B	IR、SR、HR、AR、TC、LR 以位为单位进行操作

(7) OUT 指令

OUT 指令的格式、逻辑符号、操作数的含义及范围如表 3-10 所列。

功能:输出逻辑运算的结果。它是将逻辑运算的结果,输出到一个指定的继电器。

表 3-10 OUT 指令

指令	格式	逻辑符号	操作数 B 的含义及范围
OUT	OUT B	─(B)─	IR、SR、HR、AR、TC、LR 以位为单位进行操作(除了 IR 中已作为输入通道的位)

(8) OUT - NOT 指令

OUT - NOT 指令的格式、逻辑符号、操作数的含义及范围如表 3 - 11 所列。

功能：输出取反后的逻辑运算结果。它是将逻辑运算的结果取反，输出到一个指定的继电器。

表 3 - 11 OUT - NOT 指令

指 令	格 式	逻辑符号	操作数 B 的含义及范围
OUT - NOT	OUT - NOT B	—Ⓑ—	IR、SR、HR、AR、TC、LR 以位为单位进行操作(除了 IR 中已作为输入通道的位)

(9) AND LD 指令

AND LD 指令的格式、逻辑符号、操作数的含义及范围如表 3 - 12 所列。

功能：两个触点组串联连接指令，也称为串联指令，所谓"触点组"是指以 LD(或 LD - NOT)开头构成的一组触点。它是将结果寄存器和堆栈寄存器的内容进行"与"操作，并把结果存入结果寄存器。

表 3 - 12 AND LD 指令

指 令	格 式	逻辑符号	操作数 B 的含义及范围
AND - LD	AND - LD	┤├┤╱├	无操作数

(10) OR - LD 指令

OR LD 指令的格式、逻辑符号、操作数的含义及范围如表 3 - 13 所列。

功能：两个触点组并联连接指令，也称为并联指令。它是将结果寄存器和堆栈寄存器的内容进行"或"操作，并把结果存入结果寄存器。

表 3 - 13 OR LD 指令

指 令	格 式	逻辑符号	操作数 B 的含义及范围
OR - LD	OR - LD	┤├┤╱├	无操作数

用 AND - LD 和 OR - LD 指令时注意以下几点：

① AND - LD 和 OR - LD 为独立指令，不带任何器件编号。

② AND - LD 用于串联两个或两个以上触点相并联的触点组(又称为"块")，每个触点组应独立编程。

③ OR - LD 用于并联两个或两个以上触点相串联的触点组，每个触点组应独立编程。

④ 使用一般编程法，串联(或并联)的触点组(块)是无限的。

(11) SET 指令

SET 指令的格式、逻辑符号、操作数的含义及范围如表 3 - 14 所列。

功能：置位。当置位执行条件为"ON"时，将指定的继电器置为"ON"且保持。

表 3-14　SET 指令

指　令	格　式	逻辑符号	操作数 B 的含义及范围
SET	SET B	─[SET　B]	IR、SR、HR、AR、LR 以位为单位进行操作

(12) RESET 指令

RESET 指令的格式、逻辑符号、操作数的含义及范围如表 3-15 所列。

功能：复位。当执行条件为"ON"时，将指定的继电器置为"OFF"且保持。

表 3-15　RESET 指令

指　令	格　式	逻辑符号	操作数 B 的含义及范围
RESET	RESET B	─[RESET　B]	IR、SR、HR、AR、LR 以位为单位进行操作

SET 和 RESET 指令常成对使用，一般用 SET 指令将某继电器置为"ON"，再用 RESET 指令将其置为"OFF"。也可以单独用 RESET 指令将已为"ON"的继电器置为"OFF"。

(13) KEEP 指令

KEEP 指令的格式、符号、操作数的含义及范围如表 3-16 所列。

表 3-16　KEEP 指令

指　令	格　式	逻辑符号	操作数 B 的含义及范围
KEEP	KEEP(11) B	S─┐KEEP 　　│ B R─┘	IR、SR、HR、AR、LR (除了 IR 中已作为输入通道的位)以位为单位进行操作

功能：锁存继电器。当 S 端输入为"ON"时，继电器 B 被置为"ON"且保持；当 R 端输入为"ON"时，B 被置为"OFF"且保持；当 S、R 端同时为"ON"时，B 为"OFF"。B 为 HR 继电器时有掉电保持功能。

(14) DIFU 指令

DIFU 指令的格式、逻辑符号、操作数的含义及范围如表 3-17 所列。

表 3-17　DIFU 指令

指　令	格　式	逻辑符号	操作数 B 的含义及范围
DIFU	DIFU(13) B	─[DIFU(13)　B]	IR、SR、HR、AR、LR (除了 IR 中已作为输入通道的位)以位为单位进行操作

功能：上升沿微分。当执行条件由"OFF"变为"ON"时，被指定的继电器接通一个扫描周期。

(15) DIFD 指令

DIFD 指令的格式、逻辑符号、操作数的含义及范围如表 3-18 所列。

表 3-18 DIFD 指令

指 令	格 式	逻辑符号	操作数 B 的含义及范围
DIFD	DIFD(14) B	─[DIFD(14) B]─	IR、SR、HR、AR、LR (除了 IR 中已作为输入通道的位)以位为单位进行操作

功能：下降沿微分。当执行条件由"ON"变为"OFF"时，被指定的继电器接通一个扫描周期。

(16) END 指令

END 指令的格式、逻辑符号、操作数的含义及范围如表 3-19 所列。

表 3-19 END 指令

指 令	格 式	逻辑符号	操作数 B 的含义及范围
END	END(01)	─[END(01)]─	无操作数

功能：程序结束。

程序的结尾处有 END 指令时，CPU 扫描到 END 指令时即认为程序到此结束，并返回到程序的起始处再次扫描程序。若程序结束时没写 END 指令，在程序运行和查错时将显示出错信息"NO END INST"。

(17) NOP 指令

NOP 指令的格式、逻辑符号、操作数的含义及范围如表 3-20 所列。

表 3-20 NOP 指令

指 令	格 式	逻辑符号	操作数 B 的含义及范围
NOP	NOP(00)	无	无操作数

NOP 指令常用来修改程序。例如，用 NOP 代替 AND B 语句，可把 AND 语句中的触点 B 短接；用 NOP 代替 OR B 语句，可把 OR 语句中的触点 B 断掉等。

二、欧姆龙 CPM1A 系列的应用指令

1. IL/ILC 指令

(1) IL 指令

IL 指令的格式、逻辑符号、操作数的含义及范围如表 3-21 所列。

功能：程序分支开始。

表 3-21 IL 指令

指 令	格 式	逻辑符号	操作数 B 的含义及范围
IL	IL(02)	─[IL(02)]─	无操作数

(2) ILC 指令

ILC 指令的格式、逻辑符号、操作数的含义及范围如表 3-22 所列。

功能：程序分支结束。

表 3-22 ILC 指令

指 令	格 式	逻辑符号	操作数 B 的含义及范围
ILC	ILC (03)	─| ILC(02)	无操作数

使用 IL/ILC 指令时，当 IL 的输入条件为"ON"时，IL 和 ILC 之间的程序正常执行。当 IL 的输入条件为"OFF"时，IL 和 ILC 之间的程序不执行。此时 IL 和 ILC 之间各内部器件的状态各不相同：OUT 和 OUT-NOT 指令的输出位为"OFF"；所有的定时器都复位；KEEP 指令的操作位、计数器、移位寄存器以及 SET 和 RESET 指令的操作位都保持 IL 为"OFF"以前的状态。

IL 和 ILC 指令可以成对使用，也可以多个 IL 指令配一个 ILC 指令，但不准嵌套使用。

2. JMP/JME 指令

(1) JMP 指令

JMP 指令的格式、逻辑符号、操作数的含义及范围如表 3-23 所列。

功能：跳转开始。

表 3-23 JMP 指令

指 令	格 式	逻辑符号	操作数 B 的含义及范围
JMP	JMP (04)	─| JMP(04) B	B 为跳转号，其范围为：00~49

(2) JME 指令

JME 指令的格式、逻辑符号、操作数的含义及范围如表 3-24 所列。

功能：跳转结束。

表 3-24 JME 指令

指 令	格 式	逻辑符号	操作数 B 的含义及范围
JME	JME (05)	─| JME(05) B	B 为跳转号，其范围为：00~49

当 JMP 的执行条件为"OFF"时，跳过 JMP 和 JME 之间的程序转去执行 JME 之后的程序；当 JMP 的执行条件为"ON"时，JMP 和 JME 之间的程序被执行。发生跳转时，JMP B 和 JME B 之间的程序不执行，不占用扫描时间，并且发生跳转时，所有继电器、定时器、计数器均保持跳转前的状态不变。对同一个跳转号 B，JMP B/JME B 只能在程序中使用一次。但当 B 取 00 时，JMP00/JME00 可以在程序中多次使用。跳转指令可以嵌套使用，但必须是不同的跳转号的嵌套。

3. 定时器/计数器指令

(1) TIM 指令

TIM 指令的格式、逻辑符号、操作数的含义及范围如表 3-25 所列。

表 3-25 TIM 指令

指 令	格 式	逻辑符号	操作数 B 的含义及范围
TIM	TIM B SV	TIM B / SV	B 为定时器的 TC 号,其范围为:000～127 SV 是定时器的设定值(BCD 码 0000～9 999), 其范围为:IR、SR、HR、AR、LR、M、*DM、#

功能:定时器。当输入条件为"ON"时,定时器开始定时(定时时间为 SV×0.1s),定时时间到,定时器的输出为"ON"且保持;当输入条件变为"OFF"时,定时器复位,输出变为"OFF",并停止定时,其当前值 PV 恢复为 SV。当 SV 不是 BCD 数或间接寻址 DM 不存在时,25503 为"ON"。

(2) CNT 指令

CNT 指令的格式、逻辑符号、操作数的含义及范围如表 3-26 所列。

功能:单向减计数器。从 CP 端输入计数脉冲,当计数满设定值时,其输出为"ON"且保持,并停止计数。只要复位端 R 为"ON",计数器即复位为"OFF"并停止计数,且当前值 PV 恢复为 SV。对标志位的影响同 TIM 指令。

表 3-26 CNT 指令

指 令	格 式	逻辑符号	操作数 B 的含义及范围
CNT	CNT B SV	CP—CNT B R— SV	B 为计数器的 TC 号,其范围为:000～127 SV 是定时器的设定值(BCD 码 0000～9 999), 其范围为:IR、SR、HR、AR、LR、M、*DM、#

使用定时器/计数器时应注意:定时器和计数器同在一个 TC 区,它们共同使用编号 000～127,所以在同一个程序中它们的编号不能重复使用;当 SV 为通道时(通道内数据必须是 BCD 数),改变通道内的数据,其设定值即改变。也可以通过外部设备拨号器来改变其设定值;间接寻址 DM 通道不存在,是指以 DM 的内容为地址的通道不存在;定时器没有掉电保持功能,计数器有掉电保持功能。

第三节 编程练习

一、编程的基本原则

① 输入/输出继电器、内部辅助继电器、定时器、计数器等器件的触点可多次重复使用,无须用复杂的程序结构来减少触点的使用次数。

② 梯形图每一行都是从左边母线开始,线圈接在最右边。触点不能放在线圈的右边,在继电器的原理图中,热继电器的触点可以加在线圈右边,而 PLC 的梯形图是不允许的,如图 3-12 所示。

③ 线圈不能直接与左边母线相连。如果需要,可以通过一个没有使用的内部辅助继电器的常闭触点或者专用内部辅助继电器来连接,如图 3-13 所示。

④ 同一编号的线圈在一个程序中使用两次称为双线圈输出,双线圈输出容易引起误操

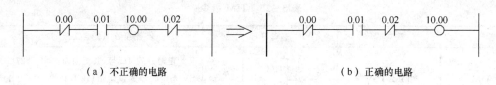

图 3-12 规则 2 的说明

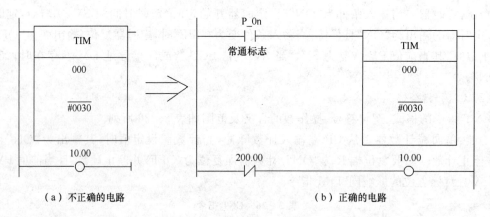

图 3-13 规则 3 的说明

作,应尽量避免线圈重复使用,如图 3-14 所示。

图 3-14 双线圈输出

⑤ 梯形图必须符合顺序执行的原则,即从左到右、从上到下地执行。如不符合顺序执行的电路不能直接编程,例如图 3-15 所示的桥式电路就不能直接编程。

图 3-15 桥式电路

⑥ 在梯形图中串联触点和并联触点使用的次数没有限制,可无限次的使用,如图 3-16 所示。

⑦ 两个或两个以上的线圈可以并联输出,如图 3-17 所示。

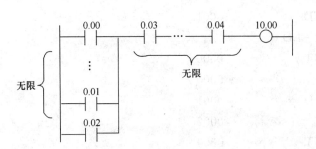
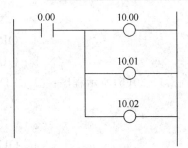

图 3-16 触点无限次使用　　　　　图 3-17 线圈并联输出

二、程序的简化

PLC 程序的编写必须遵守上述的基本原则,对于较复杂的程序可先将程序分成几个简单的程序段,每一段从最左边触点开始,由上至下向右边进行编程,把程序逐段连接起来,如图 3-18 所示。

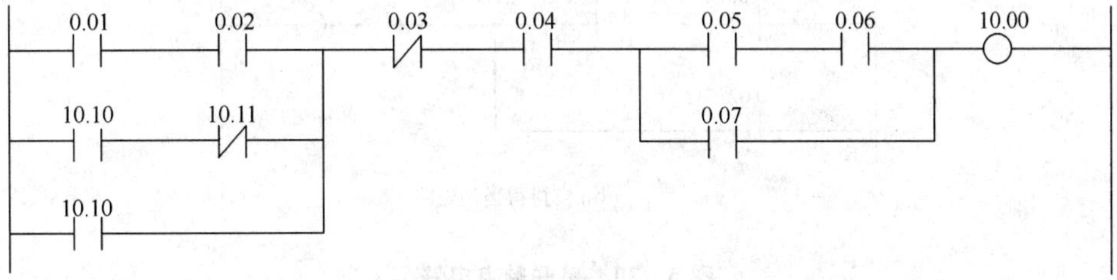

图 3-18 较复杂程序

把图 3-18 的程序分为 1、2、3、4、5、6 六个程序段,它们是从上到下、从左到右来划分的,如图 3-19 所示,在连接程序段时,也是先从上到下,再从左到右连接,如图 3-19 所示。

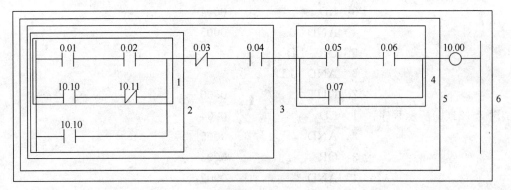

图 3-19 程序分段

三、编程技巧

① 把串联触点较多的电路编在梯形图上方,如图 3-20 所示。

图 3-20(a)所示程序： 1　LD　　　　　0002
　　　　　　　　　　　2　LD　　　　　0000

模块三 可编程控制器

```
                    3  AND      0001
                    4  OR-LD
                    5  OUT      0500
图 3-20(b)所示程序： 1  LD       0000
                    2  AND      0001
                    3  OR       0002
                    4  OUT      0500
```

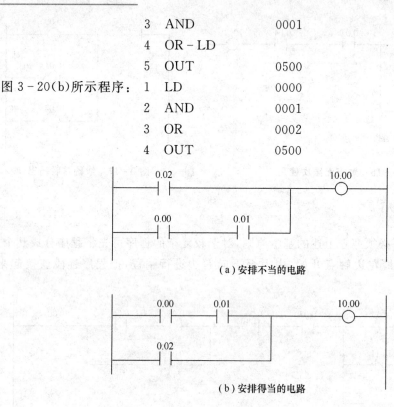

图 3-20 串联触点电路

② 并联触点多的电路应放在左边,如图 3-21 所示。

```
图 3-21(a)所示程序： 1  LD       0002
                    2  LD       0003
                    3  LD       0004
                    4  AND      0005
                    5  OR-LD
                    6  AND-LD
                    7  OUT      0500
图 3-21(b)所示程序： 1  LD       0004
                    2  AND      0005
                    3  OR       0003
                    4  AND      0002
                    5  OUT      0500
```

在有几个并联电路相串联时,应将触点最多的并联电路放在最左边,图 3-21(b)省去了 OR-LD 和 AND-LD 指令。

③ 并联线圈电路,从分支点到线圈之间无触点,线圈应放在上方,例如图 3-22(b)省去了 OUT TR0 及 LD TFR0 指令,这就省去了编程时间和存储器空间。

④ 桥形电路的编程:图 3-23(a)所示的梯形图是一个桥形电路,不能直接对它编程,必须重画为图 3-23(b)所示的电路才可进行编程。

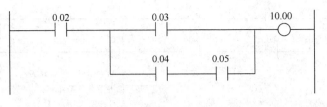

(a) 安排不当的电路

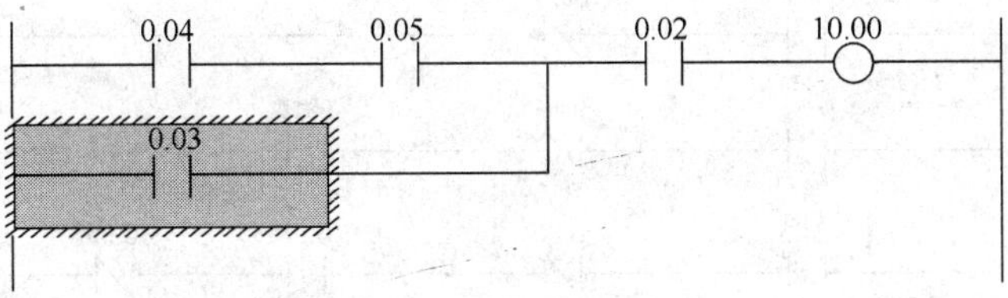

(b) 安排得当的电路

图 3-21 并联触点电路

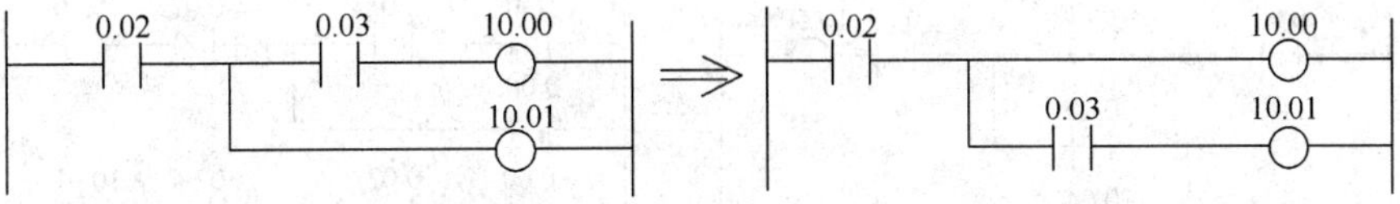

(a) 排列不当的电路　　(b) 安排正确的电路

图 3-22 可重新排列的电路

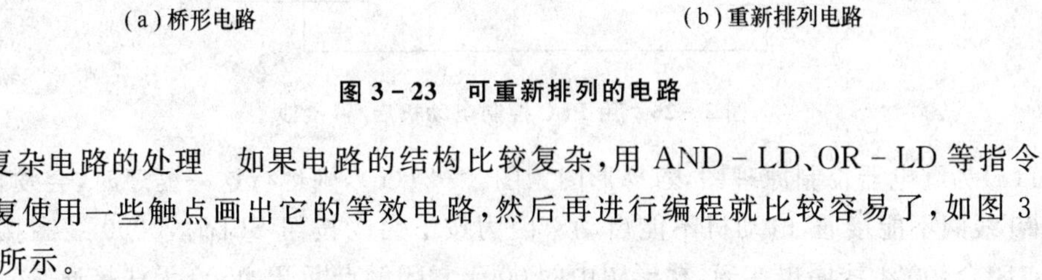

(a) 桥形电路　　(b) 重新排列电路

图 3-23 可重新排列的电路

⑤ 复杂电路的处理　如果电路的结构比较复杂，用 AND-LD、OR-LD 等指令难以解决，可重复使用一些触点画出它的等效电路，然后再进行编程就比较容易了，如图 3-24 和图 3-25 所示。

⑥ 常闭触点输入的处理　PLC 是继电器控制柜的理想替代物，在实际应用中，常遇到老产品和旧设备的改造，用 PLC 取代继电器控制柜，原有的继电器程序控制图已经设计完毕，并且实践证明设计合理，由于继电器电气原理图与 PLC 的梯形图相类似，可以将继电器原理图直接转换为相应的梯形图，但在转换中必须注意作为输入的常闭触点的处理。

还是以三相异步电动机启动、停止控制电路为例。用 PLC 实现电动机启动、停止的控制电路接线图如图 3-26 所示，启动按纽 SB1 为常开触点，停止按纽 SB2 为常闭触点。

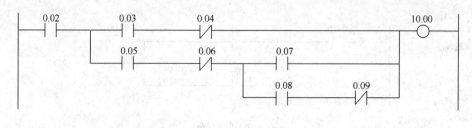

图 3-24 可重新排列的电路(一)

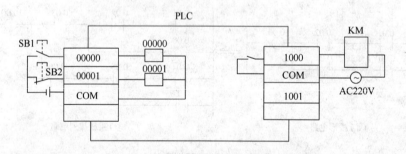

图 3-25 可重新排列的电路(二)

图 3-26 用 PLC 控制电动机启/停接线

图 3-27(a)为继电器控制原理图,若梯形图为图 3-27(b),则运行这一程序时,会发现输出继电器 0500 线圈不能接通,电动机不能启动。因为按下启动按钮 SB1 时,0000 线圈接通,0000 常开触点闭合,0001 线圈也接通,梯形图中的 0001 常闭触点断开,0500 无法接通,必须将 0001 改为图 3-27(c)所示的常开触点才能满足启动、停止的要求。或者停止按钮 SB2 采用常开触点,就可选用图 3-27(b)的梯形图了。

由此可见,如果输入为常开触点,编制的梯形图与继电器原理图一致;如果输入为常闭触点,编制的梯形图与继电器原理图相反。一般为了与继电器原理图的习惯一致,在 PLC 中尽可能采用常开触点作为输入。

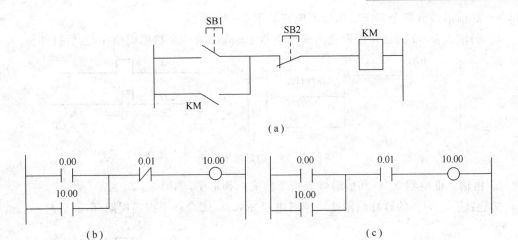

图 3-27 输入常闭触点的编程

四、基本电路的编程

1. 启动和复位电路

在 PLC 的程序设计中,启动和复位电路是构成梯形图的最基本的常用电路。

① 由输入和输出继电器构成的梯形图如图 3-28(a)所示。

② 由输入和锁存继电器构成的梯形图如图 3-28(b)所示。输入输出波形如图 3-28(c)所示。

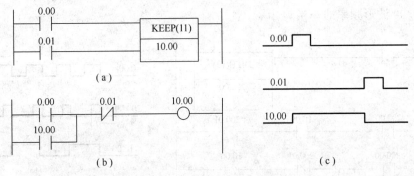

图 3-28 启动和复位电路

当 0.00 的输入端接通时,输入继电器 0.00 线圈接通,其常开接点 0.00 闭合,输出继电器线圈 10.00 接通并由其常开触点自保持[图 3-28(b)采用的是锁存继电器]。当 0.01 的输入端接通时,输入继电器 0.01 的常闭触点打开[图 3-28(b)是常开触点 0.01 闭合,锁存继电器 KEEP10.00 复位],使输出 10.00 为 OFF。其电路功能为输入 0.00 为 ON 时,输出 10.00 为 ON;输入 0.01 为 ON 时,输出 10.00 为 OFF。

2. 触发电路

① 在 PLC 的程序设计中,经常需要用单脉冲信号来实现一些指令只需执行一次的功能。单脉冲信号又可作为计数器和移位寄存器的复位或系统启动、停止的信号。由输入继电

器 0000 和前沿微分指令 DIFU 构成的电路如图 3-29 所示。

功能:输入 0000 的脉冲前沿使内辅继电器 1 000 闭合一个扫描周期 T,然后打开。

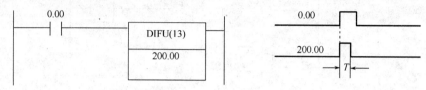

图 3-29 前沿触发电路

② 由输入继电器 0.00 和后沿微分指令构成的梯形图,如图 3-30 所示。

功能:输入 0.00 的脉冲后沿使内辅继电器 200.00 闭合一个扫描周期 T,而后打开。

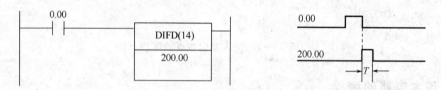

图 3-30 后沿触发电路

3. 分频电路(二分频)

在 t_1 时刻输入 0.00 接通前沿,内辅继电器 200.00 接通一个扫描周期 T,输出 10.00 接通,其常开触点 10.00 闭合。当输入 0.00 的第二个脉冲到来时,内辅继电器 200.01 接通,其常闭触点 200.01 打开使 10.00 断开。从图 3-31 的波形图中可以看出,输出 10.00 波形的频率为输入 0.00 波形频率的一半。

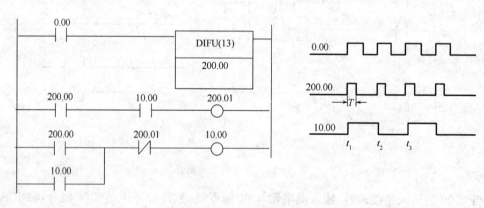

图 3-31 二分频电路

4. 延时接通电路

PLC 中的定时器 TIM 与其他器件组合可构成各种时间控制电路。CPM1A 系列 PLC 中的定时器是通电延时型定时器,定时器输入信号一经接通,定时器的设定值不断减 1,当设定值减为零时,定时器才有输出,此时定时器的常开触点闭合,常闭触点断开。当定时器输入断开时,定时器复位。由当前值恢复到设定值。其输出的常开触点断开,常闭触点闭合。

① 输入端 0.00 接自锁按钮开关电路　图 3-32 所示为输入 0.00 端接自锁按钮开关延

时接通电路。当 0.00 端输入接通时,输入继电器 0.00 线圈接通,其常开触点 0.00 闭合。定时器 TIM00 线圈接通,TIM00 的设定值 30 开始递减,经过 3 s 后,当前值减为零,TIM00 的常开触点闭合,输出继电器 10.00 接通 10.00 为 ON),即输入接通 3 s 后,输出 10.00 接通。

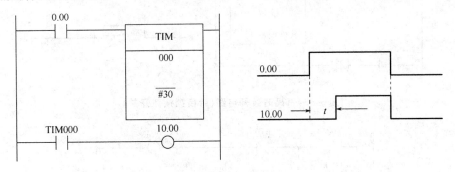

图 3-32 延时接通电路

② 输入端 0000 接不带自锁按钮开关的电路 图 3-33 所示为输入 0.00 接不带自锁按钮开关电路,当输入 0.00 端的输入接通时,输入继电器的线圈 0.00 接通,其常开触点 0.00 闭合。内辅继电器 200.00 接通,其常开触点 200.00 接通构成自保持电路。同时常开触点 200.00 闭合,接通定时器 TIM00,TIM00 的设定值开始递减,时间设定值 30 减为零时,TIM00 常开触点闭合,输出继电器 10.00 延迟 3 s 后接通。

输入 0.01 端接通后,内辅继电器 200.00 断电,其常开触点 200.00 断开,定时器 TIM00 复位,其输出的常开触点 TIM00 断开,使输出 10.00 断开。

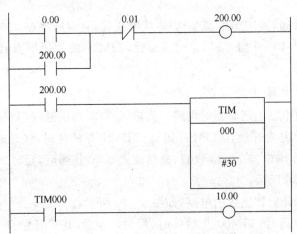

图 3-33 延时接通电路

5. 延时断开电路

① 输入 0000 端接带自锁按钮开关的电路,如图 3-34 所示。

输入 0000 端接通时,输入继电器 0000 线圈接通,其常开触点 0000 闭合,输出继电器 0500 接通,定时器 TIM00 的设定值 30 不断减 1,经过 3 s 后 TIM00 有输出,其常闭触点断开,输出 10.00 断开。

② 输入 0000 端接不带自锁的开关电路,如图 3-35 所示。

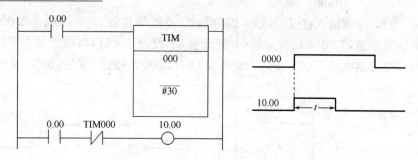

图 3-34 延时断开电路(带自锁按钮开关)

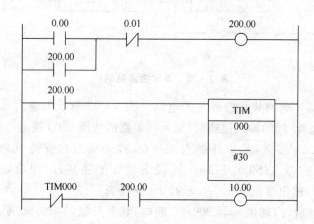

图 3-35 延时断开电路(不带自锁按钮开关)

当输入 0000 端接通,内辅继电器 200.00 线圈接通,其常开触点 200.00 闭合,输出 10.00 接通。同时定时器 TIM00 开始计时,延时 3 s 后,TIM00 的常闭触点打开,输出 10.00 线圈断开。

6. 长时间延时电路

① 采用两个或两个以上定时器的电路 当输入 0000 端接通时,TIM00 开始计时,经延时 5 s 后,TIM00 有输出,其常开触点 TIM00 闭合;TIM01 开始计时,经延时 3 s 后,其常开触点 TIM01 闭合,接通输出继电器 10.00 线圈,显然输入 0.00 接通后,延时 8 s(5 s+3 s)后,输出 10.00 接通,如图 3-36 所示。

② 采用定时器和计数器组成的电路,如图 3-37 所示。

当输入 0.00 端接通时,TIM00 开始计时,经过 5 s 后,其常开触点 TIM00 闭合,计数器 CNT01 开始递减计数,与此同时 TIM00 的常闭触点打开,TIM00 线圈断电,常开触点 TIM00 打开,计数器 CNT01 仅计数一次,而后 TIM00 开始重新计时,如此循环……。当 CNT01 计数器经过 25 s 时间后,计数器 CNT01 有输出,其常开触点 CNT01 闭合,输出 10.00 接通。显然,输入 0.00 端接通后,延时 25 s 后输出 10.00 接通。

③ 采用两个或两个以上计时器组成的电路 电路如图 3-38 所示,输入 0.00 端接通后,CNT00 开始计数,经过 5 s 后,CNT00 有输出,其常开触点闭合,CNT01 计数一次,CNT00 复位,又经 5 s,CNT01 计数二次……如此循环经过 25 s 后,CNT01 有输出,其常开触点闭合,接通输出继电器 10.00。

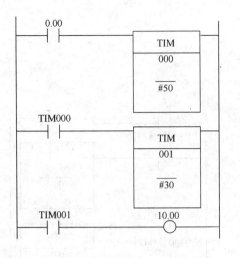

图3-36 两个定时器构成的延时电路

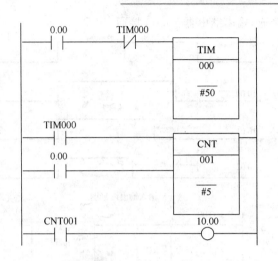

图3-37 长时间延时电路

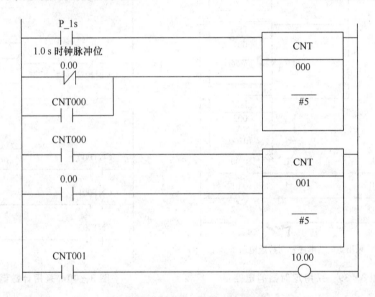

图3-38 采用计数器延时电路

7. 顺序延时接通电路

① 采用定时器的电路 为便于说明现采用三个定时器,设 $t_1=10$ s, $t_2=20$ s, $t_3=30$ s,其定时图如图3-39(a)所示。

根据定时图的要求,采用定时器指令的梯形图如图3-39(b)所示。定时器的定时范围为000.0~999.9 s。如果采用高速定时器 TIMH 代替 TIM,可以使之精确到0.01 s。

② 采用计数器的电路 按图3-39(a)定时图的要求,采用计数器指令的梯形图如图3-40所示。其定时范围的延时接通电路0 000~9 999 s。

8. 扫描计数电路

如果在某些场合需要计算扫描的次数,可采用图3-41所示的电路来实现。

输入0.00接通时,内辅继电器200.00每隔一个扫描周期接通一次,每次接通一个扫描周期。计数器CNT00对扫描次数进行计数,到达设定值时,计数器有输出,CNT00的常开触点接通,输出继电器10.00接通。

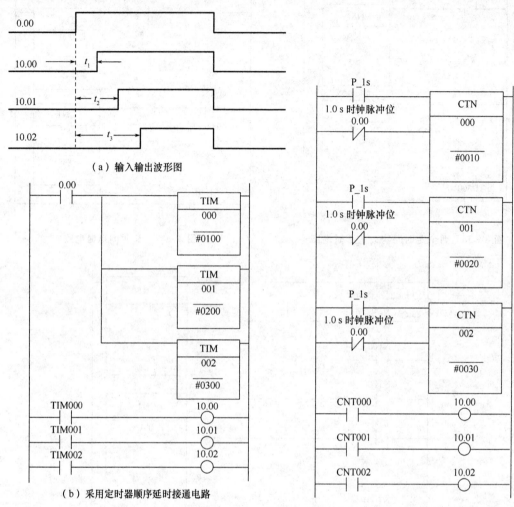

图3-39 采用定时器的电路　　图3-40 采用计数器的电路

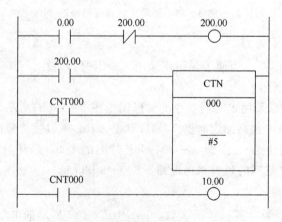

图3-41 扫描计数电路

9. 报警电路

在控制系统发生故障时,应及时报警,并通知操作人员,采取相应的措施。图 3-42 所示电路在发生故障时,可产生声音和灯光报警。

当有报警信号输入时,即当常开触点 0000 闭合时,输出继电器 10.00 产生间隔为 1 s 的断续输出信号,接在 10.00 输出端的指示灯闪烁,同时输出继电器 10.01 接通,接在 10.01 输出端的蜂鸣器发声。此后按下蜂鸣器复位输入按钮 0002,内辅继电器 200.00 接通,其常闭触点 200.00 打开,输出继电器 10.01 断开,蜂鸣器停响,而内辅继电器 200.00 的常开触点闭合,使输出继电器 10.00 持续接通,报警指示灯亮,只有报警输入信号 0.00 消失,输入继电器 0.00 的常开触点断开,报警指示灯才熄灭。

为了在平时检查报警电路是否处于正常状态,设置有检查按钮接在 PLC 的输入 0.01 端,当按下检查按钮时,输入继电器 0.01 的常开触点闭合,输出继电器 10.00 接通,报警指示灯亮,从而确定报警指示灯是否完好。

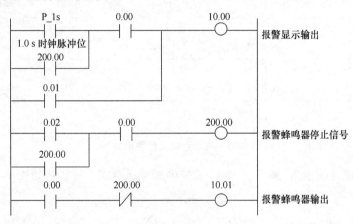

图 3-42 报警电路

10. 实现掉电保护的电路

PLC 运行时,若电源突然中断,PLC 内部辅助继电器和输出继电器将断开,电源恢复后,无法维持断电以前的状态。在某些场合,断电前的一些状态需要保持,以便当 PLC 恢复运行时,保持被控设备工作的连续性,可采用保持继电器,如图 3-43(a)所示。

保持继电器的特点是能维持停电前的状态,其电路如图 3-43(b)所示。也可以用保持继电器作为锁存继电器的线圈来实现掉电保护,其电路如图 3-44 所示。当系统突然停电时,因为锁存继电器 KEEP 没有复位触发,HR000 保持当前值,即锁存继电器 KEEP HR000 具有记忆功能,能记住中断时的地址,所以送电后,系统可以按原状态继续运行,从而实现掉电保护功能。

11. 优先电路

当有多个输入时,电路仅接收第一个输入的信号,而对以后的输入不予接收,即先输入优先,其电路如图 3-45 所示。

四个输入中任何一个先输入,例如 0001 先接通,则输出 0501 接通,使其常闭触点 0501 全部打开。即使 0000、0002、0003 再接通,输出 0500、0502、0503 也不会接通。

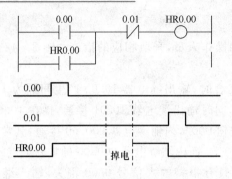

图 3-43 掉电保护电路

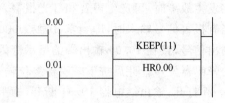

图 3-44 锁存器的掉电保护电路

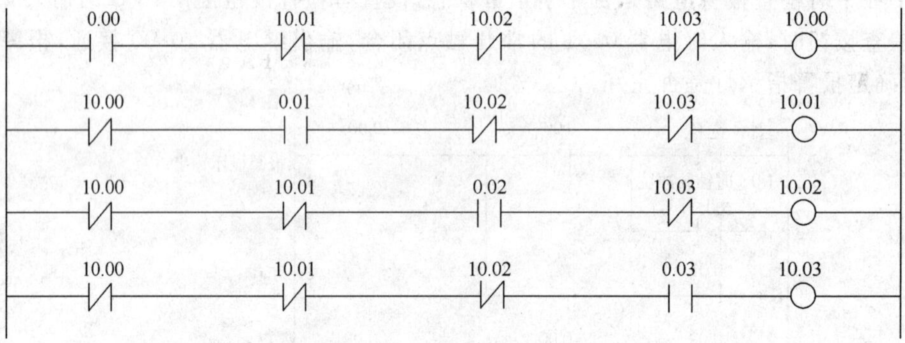

图 3-45 先输入优先电路

如果有多个位置的输入,而要求仅对某一位置输入优先,其电路如图 3-46 所示,接到 PLC 输入端 0003 的位置最优先。

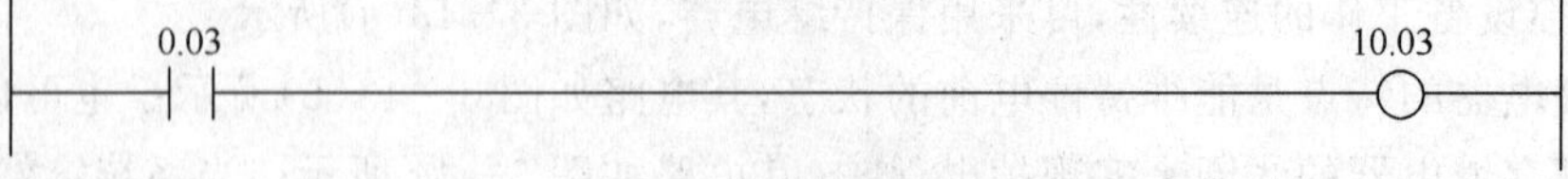

图 3-46 位置优先电路

第四节　欧姆龙 CX-Programmer 软件的基本使用

一、CX-Programmer 软件的安装

把 CX-Programmer 安装盘(CD-ROM)插入 PC 的 CD-ROM 驱动器中,弹出"请选择

安装语言的种类"对话框,选择 PC 的操作系统语言。检查语言是否合适,然后单击"确定"按钮,如图 3-47 所示。

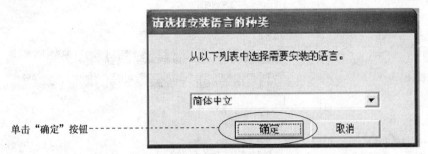

图 3-47　选择安装语言的种类

显示 CX-Programmer 启动屏,然后开始正式安装 CX-Programmer,如图 3-48 所示。

图 3-48　显示启动屏

启动 CX-Programmer 安装向导,如图 3-49 所示。

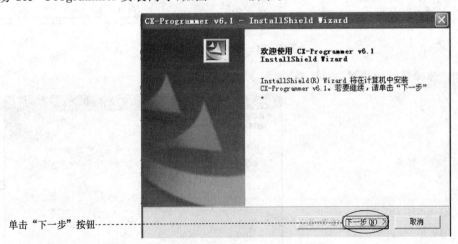

图 3-49　启动安装向导

弹出"许可认证"对话框,仔细阅读软件许可认证,如果同意所有条款,选择"我接受许可认证所有条款"的单选按钮并单击"下一步"按钮,如图 3-50 所示。

弹出"用户信息"对话框,如图 3-51 所示。

选择单选按钮

单击"下一步"按钮

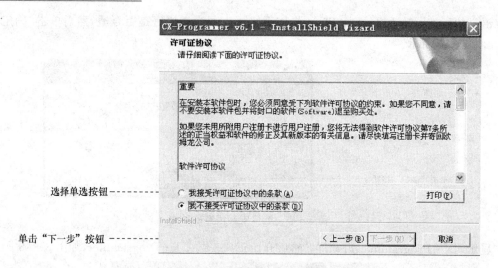

图 3-50 "许可认证"对话框

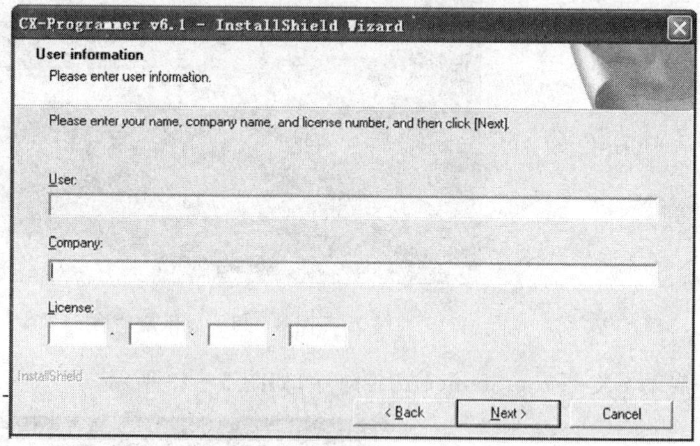

输入用户名、公司名称、许可证名（CXP rogrammer 的产品序列号），单击"下一步"按钮

图 3-51 用户信息对话框

弹出"选择目的地位置"对话框，如图 3-52 所示。

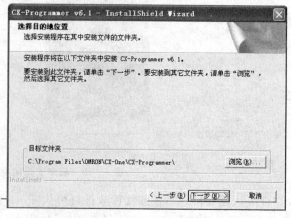

选择一个安装文件夹，然后单击"下一步"按钮

图 3-52 选择"目的地位置"对话框

弹出"安装类型"对话框,如图3-53所示。

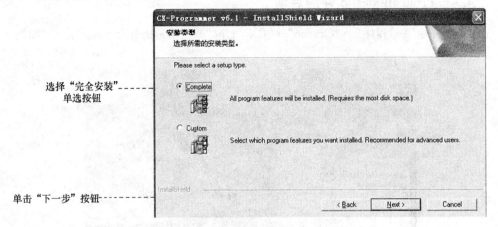

图3-53 "安装类型"对话框

弹出"准备安装程序"对话框,如图3-54所示。

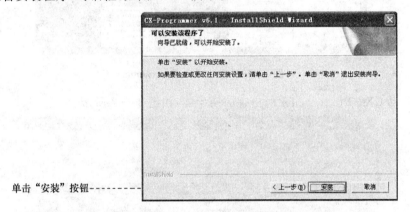

图3-54 "准备安装程序"对话框

CX-Programmer安装开始,如图3-55所示。

图3-55 安装开始

弹出安装完成对话框,单击"结束"按钮完成安装。

二、CX – Programmer 软件的启动

① 选择"开始"→"程序"→"Omron"→"CX – One"→"CX – Programmer"命令,如图 3 – 56 所示。

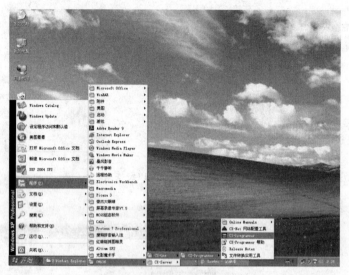

图 3 – 56　启动 CX – Programmer

② 当启动 CX – Programmer 时出现的初始屏,如图 3 – 57 所示。

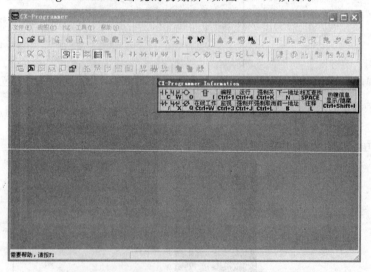

图 3 – 57　当启动 CX – Programmer 时出现的初始屏

③ 打开新工程和设置设备型号。在 CX – Programmer 中单击"新建"按钮,如图 3 – 58 所示。

单击"设定"按钮,弹出"变更 PLC"对话框,选择相应型号的设备后,单击"确定"按钮,如图3 – 59所示。

④ 主窗口。在这里说明主窗口的每个功能,如图 3 – 60 所示,说明见表 3 – 27。

模块三　可编程控制器

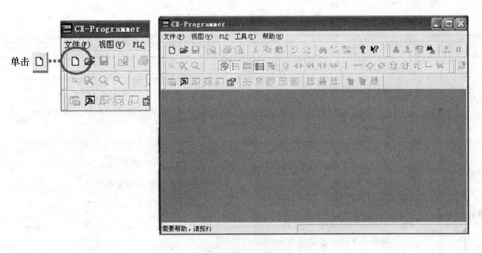

图 3-58　新建按钮

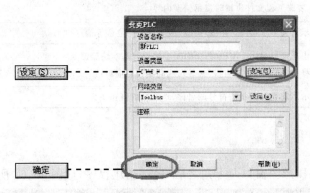

图 3-59　"变更 PLC"对话框

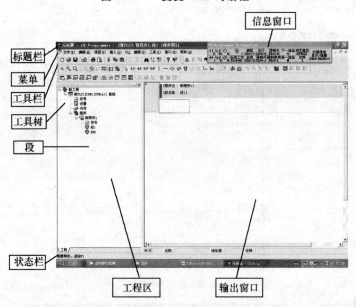

图 3-60　主窗口

表 3-27 主窗口各部分的功能

名 称	内容/功能
标题栏	显示 CX-Programmer 中创建保存的文件名
菜 单	选择菜单中的选项
工具栏	单击图标选择功能。选择"视图"→"工具栏"命令,显示要选的工具栏。鼠标拖曳工具栏可以改变一组的显示位置
段	把一个程序分割成给定的几段。每一段都能创建和显示
工程区 工程树	控制程序和数据。在不同工程或同一工程内执行鼠标拖放可以复制数据
梯形图窗口	创建和编辑梯形图程序的屏幕
输出窗口	• 编辑程序时显示错误信息(错误检查) • 显示在列表中搜索触点/线圈的结果 • 装载工程文件出错时显示错误内容
状态栏	显示有关 PLC 名称、在线/离线、激活单元的位置等信息
信息窗口	弹出小窗口显示 CX-Programmer 中使用的基本快捷键 选择"视图"→"信息窗口"来显示或隐藏信息窗口
符号栏 *	显示当前光标所指的符号的名称、地址或数值和注释

三、创建程序

查看光标是否在梯形图窗口左上角之后,启动创建程序,如图 3-61 所示。

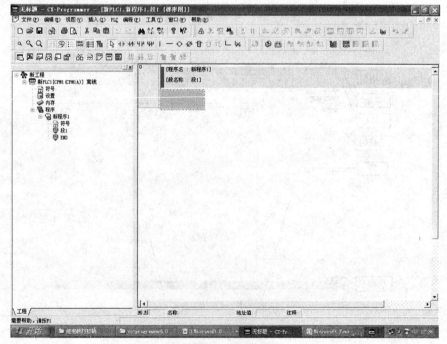

图 3-61 创建程序

1. 常开触点的输入

按[C]键可以打开"新接点"对话框,并写入地址和注释,如图3-62所示。

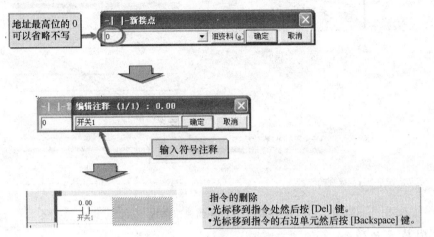

图3-62 输入常开触点的方法

2. 线圈的输入

按[O]键来打开"新线圈"对话框,并写入地址和注释,如图3-63所示。

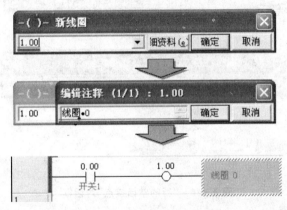

图3-63 线圈的输入方法

按[R]键使条正常化或按上下键或用鼠标来移动光标位置,使之移到变为蓝色的单元处时也将正常化,如图3-64所示。

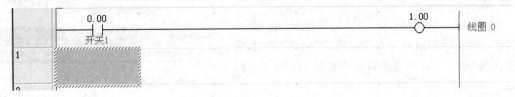

图3-64 光标移动下一个梯级

如果在程序创建中有输入重复的线圈,那么下列信息将显示并且可以马上注意到是线圈重复了,如图3-65所示。

模块三 可编程控制器

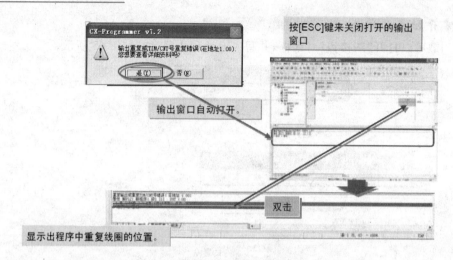

图 3-65 双线圈的显示情况

3. 常闭接点的输入

按[/]打开"新的常闭接点"对话框,并写入地址和注释,如图 3-66 所示。

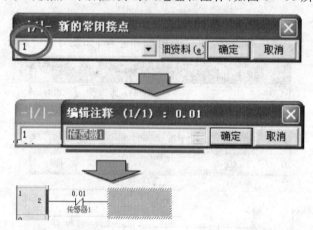

图 3-66 "新的常闭接点"对话框

4. 定时器指令的输入

① 定时器位的输入 按[/]键打开"新的常闭接点"对话框,输入 T0 及注释"时钟 1",按回车键确定,如图 3-67 所示。

② 定时器指令的输入 按[I]键打开"新指令"对话框,并键入 TIM 0 #30 后,单击"确定"按钮,写入注释"时钟 1"后单击"确定"按钮,如图 3-68 所示。

5. 计数器指令的输入

① 计数器指令的输入 按[I]键打开"新指令"对话框,并键入 CNT 0 #5 后,单击"确定"按钮,写

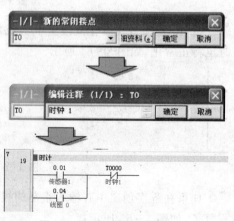

图 3-67 定时器位的输入

模块三 可编程控制器

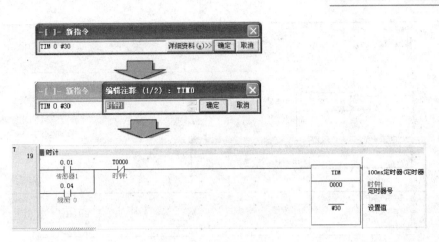

图 3-68 定时器的输入

入注释"时钟 1"后单击确定按钮。

通过上、下键或鼠标移动光标,输入复位的位号,如图 3-69 所示。

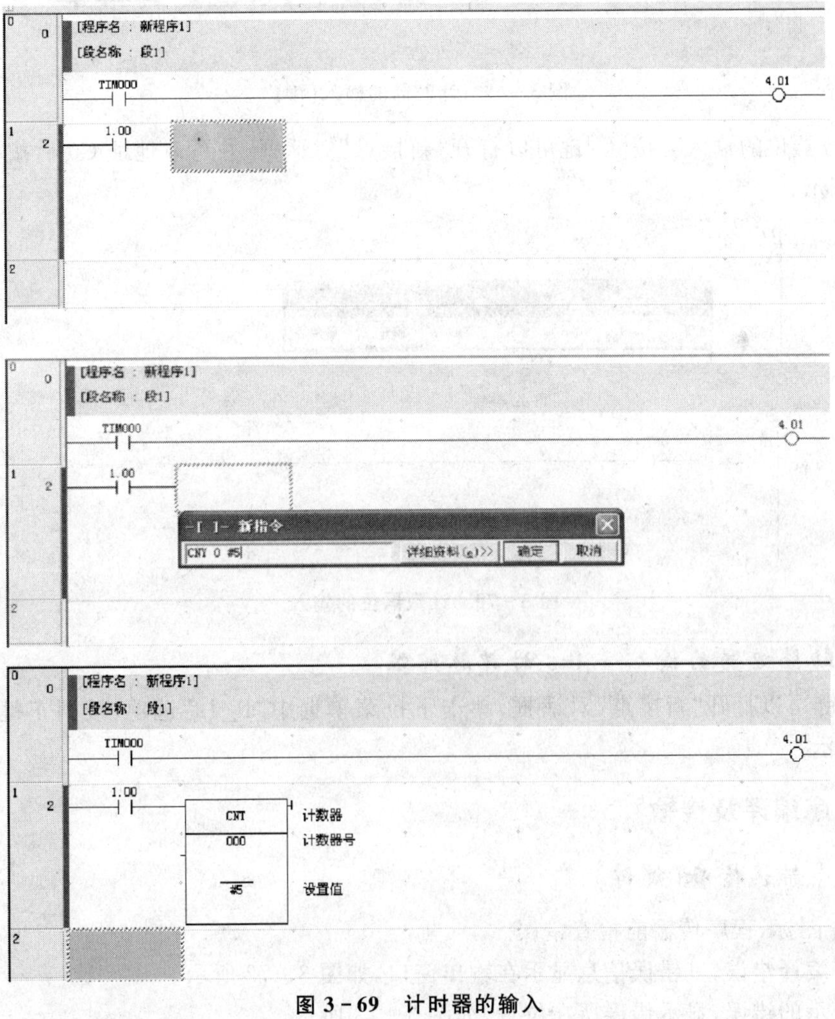

图 3-69 计时器的输入

模块三 可编程控制器

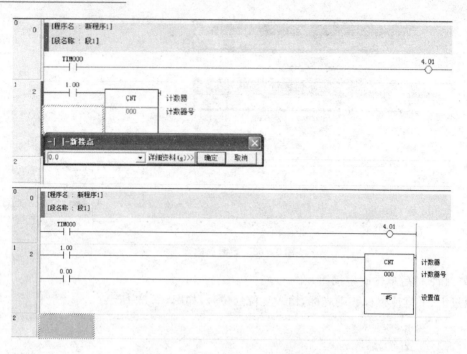

图 3-69 计时器的输入(续)

② 计数器位的输入　按[C]键可以打开"新接点"对话框,并写入地址 C0 后按回车键,如图 3-70 所示。

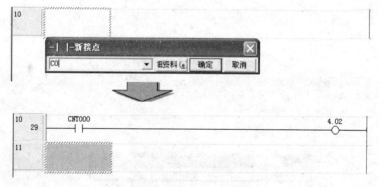

图 3-70 计数器位的输入

6. 辅助继电器的输入 1.0 s 时钟脉冲位

按[C]键可以打开"新接点"对话框,单击下拉菜单选中"P_1s"选项,按回车键后即可如图 3-71 所示。

四、程序编译及传输

1. 程序错误检查(编译)

单击 图标,程序传输前检查错误。

若程序编译错误,其错误信息显示在输出窗口,如图 3-72 所示。

双击显示的错误,显示错误所在位置,如图 3-73 所示。

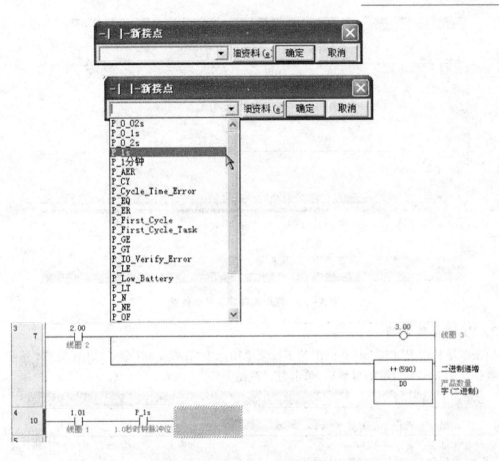

图 3-71　输入 1.0 s 时钟脉冲位

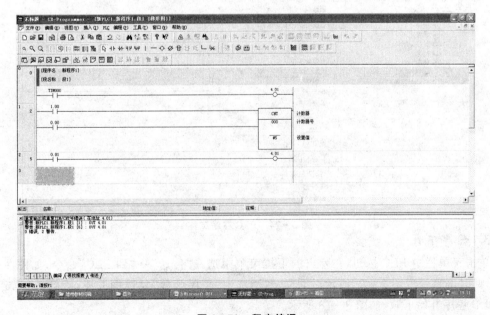

图 3-72　程序编译

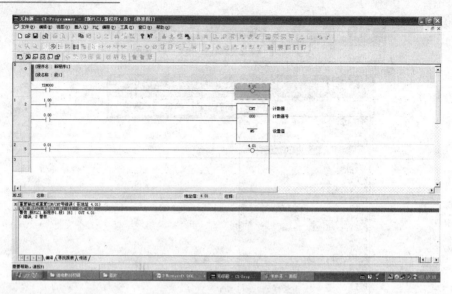

图 3-73 程序编译显示错误位置

2. PLC 在线工作

单击菜单栏中 PLC 按钮,在弹出的下拉菜单中选中"在线工作"命令,如图 3-74 所示,此时屏幕弹出图 3-75 所示的对话框,单击"是"按钮。

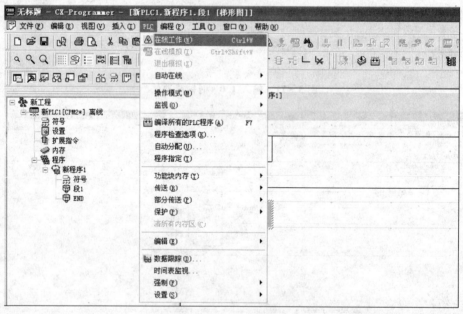

图 3-74 PLC 在线工作

3. 程序下载

单击菜单栏中 PLC 按钮,在弹出的下拉菜单中选择"传送"→"到 PLC"命令,如图 3-76 所示,此时屏幕弹现图 3-77 所示对话框,取消选中"扩展函数"复选框去掉,后单击"确定"按钮,PLC 程序开始下载,如图 3-78 所示。

程序下载完成后,屏幕上对话框会有下载成功提示,如图 3-79 所示。

模块三 可编程控制器

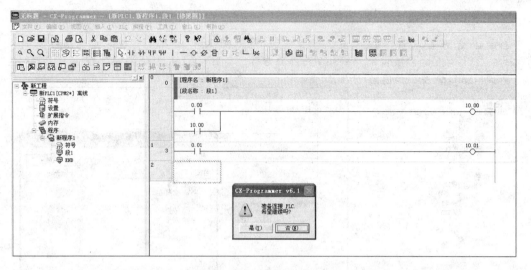

图 3-75 确认对话框

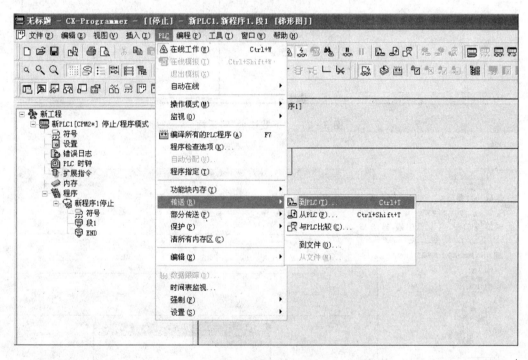

图 3-76 程序下载

4. 程序运行

单击菜单栏中 PLC 按钮,在弹出的下拉菜单中选择"操作模式"→"运行"命令,如图 3-80 所示,开始运行程序。

5. 程序保存

在菜单栏中选择"文件"→"保存"命令,如图 3-81 所示,保存程序。

选择"保存"命令后,屏幕上出现如图 3-82 所示的对话框,在命名文件名和选择路径后单击"保存"按钮。

模块三 可编程控制器

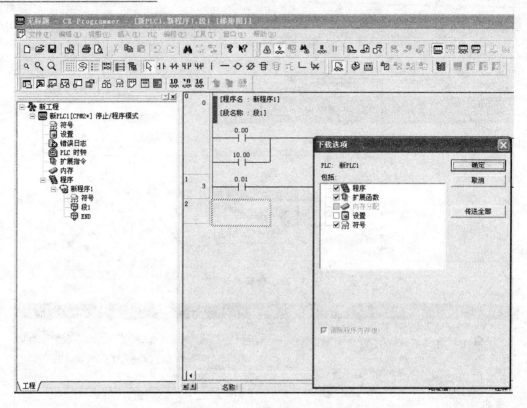

图 3-77 "下载选项"对话框

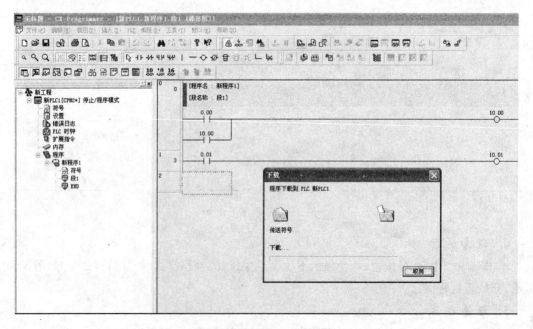

图 3-78 程序正在下载

模块三　可编程控制器

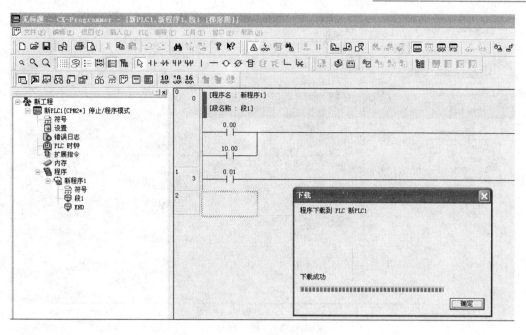

图 3-79　程序下载成功提示对话框

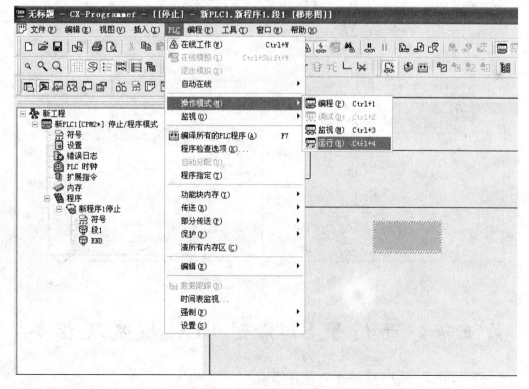

图 3-80　程序运行操作

模块三 可编程控制器

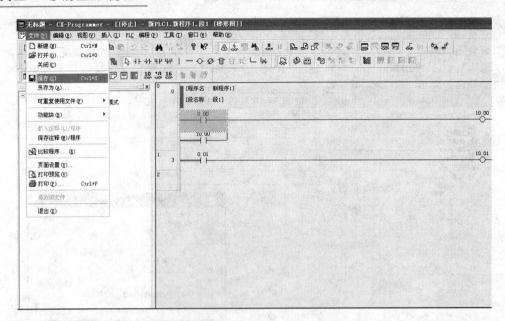

图3-81 程序保存

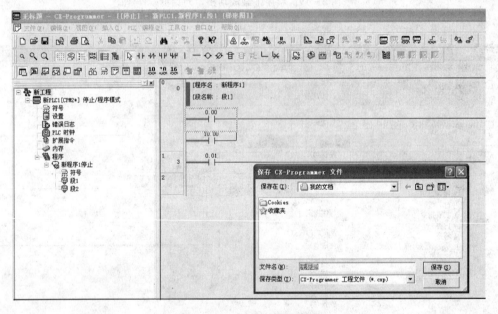

图3-82 程序保存对话框

第五节 西门子S7系列PLC概述及指令

一、S7-200系列PLC的基本硬件组成

S7-200系列PLC可提供4种不同的基本单元和6种型号的扩展单元。其系统构成包括基本单元、扩展单元、编程器、存储卡、写入器和文本显示器等。

1. 基本单元

S7-200 系列 PLC 可提供 4 种不同基本单元的 5 种 CPU 供选择使用,其输入输出点数的分配如表 3-28 所列。

表 3-28 S7-200 系列 PLC 中 CPU22X 的基本单元

型号	输入点	输出点	可带扩展模块数
S7-200CPU221	6	4	—
S7-200CPU222	8	6	2 个扩展模块 78 路数字量 I/O 点或 10 路模拟量 I/O 点
S7-200CPU224	14	10	7 个扩展模块 168 路数字量 I/O 点或 35 路模拟量 I/O 点
S7-200CPU226	24	16	2 个扩展模块 248 路数字量 I/O 点或 35 路模拟量 I/O 点
S7-200CPU226XM	24	16	2 个扩展模块 248 路数字量 I/O 点或 35 路模拟量 I/O 点

2. 扩展单元

S7-200 系列 PLC 有 6 种扩展单元,它本身没有 CPU,只能与基本单元相连接使用,用于扩展 I/O 点数。S7-200 系列 PLC 扩展单元型号及输入输出点数的分配如表 3-29 所列。

表 3-29 S7-200 系列 PLC 扩展单元型号及输入输出点数

类型	型号	输入点	输出点
数字量扩展模块	EM221	8	无
	EM222	无	8
	EM223	4/8/16	4/8/16
模拟量扩展模块	EM231	3	无
	EM232	无	2
	EM235	3	1

3. 编程器

PLC 在正式运行时,不需要编程器。编程器主要用来进行用户程序的编制、存储和管理等,并将用户程序送入 PLC 中;在调试过程中,进行监控和故障检测。S7-200 系列 PLC 可采用多种编程器,一般可分为简易型和智能型。

4. 程序存储卡

为了保证程序及重要参数的安全,一般小型 PLC 设有外接 EEPROM 卡盒接口,通过该接口可以将卡盒的内容写入 PLC 中,也可将 PLC 内的程序及重要参数传到外接 EEPROM 卡盒内作为备份。程序存储卡 EEPROM 有 6ES 7291-8GC00-0XA0 和 6ES 7291-8GD00-0XA0 两种,程序容量分别为 8K 和 16K 程序步。

5. 写入器

写入器的功能是实现 PLC 和 EPROM 之间的程序传送,是将 PLC 中 RAM 区的程序通过写入器固化到程序存储卡中,或将 PLC 程序存储卡中的程序通过写入器传送到 RAM 区。

6. 文本显示器

文本显示器 TD200 不仅是一个用于显示系统信息的显示设备,还可以作为控制单元对某个量的数值进行修改,或直接设置输入/输出量。文本信息的显示用选择/确认的方法,最多可显示 80 条信息,每条信息最多有 4 个变量的状态。过程参数可在显示器上显示,并可以随时修改。TD200 面板上的 8 个可编程序的功能键,每个都分配了一个存储器位,这些功能键在启动和测试系统时,可以进行参数设置和诊断。

二、S7-200 系列 PLC 的主要技术性能

下面以 S7-200 的 CPU224 为例说明 S7 系列 PLC 的主要技术性能。

1. 一般性能

S7-200 CPU224 的一般性能如表 3-30 所列。

表 3-30 S7-200 CPU224 一般性能

类 型	参 数
电源电压	DC 24 V,AC 100～230 V
电源电压波动	DC 20.4～28.8 V,AC 84～264 V(47～63 Hz)
环境温度、湿度	水平安装时为 0 ℃～55 ℃,垂直安装时为 0 ℃～45 ℃,5%～95 %
大气压	860～1 080 hPa
保护等级	IP20～IEC529
输出给传感器的电压	DC 24 V (20.4～28.8 V)
输出给传感器的电流	280 mA,电子式短路保护(600 mA)
为扩展模块提供的输出电流	660 mA
程序存储器	8 K 字节/典型值为 2.6 K 条指令
数据存储器	2.5 K 字
存储器子模块	1 个可插入的存储器子模块
数据后备	整个 BD1 在 EEPROM 中无须维护在 RAM 中当前的 DB1 标志位、定时器、计数器等通过高能电容或电池维持,后备时间 190 h(40℃时 120 h),插入电池后备 200 天
编程语言	LAD,FBD,STL
程序结构	一个主程序块(可以包括子程序)
程序执行	自由循环。中断控制,定时控制(1～255 ms)
子程序级	8 级
用户程序保护	3 级口令保护
指令集	逻辑运算、应用功能
位操作执行时间	0.37 μs
扫描时间监控	300 ms(可重启动)
内部标志位	256,可保持:EEPROM 中 0～112
计数器	0～256,可保持:256,6 个高速计数器

续表 3-30

类　型	参　数
定时器	可保持:256 4 个定时器,1 ms～30 s 16 个定时器,10 ms～5 min 236 个定时器,100 ms～54 min
接　口	一个 RS485 通信接口
可连接的编程器/PC	PG740PII,PG760PII,PC(AT)
本机 I/O	数字量输入:14,其中 4 个可用作硬件中断,14 个用于高速功能 数字量输出:10,其中 2 个可用作本机功能,模拟电位器:2 个
可连接的 I/O	数字量输入/输出:最多 94/74 模拟量输入/输出:最多 28/7(或 14) AS 接口输入/输出:496
最多可接扩展模块	7 个

2. 输入特性

S7-200 CPU224 的输入特性如表 3-31 所列。

表 3-31　S7-200 CPU224 输入特性

类　型	源型或汇型
输入电压	DC 24 V,"1 信号":14～35 A,"0 信号":0～5 A
隔离	光耦隔离,6 点和 8 点
输入电流	"1 信号":最大 4 mA
输入延迟(额定输入电压)	所有标准输入:全部 0.2～12.8 ms(可调节) 中断输入:(10.0～0.3)0.2～12.8 ms(可调节) 高速计数器:(10.0～0.5)最大 30 kHz

3. 输出特性

S7-200 CPU224 输出特性如表 3-32 所列。

表 3-32　S7-200 CPU224 的输出特性

类　型	晶体管输出型	继电器输出型
额定负载电压	DC 24 V(20.4～28.8 V)	DC 24 V(4～30 V) AC24～230 V(20～250 V)
输出电压	"1 信号":最小 DC 20 V	L+/L-
隔离	光耦隔离,5 点	继电器隔离,3 点和 4 点
最大输出电流	"1 信号":0.75 A	"1 信号":2 A
最小输出电流	"0 信号":10 μA	"0 信号":0 mA
输出开关容量	阻性负载:0.75 A 灯负载:5 W	阻性负载:2 A 灯负载:DC 30 W,AC 200 W

4. 扩展单元的主要技术特性

S7-200系列PLC是模块式结构，可以通过配接各种扩展模块来达到扩展功能、扩大控制能力的目的。目前S7-200主要有三大类扩展模块。

(1) 输入/输出扩展模块

S7-200 CPU上已经集成了一定数量的数字量I/O点，如用户需要多于CPU单元I/O点时，必须对系统做必要的扩展。CPU221无I/O扩展能力，CPU 222最多可连接2个扩展模块（数字量或模拟量），而CPU224和CPU226最多可连接7个扩展模块。

S7-200 PLC系列目前总共提供5大类扩展模块：数字量输入扩展板EM221（8路扩展输入）；数字量输出扩展板EM222（8路扩展输出）；数字量输入和输出混合扩展板EM223（8I/O，16I/O，32I/O）；模拟量输入扩展板EM231，每个EM231可扩展3路模拟量输入通道，A/D转换时间为25 μs，12位；模拟量输入和输出混合扩展模板EM235，每个EM235可同时扩展3路模拟输入和1路模拟量输出通道，其中A/D转换时间为25 μs，D/A转换时间 100 μs，位数均为12位。EM221、EM222、EM223、EM231和EM235为5大类扩展模块。

基本单元通过其右侧的扩展接口用总线连接器（插件）与扩展单元左侧的扩展接口相连接。扩展单元正常工作需要DC 5 V工作电源，此电源由基本单元通过总线连接器提供，扩展单元的DC 24 V输入点和输出点电源，可由基本单元的DC 24 V电源供电，但要注意基本单元所提供的最大电流能力。

(2) 热电偶/热电阻扩展模块

热电偶、热电阻模块（EM231）是为CPU222，CPU224，CPU226设计的，S7-200与多种热电偶、热电阻的连接备有隔离接口。用户通过模块上的DIP开关来选择热电偶或热电阻的类型、接线方式、测量单位和开路故障的方向。

(3) 通信扩展模块

除了CPU集成通信口外，S7-200还可以通过通信扩展模块连接成更大的网络。S7-200系列目前有两种通信扩展模块：PROFIBUS-DP扩展从站模块（EM277）和AS-i接口扩展模块（CP243-2）。

S7-200系列PLC输入/输出扩展模块的主要技术性能如表3-33所列。

表3-33 S7-200系列PLC输入/输出扩展模块的主要技术性能

类 型	数字量扩展模块			模拟量扩展模块		
型 号	EM221	EM222	EM223	EM231	EM232	EM235
输入点	8	无	4/8/16	3	无	3
输出点	无	8	4/8/16	无	2	1
隔离组点数	8	2	4	无	无	无
输入电压	DC 24 V		DC 24 V			
输出电压		DC 24 V 或 AC 24~230 V	DC 24 V 或 AC 24~230 V			
A/D转换时间				<250 μs		<250 μs
分辨率				12 bit A/D转换	电压：12 bit 电流：11 bit	12 bit A/D转换

三、S7-200 系列 PLC 的编程元件

1. S7-200 系列 PLC 的存储器空间

S7-200 PLC 的存储器空间大致分为三个空间,即程序空间、数据空间和参数空间。

(1) 程序空间

该空间主要用于存放用户应用程序,程序空间容量在不同的 CPU 中是不同的。另外 CPU 中的 RAM 区与内置 EEPROM 上都有程序存储器,但它们互为映像,且空间大小一样。

(2) 数据空间

该空间的主要部分用于存放工作数据,这称为数据存储器,另外有一部分用于寄存器称为数据对象。

① 数据存储器 它包括变量存储器(V)、输入信号缓存区(输入映像存储器 I)、输出信号缓冲区(输出映像存储区 Q)、内部标志位存储器(M)(又称为内部辅助继电器)、特殊标志位存储器(SM)。除特殊标志位外,其他部分都能以位、字节和双字的格式自由读取或写入。

变量存储器(V)是保存程序执行过程中控制逻辑操作的中间结果,所有的 V 存储器都可以存储在永久存储器区内,其内容可在与 EEPROM 或编程设备双向传送。

输入映像存储器(I)是以字节为单位的寄存器,它的每一位对应于一个数字量输入节点。在每个扫描周期开始,PLC 依次对各个输入节点采样,并把采样结果送入输入映像存储器。PLC 在执行用户程序过程中,不再理会输入节点的状态,它所处理的数据为输入映像存储器中的值。

输出映像存储器(Q)是以字节为单位的寄存器,它的每一位对应于一个数字输出量节点。PLC 在执行用户程序的过程中,并不把输出信号随时送到输出节点,而是送到输出映像存储器,只有到了每个扫描周期的末尾,才将输出映像寄存器的输出信号几乎同时送到各输出节点。使用映像寄存器优点:

同步地在扫描周期开始采样所有输入点,并在扫描的执行阶段冻结所有输入值;

在程序执行完后再从映像寄存器刷新所有输出点,使被控系统能获得更好的稳定性;

存取映像寄存器的速度高于存取 I/O 速度,使程序执行得更快;

I/O 点只能以位为单位存取,但映像寄存器则能以位、字节、双字进行存取。因此,映像寄存器提供了更高的灵活性。另外,对控制系统中个别 I/O 点要求实时性较高的情况下,可用直接 I/O 指令直接存取输入/输出点。

内部标志位(M)又称为内部线圈(内部继电器等),它一般以位为单位使用,但也能以字、双字为单位使用。内部标志位容量根据 CPU 型号不同而不同。

特殊标志位(SM)用来存储系统的状态变量和有关控制信息,特殊标志位分为只读区和可写区,具体划分随 CPU 不同而不同。

② 数据对象 数据对象包括定时器、计数器、高速计数器、累加器和模拟量输入/输出。

定时器类似于继电器电路中的时间继电器,但它的精度更高,定时精度分为 1 ms、10 ms 和 100 ms 三种,根据精度需要由编程者选用。定时器的数量根据 CPU 型号不同而不同。

计数器的计数脉冲由外部输入,计数脉冲的有效沿是输入脉冲的上升沿或下降沿,计数的方式有累加 1 和累减 1 两种方式。计数器的个数同各 CPU 的定时器个数。

高速计数器与一般计数器不同之处在于,计数脉冲频率更高可达 2 kHz/7 kHz,计数容量大,一般计数器为 16 位,而高速计数器为 32 位,一般计数器可读可写,而高速计数器一般只能作读操作。

在 S7-200CPU 中有 4 个 32 位累加器,即 AC0～AC3,用它可把参数传给子程序或任何带参数的指令和指令块。此外,PLC 在响应外部或内部的中断请求而调用中断服务程序时,累加器中的数据是不会丢失的,即 PLC 会将其中的内容压入堆栈。因此,用户在中断服务程序中仍可使用这些累加器,待中断程序执行完返回时,将自动从堆栈中弹出原先的内容,以恢复中断前累加器的内容。但应注意,不能利用累加器作主程序和中断服务子程序之间的参数传递。

模拟量输入/输出可实现模拟量的 A/D 和 D/A 转换,而 PLC 所处理的是其中的数字量。

(3) 参数空间

用于存放有关 PLC 组态参数的区域,如保护口令、PLC 站地址、停电记忆保持区、软件滤波、强制操作的设定信息等,存储器为 EEPROM。

2. S7-200 系列 PLC 的数据存储器寻址

在 S7-200PLC 中所处理数据有三种,即常数、数据存储器中的数据和数据对象中的数据。

(1) 常数及类型

在 S7-200 的指令中可以使用字节、字、双字类型的常数,常数的类型可指定为十进制、十六进制(6#7AB4)、二进制(2#1 0001100)或 ASCII 字符('SIMATIC')。PLC 不支持数据类型的处理和检查,因此在有些指令隐含规定字符类型的条件下,必须注意输入数据的格式。

(2) 数据存储器的寻址

① 数据地址的一般格式　数据地址一般由二个部分组成,格式为 Aa1.a2。其中:A 区域代码(I,Q,M,SM,V),a1 字节首址,a2 位地址(0～7)。例如 I10.1 表示该数据在 I 存储区 10 号地址的第 1 位。

② 数据类型符的使用　在使用以字节、字或双字类型的数据时,除非所用指令已隐含有规定的类型外,一般都应使用数据类型符来指明所取数据的类型。数据类型符共有三个,即 B(字节),W(字)和 D(双字),它的位置应紧跟在数据区域地址符后面。例如对变量存储器有 VB100、VW100、VD100。同一个地址,在使用不同的数据类型后,所取出数据占用的内存量是不同的。

(3) 数据对象的寻址

数据对象的地址基本格式为 An,其中 A 为该数据对象所在的区域地址。A 共有 6 种,即 T(定时器)、C(计数器)、HC(高速计数器)、AC(累加器)、AIW(模拟量输入)和 AQW(模拟量输出)。

S7-200 CPU 存储器范围和特性如表 3-34 所列。

表 3-34　S7-200 CPU 存储器范围和特性表

描　述	CPU 221	CPU 222	CPU 224	CPU 226
用户程序大小	2 K 字	2 K 字	4 K 字	4 K 字
用户数据大小	1 K 字	1 K 字	2.5 字	2.5 字

续表 3-34

描述	CPU 221	CPU 222	CPU 224	CPU 226
输入映像寄存器	I0.0～I15.7	I0.0～I15.7	I0.0～I15.7	I0.0～I15.7
输出映像寄存器	Q00.0～Q15.7	Q00.0～Q15.7	Q00.0～Q15.7	Q0.0～Q15.7
模拟量输入(只读)	—	AIW0～AIW30	AIW0～AIW62	AIW0～AIW62
模拟量输出(只写)	—	AQW0～AQW30	AQW0～AQW62	AQW0～AQW62
变量存储器(V)[1]	VB0.0～VB2047.7	VB0.0～VB2047.7	VB0.0～VB5119.7	VB0.0～VB5119.7
局部存储器(L)[2]	LB0.0～LB63.7	LB0.0～LB63.7	LB0.0～LB63.7	LB0.0～LB63.7
位存储器(M)	M0.0～M31.7	M0.0～M31.7	M0.0～M31.7	M0.0～M31.7
特殊存储器(SM) 只读	SM0.0～SM179.7 SM0.0～SM29.7	SM0.0～SM179.7 SM0.0～SM29.7	SM0.0～SM179.7 SM0.0～SM29.7	SM0.0～SM179.7 SM0.0～SM29.7
定时器 有记忆接通延迟 1 ms 有记忆接通延迟 10 ms 有记忆接通延迟 100 ms 接通/关断延迟 1 ms 接通/关断延迟 10 ms 接通/关断延迟 100 ms	256(T0～T255) T0,T64 T1～T4,T65～T68 T5～T31,T69～T95 T32,T96 T33～T36 T97～T100 T37～T63 T101～T255	256(T0～T255) T0,T64 T1～T4,T65～T68 T5～T31 T69～T95 T32,T96 T33～T36 T97～T100 T37～T63 T101～T255	256(T0～T255) T0,T64 T1～T4,T65～T68 T5～T31 T69～T95 T32,T96 T33～T36 T97～T100 T37～T63 T101～T255	256(T0～T255) T0,T64 T1～T4,T65～T68 T5～T31 T69～T95 T32,T96 T33～T36 T97～T100 T37～T63 T101～T255
计数器	C0～C255	C0～C255	C0～C255	C0～C255
高速计数器	HC0,HC3,HC4,HC5	HC0,HC3,HC4,HC5	HC0～HC5	HC0～HC5
顺序控制继电器(S)	S0.0～S31.7	S0.0～S31.7	S0.0～S31.7	S0.0～S31.7
累加寄存器	AC0～AC3	AC0～AC3	AC0～AC3	AC0～AC3
跳转/标号	0～255	0～255	0～255	0～255
调用/子程序	0～63	0～63	0～63	0～63
中断时间	0～127	0～127	0～127	0～127
PID 回路	0～7	0～7	0～7	0～7
端口	0	0	0	0,1

[1] 所有的 V 存储器都可以存储在永久存储器区
[2] LB60～LB63 为 STEP 7–Micro/WIN 32 的 3.0 版本或以后的版本软件保留

四、西门子 S7-200 指令

1. 基本指令

S7-200 系列的基本逻辑指令与 FX 系列和 CPM1A 系列基本逻辑指令大体相似,编程和梯形图表达方式也相差不多,这里列表表示 S7-200 系列的基本逻辑指令(见表 3-35)。

表 3-35　S7-200 系列的基本逻辑指令

指令名称	指令符	功　　能	操作数
取	LD bit	读入逻辑行或电路块的第一个常开节点	bit： I,Q,M,SM,T,C,V,S
取　反	LDN bit	读入逻辑行或电路块的第一个常闭节点	
与	A bit	串联一个常开节点	
与　非	AN bit	串联一个常闭节点	
或	O bit	并联一个常开节点	
或　非	ON bit	并联一个常闭节点	
电路块与	ALD	串联一个电路块	无
电路块或	OLD	并联一个电路块	
输　出	= bit	输出逻辑行的运算结果	bit：Q,M,SM,T,C,V,S
置　位	S bit,N	置继电器状态为接通	bit： Q,M,SM,V,S
复　位	R bit,N	使继电器复位为断开	

(1) 基本逻辑指令的应用

基本逻辑指令的应用如图 3-83 所示。

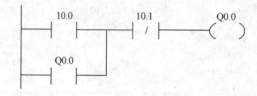

图 3-83　基本逻辑指令的应用

(2) 电路块并联的编程

电路块并联的编程如图 3-84 所示。

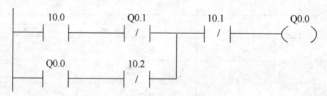

图 3-84　电路块并联的编程

(3) 电路块串/并联的编程

电路块串/并联的编程如图 3-85 所示。

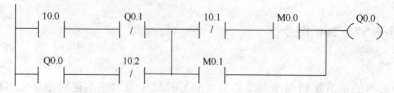

图 3-85　电路块串/并联的编程

(4) 置位/复位指令 S/R 的编程

置位/复位指令 S/R 的编程如图 3-86 所示。I0.0 的上升沿令 Q0.0 接通并保持,即使 I0.0 断开也不再影响 Q0.0 的状态。I0.1 的上升沿状态使其断开并保持断开状态。

对同一元件可以多次合用 S/R 指令。实际上图 3-86 所示的例子组成一个 S-R 触发器,当然也可把秩序反过来组成 R-S 触发器。但要注意,由于是扫描工作方式,故写在后面的指令有优先权。如此例中,若 I0.0 和 I0.I 同时为 1,则 Q0.0 为 0。R 指令写在后因而有优先权。

(5) 定时器指令的应用

S7-200 系列 PLC 按时基脉冲分为 1 ms、10 ms、100 ms 三种,按工作方式分为延时通定时器(TON)和保持型延时通定时器(TONR)两大类。

等比例定时器均有一个 16 bit 当前值寄存器及一个 1bit 的状态位(反映其触点状态),其应用如图 3-87 所示。当 I0.0 接通时,即驱动 T33 开始计数(数时基脉冲);计时到设定值 PT 时,T33 状态位置 1,其常开触点接通,驱动 Q0.0 有输出;之后当前值仍增加,但不影响状态位。当 I0.0 断开时,T3 复位,当前值清 0,状态位也清 0,即回复原始状态。若 I0.0 接通时间未到设定值就断开,则 T33 跟随复位,Q0.0 不会有输出。

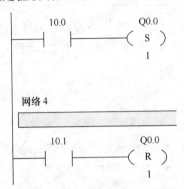

图 3-86 置位/复位指令 S/R 的编程

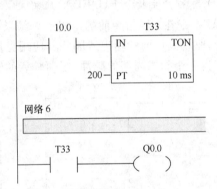

图 3-87 等比例定时器的应用

当前值寄存器为 16 bit,最大计数值为 32 767,由此可推算出不同分辨率的定时器的设定时间范围。

对于积算型定时器 T3,则当输入 IN 为 1 时,定时器计时(基脉冲数);当 IN 为 0 时,其当前值保持(不像 TON 一样复位);下次 IN 再为 1 时,T3 当前值从原保持值开始再往上加,并将当前值与设定值 PT 作比较,当前值大于等于设定值时,T3 状态 bit 置 1,驱动 Q0.0 有输出;以后即使 IN 再为 0 也不会使 T3 复位,要令 T3 复位必须用复位指令。其程序如图 3-88 所示。

注意:S7-200 系列 PLC 的定时器中 1 ms、10 ms、100 ms 的定时器的刷新方式是不同的。

① 1 ms 定时器 由系统每隔 1ms 刷新一次,与扫描周期及程序处理无关。所以当扫描周期较长时,在一个周期内可能被多次刷新,其当前值在一个扫描周期内不一定保持一致。

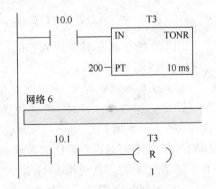

图 3-88 积算型定时器的应用

② 10 ms 定时器 由系统在每个扫描周期开始时自动刷新。由于是每个扫描周期只刷新一次,就在每次程序处理期间,其当前值为常数。

③ 100 ms 定时器 在该定时器指令执行时被刷新。因而要留意,如果该定时器线圈被激励而该定时器指令并不是每个扫描周期都执行的话,那么该定时器不能及时刷新,丢失时基脉冲,造成计时失准。若同一个 100 ms 定时器指令在一个扫描周期中多次被执行,则该定时器就会多计了时基脉冲,相当于时钟走快了。

(6) 计数器指令的应用

S7-200 系列 PLC 有两种计数器:加计数器(CTU)和加/减计数器(CTUD)。

每个计数器有一个 16 位的当前值寄存器及一个状态位。CU 为加计数脉冲输入端,CD 为减计数脉冲输入端,R 为复位端,PV 为设定值。当 R 端为 0 时,计数脉冲有效;当 CU 端(CD 端)有上升沿输入时,计数器当前值加 1(减 1)。当计数器当前值大于或等于设定值时,状态位也清零。计数范围为 -32 768~32 767,当达到最大值 32 767 时,再来一个加计数脉冲,则当前值转为 -32 768。同样,当达到最小值 -32 768 时,再来一个减计数脉冲,则当前值转为最大值 32 767,其应用如图 3-89 所示。

(7) 脉冲产生指令 EU/ED 的应用

EU 指令在 EU 指令前的逻辑运算结果由 OFF 到 ON 时就产生一个宽度为一个扫描周期的脉冲,驱动其后面的输出线圈。其应用见图 3-90,即当 I0.0 有上升沿时,EU 指令产生一个宽度为一个扫描周期的脉冲,驱动其后的输出线圈 M0.0。

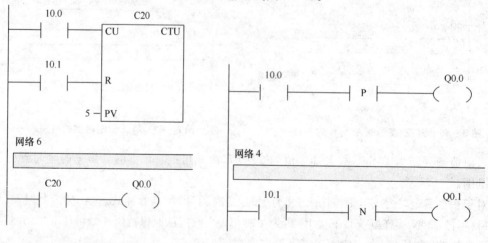

图 3-89 计数器指令的应用   图 3-90 EU 指令的应用

而 ED 指令则在对应输入(I0.1)有下降沿时产生一宽度为一个扫描周期的脉冲,驱动其后的输出线圈(M0.1)。

(8) 逻辑堆栈的操作

LPS 为进栈操作,LRD 为读栈操作,LPP 为出栈操作。

S7-200 系列 PLC 中有一个 9 层堆栈,用于处理逻辑运算结果,称为逻辑堆栈。执行 LPS、LPD、LPP 指令时对逻辑堆栈的影响如图 3-91 所示。图中仅用了 2 层栈,实际上因为逻辑堆栈有 9 层,所以可以多次使用 LPS,形成多层分支,使用时应注意 LPS 和 LPP 必须成队使用。

(9) NOT、NOP 和 MEND 指令

NOT、NOP 及 MEND 指令的形式及功能如表 3-36 所列。

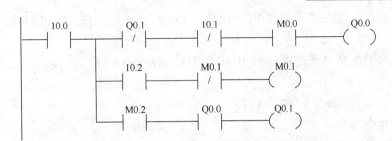

图 3-91 执行 LPS、LPD、LPP 指令时对逻辑堆栈的影响

表 3-36　NOT、NOP 及 MEND 指令的形式及功能

指令名称	功　能	操作数
NOT	逻辑结果取反	—
NOP	空操作	—
MEND	无条件结束	—

NOT 为逻辑结果取反指令，在复杂逻辑结果取反时为用户提供方便。NOP 为空操作，对程序没有实质影响。MEND 为无条件结束指令，在编程结束时一定要写上该指令，否则会出现编译错误。调试程序时，在程序的适当位置插入 MEND 指令可以实现程序的分段调试。

(10) 比较指令

比较指令是将两个操作数按规定的条件作比较，条件成立时，触点就闭合。比较运算符有：=、>=、<=、>、<和<>。

① 字节比较　字节比较用于比较两个字节型整数值 IN1 和 IN2 的大小，字节比较是无符号的。比较式可以是 LDB、AB 或 OB 后直接加比较运算符构成。符合格式如：LDB=、AB<>、OB>=等。

整数 IN1 和 IN2 的寻址范围：VB、IB、QB、MB、SB、SMB、LB、*VD、*AC、*LD 和常数。

指令格式例如：LDB=VB10,VB12。

② 整数比较　整数比较用于比较两个一字长整数值 IN1 和 IN2 的大小，整数比较是有符号的（整数范围为 16#8000 和 16#7FFF 之间）。比较式可以是 LDW、AW 或 OW 后直接加比较运算符构成。指令格式如：LDW=、AW<>、OW>=等。

整数 IN1 和 IN2 的寻址范围：VW、IW、QW、MW、SW、SMW、LW、AIW、T、C、AC、*VD、*AC、*LD 和常数。

指令格式例如：LDW=VW10,VW12。

③ 双字整数比较　双字整数比较用于比较两个双字长整数值 IN1 和 IN2 的大小，双字整数比较是有符号的（双字整数范围为 16#80000000 和 16#7FFFFFFF 之间）。比较式可以是 LDD、AD 或 OD 后直接加比较运算符构成。如：LDD=、AD<>、OD>=等。

双字整数 IN1 和 IN2 的寻址范围：VD、ID、QD、MD、SD、SMD、LD、HC、AC、*VD、*AC、*LD 和常数。

指令格式例如：LDD=VD10,VD12。

④ 实数比较　实数比较用于比较两个双字长实数值 IN1 和 IN2 的大小，实数比较是有符号的（负实数范围为 -1.175495E-38 和 -3.402823E+38，正实数范围为 +1.175495E-38 和

+3.402823E+38)。比较式可以是 LDR、AR 或 OR 后直接加比较运算符构成。如：LDR=、AR<>、OR>=等。

实数 IN1 和 IN2 的寻址范围：VD、ID、QD、MD、SD、SMD、LD、AC、*VD、*AC、*LD 和常数。

指令格式例如：LDR=VDl0,VDl2。

2. 功能指令

一般的逻辑控制系统用软继电器、定时器和计数器及基本指令就可以实现。利用功能指令可以开发出更复杂的控制系统，以致构成网络控制系统。这些功能指令实际上是厂商为满足各种客户的特殊需要而开发的通用子程序。功能指令的丰富程度及其合用的方便程度是衡量 PLC 性能的一个重要指标。

S7-200 的功能指令很丰富，大致包括这几方面：算术与逻辑运算、传送、移位与循环移位、程序流控制、数据表处理、PID 指令、数据格式变换、高速处理、通信以及实时时钟等。

功能指令的助记符与汇编语言相似，略具计算机知识的人学习起来也不会有太大困难。但 S7-200 系列 PLC 功能指令毕竟太多，一般读者不必准确记忆其详尽用法，需要时可查阅产品手册。本节仅对 S7-200 系列 PLC 的功能指令作列表归纳，不再一一说明。

（1）四则运算指令

四则运算指令如表 3-37 所列。

表 3-37 四则运算指令

名 称	指令格式（语句表）	功 能	操 作 数
加法指令	+I IN1,OUT	两个 16 位带符号整数相加，得到一个 16 位带符号整数 执行结果：IN1+OUT=OUT（在 LAD 和 FBD 中为：IN1+IN2=OUT）	IN1,IN2,OUT：VW、IW、QW、MW、SW、SMW、LW、T、C、AC、*VD、*AC、*LD IN1 和 IN2 还可以是 AIW 和常数
	+D IN1,IN2	两个 32 位带符号整数相加，得到一个 32 位带符号整数 执行结果：IN1+OUT=OUT（在 LAD 和 FBD 中为：IN1+IN2=OUT）	IN1,IN2,OUT：VD、ID、QD、MD、SD、SMD、LD、AC、*VD、*AC、*LD IN1 和 IN2 还可以是 HC 和常数
	+R IN1,OUT	两个 32 位实数相加，得到一个 32 位实数 执行结果：IN1+OUT=OUT（在 LAD 和 FBD 中为：IN1+IN2=OUT）	IN1,IN2,OUT：VD、ID、QD、MD、SD、SMD、LD、AC、*VD、*AC、*LD IN1 和 IN2 还可以常数
减法指令	-I IN1,OUT	两个 16 位带符号整数相减，得到一个 16 位带符号整数 执行结果：OUT-IN1=OUT（在 LAD 和 FBD 中为：IN1-IN2=OUT）	IN1,IN2,OUT：VW、IW、QW、MW、SW、SMW、LW、T、C、AC、*VD、*AC、*LD IN1 和 IN2 还可以是 AIW 和常数
	-D IN1,OUT	两个 32 位带符号整数相减，得到一个 32 位带符号整数 执行结果：OUT-IN1=OUT（在 LAD 和 FBD 中为：IN1-IN2=OUT）	IN1,IN2,OUT：VD、ID、QD、MD、SD、SMD、LD、AC、*VD、*AC、*LD IN1 和 IN2 还可以是 HC 和常数

续表 3-37

名　称	指令格式 （语句表）	功　能	操　作　数
减法指令	-R IN1,OUT	两个 32 位实数相加,得到一个 32 位实数 执行结果:OUT - IN1 = OUT（在 LAD 和 FBD 中为:IN1 - IN2 = OUT）	IN1,IN2,OUT:VD,ID,QD,MD,SD,SMD,LD,AC,*VD,*AC,*LD IN1 和 IN2 还可以常数
乘法指令	*I IN1,OUT	两个 16 位符号整数相乘,得到一个 16 整数 执行结果:IN1 * OUT = OUT（在 LAD 和 FBD 中为:IN1 * IN2 = OUT）	IN1,IN2,OUT:VW,IW,QW,MW,SW,SMW,LW,T,C,AC,*VD,*AC,*LD IN1 和 IN2 还可以是 AIW 和常数
乘法指令	MUL IN1,OUT	两个 16 位带符号整数相乘,得到一个 32 位带符号整数 执行结果:IN1 * OUT = OUT（在 LAD 和 FBD 中为:IN1 * IN2 = OUT）	IN1,IN2:VW,IW,QW,MW,SW,SMW,LW,AIW,T,C,AC,*VD,*AC,*LD 和常数 OUT:VD,ID,QD,MD,SD,SMD,LD,AC,*VD,*AC,*LD
乘法指令	*D IN1,OUT	两个 32 位带符号整数相乘,得到一个 32 位带符号整数 执行结果:IN1 * OUT = OUT（在 LAD 和 FBD 中为:IN1 * IN2 = OUT）	IN1,IN2,OUT:VD,ID,QD,MD,SD,SMD,LD,AC,*VD,*AC,*LD IN1 和 IN2 还可以是 HC 和常数
乘法指令	*R IN1,OUT	两个 32 位实数相乘,得到一个 32 位实数 执行结果:IN1 * OUT = OUT（在 LAD 和 FBD 中为:IN1 * IN2 = OUT）	IN1,IN2,OUT:VD,ID,QD,MD,SD,SMD,LD,AC,*VD,*AC,*LD IN1 和 IN2 还可以是常数
除法指令	/I IN1,OUT	两个 16 位带符号整数相除,得到一个 16 位带符号整数商,不保留余数 执行结果:OUT/IN1 = OUT（在 LAD 和 FBD 中为:IN1/IN2 = OUT）	IN1,IN2,OUT:VW,IW,QW,MW,SW,SMW,LW,T,C,AC,*VD,*AC,*LD IN1 和 IN2 还可以是 AIW 和常数
除法指令	DIV IN1,OUT	两个 16 位带符号整数相除,得到一个 32 位结果,其中低 16 位为商,高 16 位为结果 执行结果:OUT/IN1 = OUT（在 LAD 和 FBD 中为:IN1/IN2 = OUT）	IN1,IN2:VW,IW,QW,MW,SW,SMW,LW,AIW,T,C,AC,*VD,*AC,*LD 和常数 OUT:VD,ID,QD,MD,SD,SMD,LD,AC,*VD,*AC,*LD
除法指令	/D IN1,OUT	两个 32 位带符号整数相除,得到一个 32 位整数商,不保留余数 执行结果:OUT/IN1 = OUT（在 LAD 和 FBD 中为:IN1/IN2 = OUT）	IN1,IN2,OUT:VD,ID,QD,MD,SD,SMD,LD,AC,*VD,*AC,*LD IN1 和 IN2 还可以是 HC 和常数
除法指令	/R IN1,OUT	两个 32 位实数相除,得到一个 32 位实数商 执行结果:OUT/IN1 = OUT（在 LAD 和 FBD 中为:IN1/IN2 = OUT）	IN1,IN2,OUT:VD,ID,QD,MD,SD,SMD,LD,AC,*VD,*AC,*LD IN1 和 IN2 还可以是常数

续表 3-37

名 称	指令格式 (语句表)	功 能	操 作 数
数学函数 指　令	SQRT IN,OUT	把一个32位实数(IN)开平方,得到32位实数结果(OUT)	IN,OUT:VD, ID, QD, MD, SD, SMD, LD, AC, * VD, * AC, * LD IN 还可以是常数
	LN IN,OUT	对一个32位实数(IN)取自然对数,得到32位实数结果(OUT)	
	EXP IN,OUT	对一个32位实数(IN)取以e为底数的指数,得到32位实数结果(OUT)	
	SIN IN,OUT COS IN,OUT TAN IN,OUT	分别对一个32位实数弧度值(IN)取正弦、余弦、正切,得到32位实数结果(OUT)	
增减指令	INCB OUT	将字节无符号输入数加1 执行结果:OUT+1=OUT(在 LAD 和 FBD 中为:IN+1=OUT)	IN,OUT:VB, IB, QB, MB, SB, SMB, LB, AC, * VD, * AC, * LD IN 还可以是常数
	DECB OUT	将字节无符号输入数减1 执行结果:OUT-1=OUT(在 LAD 和 FBD 中为:IN-1=OUT)	
	INCW OUT	将字(16位)有符号输入数加1 执行结果:OUT+1=OUT(在 LAD 和 FBD 中为:IN+1=OUT)	IN,OUT:VW, IW, QW, MW, SW, SMW, LW, T, C, AC, * VD, * AC, * LD IN 还可以是 AIW 和常数
	DECW OUT	将字(16位)有符号输入数减1 执行结果:OUT-1=OUT(在 LAD 和 FBD 中为:IN-1=OUT)	
	INCD OUT	将双字(32位)有符号输入数加1 执行结果:OUT+1=OUT(在 LAD 和 FBD 中为:IN+1=OUT)	IN,OUT:VD, ID, QD, MD, SD, SMD, LD, AC, * VD, * AC, * LD IN 还可以是 HC 和常数
	DECD OUT	将字(32位)有符号输入数减1 执行结果:OUT-1=OUT(在 LAD 和 FBD 中为:IN-1=OUT)	

(2) 逻辑运算指令

逻辑运算指令如表 3-38 所列。

表 3-38　逻辑运算指令

名 称	指令格式 (语句表)	功 能	操 作 数
字节逻辑 运算指令	ANDB IN1,OUT	将字节 IN1 和 OUT 按位作逻辑与运算,OUT 输出结果	

续表 3-38

名称	指令格式（语句表）	功 能	操 作 数
字节逻辑运算指令	ORB IN1,OUT	将字节 IN1 和 OUT 按位作逻辑或运算，OUT 输出结果	IN1,IN2,OUT：VB,IB,QB,MB,SB,SMB,LB,AC,*VD,*AC,*LD IN1 和 IN2 还可以是常数
	XORB IN1,OUT	将字节 IN1 和 OUT 按位作逻辑异或运算，OUT 输出结果	
	INVB OUT	将字节 OUT 按位取反，OUT 输出结果	
字逻辑运算指令	ANDW IN1,OUT	将字 IN1 和 OUT 按位作逻辑与运算，OUT 输出结果	IN1,IN2,OUT：VW,IW,QW,MW,SW,SMW,LW,T,C,AC,*VD,*AC,*LD IN1 和 IN2 还可以是 AIW 和常数
	ORW IN1,OUT	将字 IN1 和 OUT 按位作逻辑或运算，OUT 输出结果	
	XORW IN1,OUT	将字 IN1 和 OUT 按位作逻辑异或运算，OUT 输出结果	
	INVW OUT	将字 OUT 按位取反，OUT 输出结果	
双字逻辑运算指令	ANDD IN1,OUT	将双字 IN1 和 OUT 按位作逻辑与运算，OUT 输出结果	IN1,IN2,OUT：VD,ID,QD,MD,SD,SMD,LD,AC,*VD,*AC,*LD IN1 和 IN2 还可以是 HC 和常数
	ORD IN1,OUT	将双字 IN1 和 OUT 按位作逻辑或运算，OUT 输出结果	
	XORD IN1,OUT	将双字 IN1 和 OUT 按位作逻辑异或运算，OUT 输出结果	
	INVD OUT	将双字 OUT 按位取反，OUT 输出结果	

(3) 数据传送指令

数据传送指令如表 3-39 所列。

表 3-39 数据传送指令

名称	指令格式（语句表）	功 能	操 作 数
单一传送指令	MOVB IN,OUT	将 IN 的内容复制到 OUT 中 IN 和 OUT 的数据类型应相同，可分别为字、字节、双字和实数	IN,OUT：VB,IB,QB,MB,SB,SMB,LB,AC,*VD,*AC,*LD IN 还可以是常数
	MOVW IN,OUT		IN,OUT：VW,IW,QW,MW,SW,SMW,LW,T,C,AC,*VD,*AC,*LD IN 还可以是 AIW 和常数 OUT 还可以是 AQW

续表 3-39

名 称	指令格式（语句表）	功 能	操 作 数
单一传送指令	MOVD IN,OUT	将 IN 的内容复制到 OUT 中 IN 和 OUT 的数据类型应相同，可分别为字、字节、双字和实数	IN,OUT：VD,ID,QD,MD,SD,SMD,LD,AC,*VD,*AC,*LD IN 还可以是 HC,常数,&VB,&IB,&QB,&MB,&T,&C
	MOVR IN,OUT		IN,OUT：VD,ID,QD,MD,SD,SMD,LD,AC,*VD,*AC,*LD IN 还可以是常数
	BIR IN,OUT	立即读取输入 IN 的值，将结果输出到 OUT	IN：IB OUT：VB,IB,QB,MB,SB,SMB,LB,AC,*VD,*AC,*LD
	BIW IN,OUT	立即将 IN 单元的值写到 OUT 所指的物理输出区	IN：VB,IB,QB,MB,SB,SMB,LB,AC,*VD,*AC,*LD 和常数 OUT：QB
块传送指令	BMB IN,OUT,N	将从 IN 开始的连续 N 个字节数据复制到从 OUT 开始的数据块 N 的有效范围是 1~255	IN,OUT：VB,IB,QB,MB,SB,SMB,LB,*VD,*AC,*LD N：VB,IB,QB,MB,SB,SMB,LB,AC,*VD,*AC,*LD 和常数
	BMW IN,OUT,N	将从 IN 开始的连续 N 个字数据复制到从 OUT 开始的数据块 N 的有效范围是 1~255	IN,OUT：VW,IW,QW,MW,SW,SMW,LW,T,C,*VD,*AC,*LD IN 还可以是 AIW OUT 还可以是 AQW N：VB,IB,QB,MB,SB,SMB,LB,AC,*VD,*AC,*LD 和常数
	BMD IN,OUT,N	将从 IN 开始的连续 N 个双字数据复制到从 OUT 开始的数据块 N 的有效范围是 1~255	IN,OUT：VD,ID,QD,MD,SD,SMD,LD,*VD,*AC,*LD N：VB,IB,QB,MB,SB,SMB,LB,AC,*VD,*AC,*LD 和常数

（4）移位与循环移位指令

移位与循环移位指令如表 3-40 所列。

表 3-40 移位与循环移位指令

名 称	指令格式（语句表）	功 能	操 作 数
字节移位指令	SRB OUT,N	将字节 OUT 右移 N 位，最左边的位依次用 0 填充	IN,OUT,N：VB,IB,QB,MB,SB,SMB,LB,AC,*VD,*AC,*LD IN 和 N 还可以是常数
	SLB OUT,N	将字节 OUT 左移 N 位，最右边的位依次用 0 填充	

续表 3-40

名称	指令格式 (语句表)	功能	操作数
字节移位 指令	RRB OUT,N	将字节 OUT 循环右移 N 位,从最右边移出的位送到 OUT 的最左位	IN,OUT,N:VB,IB,QB,MB,SB,SMB,LB,AC,*VD,*AC,*LD IN 和 N 还可以是常数
	RLB OUT,N	将字节 OUT 循环左移 N 位,从最左边移出的位送到 OUT 的最右位	
字移位 指令	SRW OUT,N	将字 OUT 右移 N 位,最左边的位依次用 0 填充	IN,OUT:VW,IW,QW,MW,SW,SMW,LW,T,C,AC,*VD,*AC,*LD IN 还可以是 AIW 和常数 N:VB,IB,QB,MB,SB,SMB,LB,AC,*VD,*AC,*LD,常数
	SLW OUT,N	将字 OUT 左移 N 位,最右边的位依次用 0 填充	
	RRW OUT,N	将字 OUT 循环右移 N 位,从最右边移出的位送到 OUT 的最左位	
	RLW OUT,N	将字 OUT 循环左移 N 位,从最左边移出的位送到 OUT 的最右位	
双字移位 指令	SRD OUT,N	将双字 OUT 右移 N 位,最左边的位依次用 0 填充	IN,OUT:VD,ID,QD,MD,SD,SMD,LD,AC,*VD,*AC,*LD IN 还可以是 HC 和常数 N:VB,IB,QB,MB,SB,SMB,LB,AC,*VD,*AC,*LD,常数
	SLD OUT,N	将双字 OUT 左移 N 位,最右边的位依次用 0 填充	
	RRD OUT,N	将双字 OUT 循环右移 N 位,从最右边移出的位送到 OUT 的最左位	
	RLD OUT,N	将双字 OUT 循环左移 N 位,从最左边移出的位送到 OUT 的最右位	
位移位寄存器指令	SHRB DATA,S_BIT,N	将 DATA 的值(位型)移入移位寄存器,S_BIT 指定移位寄存器的最低位,N 指定移位寄存器的长度(正向移位=N,反向移位=-N)	DATA,S_BIT:I,Q,M,SM,T,C,V,S,L N:VB,IB,QB,MB,SB,SMB,LB,AC,*VD,*AC,*LD,常数

(5) 交换和填充指令

交换和填充指令如表 3-41 所列。

表 3-41 交换和填充指令

名称	指令格式 (语句表)	功能	操作数
换字节指令	SWAP IN	将输入字 IN 的高位字节与低位字节的内容交换,结果放回 IN 中	IN:VW,IW,QW,MW,SW,SMW,LW,T,C,AC,*VD,*AC,*LD
填充指令	FILL IN,OUT,N	用输入字 IN 填充从 OUT 开始的 N 个字存储单元 N 的范围为 1~255	IN,OUT:VW,IW,QW,MW,SW,SMW,LW,T,C,AC,*VD,*AC,*LD IN 还可以是 AIW 和常数 OUT 还可以是 AQW N:VB,IB,QB,MB,SB,SMB,LB,AC,*VD,*AC,*LD,常数

(6) 表操作指令

表操作指令如表3-42所列。

表3-42 表操作指令

名称	指令格式 （语句表）	功 能	操 作 数
表存数指令	ATT DATA, TABLE	将一个字型数据DATA添加到表TABLE的末尾。EC值加1	DATA,TABLE:VW,IW,QW,MW,SW,SMW,LW,T,C,AC,*VD,*AC,*LD DATA还可以是AIW,AC和常数
表取数指令	FIFO TABLE, DATA	将表TABLE的第一个字型数据删除，并将它送到DATA指定的单元。表中其余的数据项都向前移动一个位置，同时实际填表数EC值减1	DATA,TABLE:VW,IW,QW,MW,SW,SMW,LW,T,C,*VD,*AC,*LD DATA还可以是AQW和AC
	LIFO TABLE, DATA	将表TABLE的最后一个字型数据删除，并将它送到DATA指定的单元。剩余数据位置保持不变，同时实际填表数EC值减1	
表查找指令	FND = TBL, PTN,INDEX FND <> TBL, PTN,INDEX FND < TBL, PTN,INDEX FND > TBL, PTN,INDEX	搜索表TBL，从INDEX指定的数据项开始，用给定值PTN检索出符合条件(=,<>,<,>)的数据项。如果找到一个符合条件的数据项，则INDEX指明该数据项在表中的位置。如果一个也找不到，则INDEX的值等于数据表的长度。为了搜索下一个符合的值，在再次使用该指令之前，必须先将INDEX加1	TBL:VW,IW,QW,MW,SMW,LW,T,C,*VD,*AC,*LD PTN,INDEX:VW,IW,QW,MW,SW,SMW,LW,T,C,AC,*VD,*AC,*LD PTN还可以是AIW和AC

(7) 数据转换指令

数据转换指令如表3-43所示。

表3-43 数据转换指令

名称	指令格式 （语句表）	功 能	操 作 数
数据类型转换指令	BTI IN,OUT	将字节输入数据IN转换成整数类型，结果送到OUT,无符号扩展	IN:VB, IB, QB, MB, SB, SMB, LB, AC,*VD,*AC,*LD,常数 OUT:VW, IW, QW, MW, SW, SMW, LW,T,C,AC,*VD,*AC,*LD
	ITB IN,OUT	将整数输入数据IN转换成一个字节，结果送到OUT。输入数据超出字节范围(0~255)则产生溢出	IN:VW, IW, QW, MW, SW, SMW, LW, T,C,AIW,AC,*VD,*AC,*LD,常数 OUT:VB, IB, QB, MB, SB, SMB, LB, AC,*VD,*AC,*LD

续表 3-43

名 称	指令格式 （语句表）	功 能	操 作 数
数据类型转换指令	DTI IN,OUT	将双整数输入数据 IN 转换成整数,结果送到 OUT	IN:VD,ID,QD,MD,SD,SMD,LD,HC,AC,*VD,*AC,*LD,常数 OUT:VW,IW,QW,MW,SW,SMW,LW,T,C,AC,*VD,*AC,*LD
	ITD IN,OUT	将整数输入数据 IN 转换成双整数（符号进行扩展）,结果送到 OUT	IN:VW,IW,QW,MW,SW,SMW,LW,T,C,AIW,AC,*VD,*AC,*LD,常数 OUT:VD,ID,QD,MD,SD,SMD,LD,AC,*VD,*AC,*LD
	ROUND IN,OUT	将实数输入数据 IN 转换成双整数,小数部分四舍五入,结果送到 OUT	IN,OUT:VD,ID,QD,MD,SD,SMD,LD,AC,*VD,*AC,*LD IN 还可以是常数 在 ROUND 指令中 IN 还可以是 HC
	TRUNC IN,OUT	将实数输入数据 IN 转换成双整数,小数部分直接舍去,结果送到 OUT	
	DTR IN,OUT	将双整数输入数据 IN 转换成实数,结果送到 OUT	IN,OUT:VD,ID,QD,MD,SD,SMD,LD,AC,*VD,*AC,*LD IN 还可以是 HC 和常数
	BCDI OUT	将 BCD 码输入数据 IN 转换成整数,结果送到 OUT。IN 的范围为 0~9 999	IN,OUT:VW,IW,QW,MW,SW,SMW,LW,T,C,AC,*VD,*AC,*LD IN 还可以是 AIW 和常数 AC 和常数
	IBCD OUT	将整数输入数据 IN 转换成 BCD 码,结果送到 OUT。IN 的范围为 0~9 999	
编码译码指令	ENCO IN,OUT	将字节输入数据 IN 的最低有效位（值为 1 的位）的位号输出到 OUT 指定的字节单元的低 4 位	IN:VW,IW,QW,MW,SW,SMW,LW,T,C,AIW,AC,*VD,*AC,*LD,常数 OUT:VB,IB,QB,MB,SB,SMB,LB,AC,*VD,*AC,*LD
	DECO IN,OUT	根据字节输入数据 IN 的低 4 位所表示的位号将 OUT 所指定的字单元的相应位置1,其他位置0	IN:VB,IB,QB,MB,SB,SMB,LB,AC,*VD,*AC,*LD,常数 IN:VW,IW,QW,MW,SW,SMW,LW,T,C,AQW,AC,*VD,*AC,*LD
段码指令	SEG IN,OUT	根据字节输入数据 IN 的低 4 位有效数字产生相应的七段码,结果输出到 OUT,OUT 的最高位恒为 0	IN,OUT:VB,IB,QB,MB,SB,SMB,LB,AC,*VD,*AC,*LD IN 还可以是常数
字符串转换指令	ATH IN,OUT,LEN	把从 IN 开始的长度为 LEN 的 ASCⅡ码字符串转换成 16 进制数,并存放在以 OUT 为首地址的存储区中。合法的 ASCⅡ码字符的 16 进制值在 30H~39H,41H~46H 之间,字符串的最大长度为 255 个字符	IN,OUT,LEN:VB,IB,QB,MB,SB,SMB,LB,*VD,*AC,*LD LEN 还可以是 AC 和常数

(8) 特殊指令

特殊指令如表 3-44 所列。PLC 中一些实现特殊功能的硬件需要通过特殊指令来使用，可实现特定的复杂的控制目的，同时程序的编制非常简单。

表 3-44 特殊指令

名 称	指令格式 (语句表)	功 能	操 作 数
中断指令	ATCH INT,EVNT	把一个中断事件(EVNT)和一个中断程序联系起来，并允许该中断事件	INT：常数 EVNT：常数(CPU221/222：0～12,19～23,27～33；CPU224：0～23,27～33；CPU226：0～33)
	DTCH EVNT	截断一个中断事件和所有中断程序的联系，并禁止该中断事件	
	ENI	全局地允许所有被连接的中断事件	无
	DISI	全局地关闭所有被连接的中断事件	
	CRETI	根据逻辑操作的条件从中断程序中返回	
	RETI	位于中断程序结束，是必选部分，程序编译时软件自动在程序结尾处加入该指令	
通信指令	NETR TBL,PORT	初始化通信操作，通过指令端口(PORT)从远程设备上接收数据并形成表(TBL)。可以从远程站点读最多 16 个字节的信息	TBL：VB,MB，*VD，*AC，*LD PORT：常数
	NETW TBL,PORT	初始化通信操作，通过指定端口(PORT)向远程设备写表(TBL)中的数据。可以向远程站点写最多 16 个字节的信息	
	XMT TBL,PORT	用于自由端口模式。指定激活发送数据缓冲区(TBL)中的数据，数据缓冲区的第一个数据指明了要发送的字节数，PORT 指定用于发送的端口	TBL：VB,IB,QB,MB,SB,SMB，*VD，*AC，*LD PORT：常数(CPU221/222/224 为 0；CPU226 为 0 或 1)
	RCV TBL,PORT	激活初始化或结束接收信息的服务。通过指定端口(PORT)接收的信息存储于数据缓冲区(TBL)，数据缓冲区的第一个数据指明了接收的字节数	
	GPA ADDR,PORT	读取 PORT 指定的 CPU 口的站地址，将数值放入 ADDR 指定的地址中	ADDR：VB,IB,QB,MB,SB,SMB,LB,AC，*VD，*AC，*LD 在 SPA 指令中 ADDR 还可以是常数 PORT：常数
	SPA ADDR,PORT	将 CPU 口的站地址(PORT)设置为 ADDR 指定的数值	
时钟指令	TODR T	读当前时间和日期并把它装入一个 8 字节的缓冲区(起始地址为 T)	T：VB,IB,QB,MB,SB,SMB,LB，*VD，*AC，*LD
	TODW T	将包含当前时间和日期的一个 8 字节的缓冲区(起始地址是 T)装入时钟	

续表 3-44

名　称	指令格式 （语句表）	功　能	操　作　数
高速计数器 指　令	HDEF HSC, MODE	为指定的高速计数器分配一种工作模式。每个高速计数器使用之前必须使用 HDEF 指令，且只能使用一次	HSC：常数（0～5） MODE：常数（0～11）
	HSC N	根据高速计数器特殊存储器位的状态，按照 HDEF 指令指定的工作模式，设置和控制高速计数器。N 指定了高速计数器号	N：常数（0～5）
高速脉冲 输出指令	PLS Q	检测用户程序设置的特殊存储器位，激活由控制位定义的脉冲操作，从 Q0.0 或 Q0.1 输出高速脉冲可用于激活高速脉冲串输出（PTO）或宽度可调脉冲输出（PWM）	Q：常数（0 或 1）
PID 回路 指　令	PID TBL, LOOP	运用回路表中的输入和组态信息，进行 PID 运算。要执行该指令，逻辑堆栈顶（TOS）必须为 ON 状态。TBL 指定回路表的起始地址，LOOP 指定控制回路号 回路表包含 9 个用来控制和监视 PID 运算的参数：过程变量当前值（PVn），过程变量前值（PV $n-1$），给定值（SPn），输出值（M$_n$），增益（K$_c$），采样时间（T$_s$），积分时间（T$_i$），微分时间（T$_d$）和积分项前值（MX） 为使 PID 计算是以所要求的采样时间进行，应在定时中断执行中断服务程序或在由定时器控制的主程序中完成，其中定时时间必须填入回路表中，以作为 PID 指令的一个输入参数	TBL：VB LOOP：常数（0 到 7）

课题一　十字路口交通信号灯控制

【任务引入】

城市十字路口的东南西北方向装设了红、绿、黄三色交通信号灯。为了交通安全，红、绿、黄灯必须按照一定时序轮流点亮。本任务就是学会如何设计十字路口交通信号灯的控制要求。

【任务分析】

十字路口交通信号灯的具体控制要求是启动和信号灯的正常时序。

1. 启　动

当按下闭合开关时，信号灯系统开始工作。

2. 信号灯正常时序

① 信号灯系统开始工作时,南北红灯亮,同时东西绿灯亮;
② 南北绿灯亮维持 20 s,同时东西红灯亮并维持 20 s;
③ 20 s 后东西红灯点亮 3 s,南北绿灯闪烁 3 s;
④ 东西红灯点亮 2 s,南北黄灯点亮 2 s;
⑤ 东西绿灯点亮 20 s,南北红灯点亮 20 s;
⑥ 东西绿灯闪烁 3 s,南北红灯点亮 3 s;
⑦ 东西黄灯点亮 2 s,南北红灯点亮 2 s;
⑧ 以后周而复始地循环。

具体控制要求框图如图 3-92 所示。

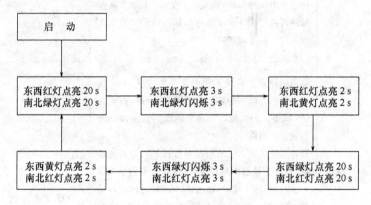

图 3-92 十字路口交通信号控制流程框图

【任务实施】

1. 准备工具、器件

实训设备如表 3-45 所列。

表 3-45 实训设备器材

序号	名 称	型号与规格	数量	备注
1	可编程控制器实训装置	THHAJS-1R/21	1	见图 3-93
2	实训挂箱	A11	1	见图 3-94
3	实训导线	3号	若干	
4	通信电缆		1	欧姆龙
5	计算机		1	

2. 输入输出点分配

系统输入信号来自启动开关,输出信号是不同方向不同颜色的交通灯控制信号,因此 PLC 需要 1 个输入点和 6 个输出点,输入/输出点分配见表 3-46 中。

模块三 可编程控制器

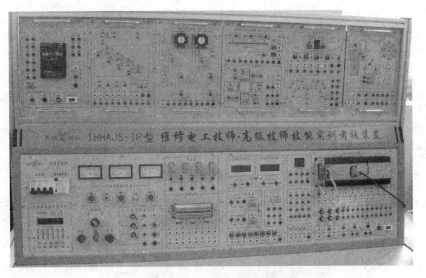

图 3-93 THHAJS-1R 可编程控制器实训装置

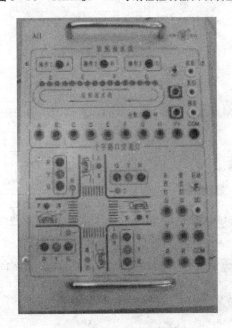

图 3-94 A11 实训挂箱

表 3-46 输入/输出点分配表

序 号	PLC 地址(PLC 端子)	电气符号(面板端子)	功能说明
1	0000	SD	启 动
2	1000	东西灯 G	
3	1001	东西灯 Y	
4	1002	东西灯 R	

模块三 可编程控制器

续表 3-46

序号	PLC 地址（PLC 端子）	电气符号（面板端子）	功能说明
5	1003	南北灯 G	
6	1004	南北灯 Y	
7	1005	南北灯 R	
8	主机输入端 COM、面板 V+接电源+24 V		电源正端
9	主机输出端的所有 COM、面板 COM 接电源 GND		电源地端

3. 绘制 PLC 输入输出接线图并按端口配置表连接控制回路

利用为实训设备所配备的软导线将 PLC 与实验挂箱连接起来，如图 3-95 所示。

4. 绘制流程图

根据控制要求绘制程序流程图，如图 3-96 所示。

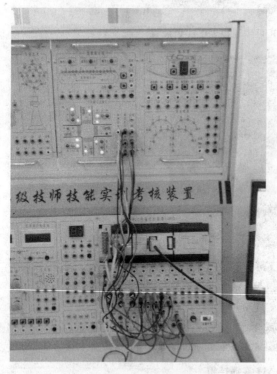

图 3-95 PLC 与实验挂箱接线

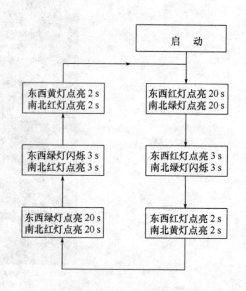

图 3-96 程序流程图

5. 使用编程软件

使用编程软件编译梯形图程序，将编译无误的控制程序下载至 PLC 中。

6. 运行程序

将 PLC 的 CPU 置为"RUN"状态，按下启动按钮观察并记录系统工作情况。

提示：在编写程序时注意时间继电器的编号，不能出现时间继电器编号的重复。

【任务评价】

十字路口交通信号灯控制成绩评分标准见附表 3-1。

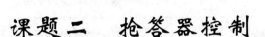

课题二　抢答器控制

【任务引入】

大家都看过竞赛类的电视节目,当主持人一声令下开始的时候,选手争先按下抢答按钮,回答问题,在课题中利用 PLC 设计程序控制抢答器,完成所需功能。

【任务分析】

该课题具体控制要求:系统初始上电后,主控人员在总控制台上单击"开始"按键后,允许各队人员开始抢答,即各队抢答按键有效;抢答过程中,1~4 队中的任何一队抢先按下各自的抢答按键(S1、S2、S3、S4)后,该队指示灯(L1、L 2、L 3、L 4)点亮,LED 数码显示系统显示当前的队号,并且其他队的人员继续抢答无效;主控人员对抢答状态确认后,单击"复位"按键,系统又继续允许各队人员开始抢答;直至又有一队抢先按下各自的抢答按键。

【任务实施】

1. 工具、器件准备

所需实训设备如表 3-47 所列。

表 3-47　所需实训设备

序　号	名　　称	型号与规格	数　量	备　注
1	可编程控制器实训装置	THHAJS-1R/2	1	见图 3-93
2	实训挂箱	A10	1	见图 3-97
3	实训导线	3 号	若干	
4	通信电缆	—	1	欧姆龙
5	计算机	—	1	自备

2. 输入输出点分配

系统输入信号来自启动开关、复位开关、1 队抢答、2 队抢答、3 队抢答、4 队抢答;输出信号是 1 队抢答显示、2 队抢答显示、3 队抢答显示、4 队抢答显示、数码控制端子(A~D)。因此,PLC 需要 6 个输入点和 8 个输出点,输入/输出点分配如表 3-48 中所列。

表 3-48　端口分配

序　号	PLC 地址(PLC 端子)	电气符号(面板端子)	功能说明
1	0000	SD	开　始
2	0001	SR	复　位
3	0002	S1	1 队抢答
4	0003	S2	2 队抢答
5	0004	S3	3 队抢答
6	0005	S4	4 队抢答
7	1000	1	1 队抢答显示

续表 3-48

序 号	PLC 地址(PLC 端子)	电气符号(面板端子)	功能说明
8	1001	2	2 队抢答显示
9	1002	3	3 队抢答显示
10	1003	4	4 队抢答显示
11	1004	A	数码控制端子 A
12	1005	B	数码控制端子 B
13	1006	C	数码控制端子 C
14	1007	D	数码控制端子 D
15	主机输入端 COM、面板 V+接电源+24 V		电源正端
16	主机输出端的所有 COM、面板 COM 接电源 GND		电源地端

3. 绘制 PLC 输入输出接线图和按端口配置表连接控制回路

利用为实训设备所配备的软导线将 PLC 与实验挂箱连接起来,如图 3-98 所示。

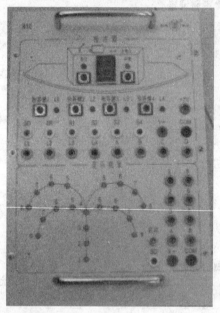 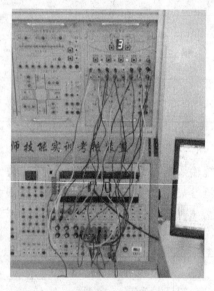

图 3-97 A10 实训挂箱   图 3-98 PLC 与与实验挂箱接线

4. 绘制程序流程图

根据控制要求绘制程序流程图,如图 3-99 所示。

5. 将编译无误的控制程序下载至 PLC 中,并点动开关

点动"开始"开关,允许 1~4 队抢答。分别点动 S1~S4 按钮,模拟四个队进行抢答,观察并记录系统响应情况。

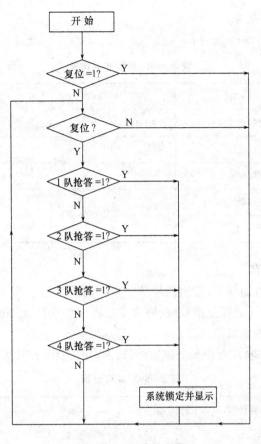

图 3-99 程序流程图

【任务评价】

抢答器控制成绩评分标准见附表 3-2。

课题三　音乐喷泉控制

【任务引入】

音乐喷泉是通过千变万化的喷泉造型,结合五颜六色的彩光照明,来反映音乐的内涵及音乐的主题。一座好的音乐喷泉,水形的变化应该能够充分地表现乐曲,可以达到喷泉水形、灯光及色彩的变化与音乐情绪的完美结合,喷泉表演更加生动更加富有内涵。那么能否利用 PLC 来设计一个程序控制音乐喷泉,完成课题功能要求。

【任务分析】

① 置位启动开关 SD 为 ON 时,LED 指示灯依次循环显示 1→1,2→1,2,3→1,2,3,4→1,2,3,4,5→1,2,3,4,5,6→1,2,3,4,5,6,7→1,2,3,4,5,6,7,8,模拟当前喷泉"水流"状态。

② 置位启动开关 SD 为 OFF 时,LED 指示灯停止显示,系统停止工作。

模块三　可编程控制器

【任务实施】

1. 准备实训器材设备

所需实训设备如表 3-49 所列。

表 3-49　所需实训设备

序号	名称	型号与规格	数量	备注
1	可编程控制器实训装置	THHAJS-1R/2	1	见图 3-93
2	实训挂箱	A10	1	见图 3-97
3	实训导线	3号	若干	
4	通信电缆	—	1	欧姆龙
5	计算机	—	1	

2. 输入输出点分配

系统输入信号来自启动开关,输出信号是喷泉 1 的模拟指示灯、喷泉 2 的模拟指示灯、喷泉 3 的模拟指示灯、喷泉 4 的模拟指示灯、喷泉 5 的模拟指示灯、喷泉 6 的模拟指示灯、喷泉 7 的模拟指示灯和喷泉 8 的模拟指示灯。

因此,PLC 需要 1 个输入点和 8 个输出点,输入/输出点分配如表 3-50 所列。

表 3-50　端口分配

序号	PLC 地址(PLC 端子)	电气符号(面板端子)	功能说明
1	0000	SD	启动
2	1000	1	喷泉 1 模拟指示灯
3	1001	2	喷泉 2 模拟指示灯
4	1002	3	喷泉 3 模拟指示灯
5	1003	4	喷泉 4 模拟指示灯
6	1004	5	喷泉 5 模拟指示灯
7	1005	6	喷泉 6 模拟指示灯
8	1006	7	喷泉 7 模拟指示灯
9	1007	8	喷泉 8 模拟指示灯
10	主机输入端 COM、面板 V+接电源+24 V		电源正端
11	主机输出端的所有 COM、面板 COM 接电源 GND		电源地端

3. 按端口配置表连接控制回路

图 3-100 所示为 PLC 与实验挂箱接线。

4. 绘制程序流程图

如图 3-101 所示为程序流程图。

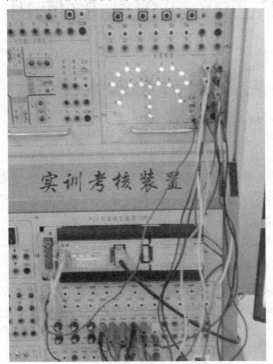

图 3-100　PLC 与与实验挂箱接线

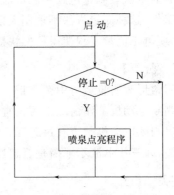

图 3-101　程序流程图

将编译无误的控制程序下载至 PLC 中，拨动启动开关 SD 为 ON 状态，观察并记录喷泉"水流"状态。

【任务评价】

音乐喷泉控制成绩评分标准见附表 3-3。

模块四 常用电工仪器仪表的使用

课题一 用钳形电流表测量三相笼型异步电动机的空载电流

【任务引入】

用普通电流表测量电路中的电流需要先将被测电路断开,再串接电流表后才能完成电流的测量工作,这种测量方法不适用大电流场合。钳形电流表可以直接用钳口夹住被测导线进行测量,使电工测量过程变得简便快捷。

【任务分析】

利用钳形表测量运行中 7.5 kW 笼型异步电动机空载时的工作电流。根据电流大小,可以检查判断电动机工作情况是否正常,以保证电动机安全运行,延长使用寿命。通过测量各相电流可以判断电动机是否有过载现象(所测电流超过额定电流值),电动机内部或电源电压是否有问题,即三相电流不平衡是否超过 10% 的限度。

【相关知识】

一、认识钳形电流表

1. 钳形电流表分类

钳形电流表一般可分为磁电式和电磁式两类。其中用来测量工频交流电的是磁电式,如图 4-1 所示,而电磁式为交、直流两用式。除此之外还有一种数字式钳形电流表。

2. 数字式钳形电流表

它具有读数直观、准确度高,使用方便等优点,此外它还具有一般数字万用表的交、直流电压、电阻、二极管的测量功能,如图 4-2 所示。

图 4-1 磁电式钳形电流表

图 4-2 数字式钳形电流表

3. 钳形电流表的工作原理

钳形电流表的工作原理是建立在电流互感器工作原理的基础上的,当握紧钳形电流表扳手时,电流互感器的铁芯可以张开,被测电流的导线进入钳口内部作为电流互感器的一次绕组。当放松扳手铁芯闭合后,根据互感器的原理而在其二次绕组上产生感应电流,电流表指针偏转,从而指示出被测电流的数值。

值得注意的是:由于其原理是利用互感器的原理,所以铁芯是否闭合紧密,是否有大量剩磁,对测量结果影响很大,当测量较小电流时,会使得测量误差增大。这时可将被测导线在铁芯上多绕几圈来改变互感器的电流比,以增大电流量程。

二、钳形电流表的使用

1. 使用方法

① 根据被测电流的种类和电压等级正确选择钳形电流表。通常钳形电流表一般应用在交流 500 V 以下的线路。测量高压线路的电流时,应选用与其电压等级相符的高压钳形电流表。

② 正确检查钳形电流表的外观情况,钳口闭合情况及表头情况等是否正常。

③ 根据被测电流大小来选择合适的钳型电流表的量程。选择的量程应稍大于被测电流数值。若不知道被测电流的大小,应先选用最大量程估测。

④ 测量时应握紧扳手,使钳口张开。将被测导线放入钳口中央,松开扳手并使钳口闭合紧密。

⑤ 读数后,将钳口张开,将被测导线退出,将挡位置于电流最高挡。

2. 使用钳形电流表时应注意的问题

① 由于钳形电流表要接触被测线路,所以测量前一定检查表的绝缘性能是否良好。即外壳无破损,手柄应清洁干燥。

② 测量时应带绝缘手套或干净的线手套。

③ 测量时应注意身体各部分与带电体保持安全距离(低压系统安全距离为 0.1~0.3 m)。

④ 钳形电流表不能测量裸导体的电流。

⑤ 严格按电压等级选用钳形电流表:低电压等级的钳形电流表只能测低压系统中的电流,不能测量高压系统中的电流。

⑥ 严禁在测量进行过程中切换钳形电流表的挡位;若需要换挡时,应先将被测导线从钳口退出再更换挡位。

【任务实施】

准备器材:三相异步电动机(7.5 kW)1 台;连接导线(BVR2.5 mm^2)10 m;电工通用工具 1 套;钳形电流表 1 块。

实施操作步骤:

① 测量前将电动机与电源连接好。

② 正确检查钳形电流表的外观绝缘是否良好,有无破损,指针是否摆动灵活,并检查指针是否处于"0"刻度处,并对其进行机械调零,钳口有无锈蚀等。

③ 测量 7.5 kW 电动机的空载电流 测量前先估计被测电流的大小,以选择合适的量

程挡进行测量;若无法估计,则先用较大量程挡测量,然后根据被测电流大小逐步换成合适量程。

④ 接通电源开关给三相异步电动机通电,使电动机正常工作。将被测电流导线置于钳口内的中心位置,若量程不对,应在导线退出钳口后转换量程开关。如果转换量程后指针仍不动,需继续减小量程直至量程合适为止。测每一相电流值,分别作记录。

⑤ 将三相导线置于钳口内的中心位置,一次测三相电流值,此时表上数字应为零,(因三相电流相量和为零)。

⑥ 利用钳形表测量任意两根相线,观察电流值。正常情况,所测量数值应为第三相的电流值。

⑦ 维护保养 测量完毕后,将仪表的量程开关置于最大量程挡,断开电源开关,操作结束。

【任务评价】

用钳形电流表测量三相笼型异步电动机的空载电流成绩详分标准见附表 4-1。

课题二 利用兆欧表测量电动机绝缘电阻

【任务引入】

在电器设备的正常运行之一就是其绝缘材料的绝缘程度即绝缘电阻的数值。当受热和受潮时,绝缘材料老化,其绝缘电阻便降低,从而造成电器设备漏电或短路事故的发生。为了避免事故发生,要求经常测量各种电器设备的绝缘电阻,判断其绝缘程度是否满足设备需要。兆欧表称为绝缘电阻表。它是测量绝缘电阻最常用的仪表,测量绝缘电阻既方便又可靠。但是如果使用不当,它将给测量带来不必要的误差,因此,必须正确使用兆欧表来测量设备的绝缘电阻。

【任务分析】

利用兆欧表可采用正确合理的方法来测量三相异步电动机内部绕组对外壳绝缘电阻的大小,从而根据所测量的数值判定电动机能否正常工作。

【相关知识】

一、兆欧表简介

1. 兆欧表的外形和结构

发电机式兆欧表的主要组成部分是一个磁电式流比计和一只手摇发电机。发电机是兆欧表的电源,可以采用直流发电机,也可以采用交流发电机与整流装置配用。直流发电机的容量很小,但电压很高(100~5 000 V)。磁电式流比计是兆欧表的测量机构,由固定的永久磁铁和可在磁场中转动的两个线圈组成。发电机式兆欧表的外形和结构原理分别如图 4-3 和图 4-4 所示。

 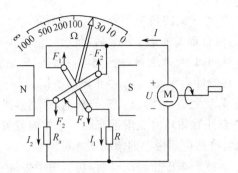

图 4-3　ZC11 型兆欧表　　　　图 4-4　发电机式兆欧表结构原理图

2. 兆欧表的分类及使用场合

为了测试各种电压等级电气设备的绝缘电阻,制成了 500 V、1 000 V、2 500 V、5 000 V 等各种电压规格的兆欧表,对于 500 V 及以下的电气设备,常用 500 V 或 1 000 V 的兆欧表来测量,电压过高,可能使低压绝缘击穿。

兆欧表的用途广泛,一般常用于如下场合:

① 测量各种电线(电缆或明线)的绝缘电阻。
② 测量电动机线圈间、变压器线圈间的绝缘电阻。
③ 测量各种高压设备的绝缘电阻。

二、使用方法

1. 使用前准备

① 检查兆欧表是否能正常工作　将兆欧表水平放置,空摇兆欧表手柄,指针应该指到∞处,再慢慢摇动手柄,使 L 和 E 两接线柱输出线瞬时短接,指针应迅速指零。注意在摇动手柄时不得让 L 和 E 短接时间过长,否则将损坏兆欧表。

② 检查被测电气设备和电路,看是否已全部切断电源。绝对不允许设备和线路带电时用兆欧表去测量。

③ 测量前,应对设备和线路先行放电,以免设备或线路的电容放电危及人身安全和损坏兆欧表,这样还可以减少测量误差,同时注意将被测试点擦拭干净。

2. 正确使用注意事项

① 兆欧表必须水平放置于平稳牢固的地方,以免在摇动时因抖动和倾斜产生测量误差。

② 接线必须正确无误,兆欧表有三个接线柱,"E"(接地)、"L"(线路)和"G"(保护环或称屏蔽端子)。在测量电气设备对地绝缘电阻时,"L"用单根导线接设备的待测部位,"E"用单根导线接设备外壳。

若测电气设备内两绕组之间的绝缘电阻时,将"L"和"E"分别接两相绕组的接线端;当测量电缆的绝缘电阻时,为消除因表面漏电产生的误差,"L"接线芯,"E"接外壳,"G"接线芯与外壳之间的绝缘层。

③ "L"、"E"、"G"与被测物的连接线必须用单根线,绝缘良好,不得绞合,表面不得与被测

物体接触。

④ 摇动手柄的转速要均匀,一般规定为 120 r/min,允许有±20%的变化,最多不应超过±25%。通常都要摇动 1 min 后,待指针稳定下来再读数。如被测电路中有电容时,先持续摇动一段时间,让兆欧表对电容充电,指针稳定后再读数,测完后先拆去接线,再停止摇动。若测量中发现指针指零,应立即停止摇动手柄。

⑤ 测量完毕,应对设备充分放电,否则容易引起触电事故。

⑥ 禁止在雷电时或附近有高压导体的设备上测量绝缘电阻,只有在设备不带电又不可能受其他电源感应而带电的情况下才可测量。

⑦ 兆欧表未停止转动以前,切勿用手去触及设备的测量部分或兆欧表接线柱。拆线时也不可直接去触及引线的裸露部分。

⑧ 兆欧表应定期校验。校验方法是直接测量有确定值的标准电阻,检查其测量误差是否在允许范围以内。

【任务实施】

1. 器材准备

兆欧表 1 台;三相笼型异步电动机(型号 Y-112M-4)1 台;绝缘电线(BVR2.5 mm²)10 m;电工通用工具 1 套。

2. 测量电动机绝缘电阻操作步骤

① 测量前切断被测电动机的电源,打开接线盒端盖,将电动机的导电部分与地接通,进行充分放电。去掉电动机接线盒内的连接片和电源进线。

② 按照工艺要求检查兆欧表是否能够正常工作。

③ 测量各相绕组对地的绝缘电阻 将兆欧表 E 接线柱接机壳,L 接线柱接到电动机 U 相的绕组接线端上,摇动手柄应由慢渐快增加到 120 r/min,手摇发电机时要保持匀速。若发现指针指零,应立即停止摇动手柄。应注意:读数应在匀速摇动手柄 1 min 以后读取。

测量电动机 V 相绕组对地的绝缘电阻:将兆欧表的 L 端改接在 V 相绕组接线端,摇动手柄 1 min 以后读取读数。用相同的方法测量电动机 W 相绕组对地的绝缘电阻。

④ 测量电动机 U、V 两相绕组之间的绝缘电阻 将兆欧表的 L 端和 E 端分别接在 U、V 两相绕组接线端。摇动手柄 1 min 以后读取读数;将兆欧表的 L 端和 E 端分别在 V、W 两相绕组接线端测量电动机 V、W 两相绕组之间的绝缘电阻;将兆欧表的 L 端和 E 端分别在 W、U 两相绕组接线端测量电动机 W、U 两相绕组之间的绝缘电阻。

⑤ 记录测量结果 将各测量结果用笔记录,根据测量结果,电动机各相绕组对地的绝缘电阻和各相绕组之间的绝缘电阻均大于 500 MΩ,完全符合技术要求。

⑥ 安装连接片,将接线盒端盖盖上,并将螺钉拧紧,操作结束。

【课题评价】

利用兆欧表测量电动机绝缘电阻成绩评分标准见附表 4-2。

课题三　指针式万用表的基本操作

【任务引入】

万用表是集电压表、电流表和欧姆表于一体的便携式仪表,可分为指针式和数字式两大类。万用表的功能很多,主要测量电压、电流、电阻等基本电量,通常使用者根据测量对象的不同,可以通过拨动万用表的挡位/量程选择开关来进行选择。指针式万用表是电工电子测量中应用最广泛的一种测量仪表。

【任务分析】

测量电阻、电流、电压是万用表的基本功能,本任务主要是利用 MF-30 型指针万用表熟练的测量上述电量。

【相关知识】

一、认识 MF-30 型指针式万用表

MF-30 型指针式万用表是一种高灵敏、多功能、多量程的便携式万用表,测量时水平放置。MF-30 型万用表可测量直流电压、电流;交流电流、电压和电阻,如图 4-5 所示。

在表头的中间有一个旋钮,称为机械归零旋钮,通过调节这个旋钮可使表上的指针与零线对齐,一般出厂的时候已经调好,不需要频繁地调节。

面板上标注"+、-"两个端子分别用来连接红表笔和黑表笔,红表笔表示输入表内的是正极性信号,黑表笔表示输入的是负极性信号。但是用来测电阻的时候,内部电流从黑表笔处流出,从红表笔处流入,这在测试一些有极性的元件时要特别注意。

主要技术指标:

测量直流电压范围:1~500 V,分 5 挡:1 V、5 V、25 V、100 V、500 V;

测量交流电压范围:10~500 V,分 3 挡:10 V、100 V、500 V;

测量直流电流范围:5~500 mA,分 3 挡:5 mA、50 mA、500 mA;

测量交流电流范围:50~500 μA,分 2 挡:50 μA、500 μA;

电阻测量分为 5 挡:×1、×10、×100、×1k、×10k。

二、万用表测量原理

万用表的基本原理是利用一只灵敏的磁电式直流电流表(微安表)做表头。当微小电流通过表头,就会有电流指示。但表头不能通过大电流,所以,必须在表头上并联与串联一些电阻进行分流或降压,从而测出电路中的电流、电压和电阻。下面分别介绍。

1. 测直流电流原理

如图 4-6(a)所示,在表头上并联一个适当的电阻(称为分流电阻)进行分流,就可以扩展电流量程。改变分流电阻的阻值,就能改变电流测量范围。

2. 测直流电压原理

如图 4-6(b)所示,在表头上串联一个适当的电阻(称为倍增电阻)进行降压,就可以扩展电压量程。改变倍增电阻的阻值,就能改变电压的测量范围。

模块四 常用电工仪器仪表的使用

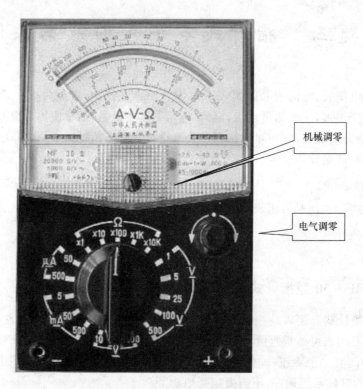

图 4-5 MF-30 型万用表外观

3. 测交流电压原理

如图 4-6(c)所示,因为表头是直流表,所以测量交流时,需加装一个并、串式半波整流电路,将交流进行整流变成直流后再通过表头,这样就可以根据直流电的大小来测量交流电压。扩展交流电压量程的方法与直流电压量程相似。

4. 测电阻原理

如图 4-6(d)所示,在表头上并联和串联适当的电阻,同时串接一节电池,使电流通过被测电阻,根据电流的大小,就可测量出电阻值。改变分流电阻的阻值,就能改变电阻的量程。

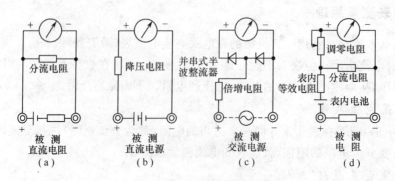

图 4-6 万用表测量原理

【任务实施】

1. 电阻的测量（100 Ω 电阻测量）

用 MF-30 型指针式万用表测量电阻时，应按下列方法：

① 机械调零　在使用之前，应先检查指针是否指在机械零位上，即指针在静止时是否指在电阻标度尺的"∞"刻度处。

② 选择合适的倍率挡　万用表欧姆挡的刻度线是不均匀的，所以倍率挡的选择应使指针停留在刻度线较稀的部分为宜，且指针越接近刻度尺的中间，读数越准确。一般情况下，应使指针指在刻度尺的 1/3～2/3 间。由于本次所测的电阻标称值为 100 Ω，因此选择 R×10 的挡。

③ 欧姆调零　测量电阻之前，应将红黑表笔短接，同时调节"欧姆（电气）调零旋钮"，使指针刚好指在欧姆刻度线右边的零位。如果指针不能调到零位，说明电池电压不足或仪表内部有问题。并且每换一次倍率挡，都要再次进行欧姆调零，以保证测量准确。

④ 接入所测电阻　将红黑表笔搭接在所测电阻的两端，注意不能用两只手同时捏住表笔的金属部分测电阻，否则会因将人体电阻并接于被测电阻而引起测量误差。

⑤ 读数　表头的读数乘以倍率，就是所测电阻的电阻值，如图 4-8 所示。

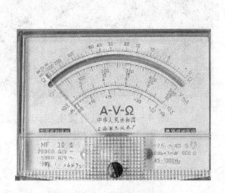

图 4-7　万用表调零

图 4-8　测量电阻值

在这里要注意的是：

① 测电阻时，不能带电测量。因为测量电阻时，万用表由内部电池供电，如果带电测量则相当于接入一个额外的电源，可能损坏表头。

② 选择量程时，若电阻值不确定则要先选大的，后选小的，尽量使被测值接近于量程。

③ 用毕，应使转换开关在交流电压最大挡位或空挡上。

④ 若万用表长时间不使用，则应将表中的电池取出，以防止电池漏液。

⑤ 注意在欧姆表改换量程时，需要进行欧姆调零，无须机械调零。

2. 电压的测量

用万用表测量交流 220 V 电压，应按下列方法步骤进行：

① 选择合适的倍率挡，量程的选择应尽量使指针偏转到满刻度的 2/3 左右。按照上述原

则选择量程交流电压 500 V 挡位上。如果事先不清楚被测电压的大小时，应先选择最高量程挡，然后逐渐减小到合适的量程。

② 接入负载，万用表两表笔和被测电路或负载并联即可。

③ 读数　表头的读数乘以倍率，就是所测电阻的电压值。读数时注意表盘上相应的刻度线，如图 4-9 所示。

3. 直流电压的测量

① 选择合适的倍率挡　由于测量干电池正负极两端的电压，因此将万用表的转换开关置于直流电压 5 V 挡位上。

② 接入负载，将"+"表笔（红表笔）接到电池的正极即高电位处，"－"表笔（黑表笔）接到电池的负极即低电位处。若表笔接反，表头指针会反方向偏转，容易撞弯指针。

③ 读数　根据表针的指示乘以相应的倍率，就是所测的电压值，如图 4-10 所示。

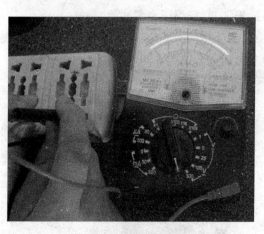

图 4-9　测量交流电压

图 4-10　测量直流电压

注意：在测量 100 V 以上的高压时，要养成单手操作的习惯，即先将黑表笔置电路零电位处，再单手持红表笔去碰触被测端，以保护人身安全。

4. 直流电流的测量

方法：将万用表的一个转换开关置于直流电流挡 50 μA 到 500 mA 的合适量程上，电流的量程选择和读数方法与电压一样。

注意：测量时必须先断开电路，然后按照电流从"+"到"－"的方向，将万用表串联到被测电路中，即电流从红表笔流入，从黑表笔流出。如果误将万用表与负载并联，则因表头的内阻很小，会造成短路烧毁仪表。在测量前若不能估计被测电流的大小，则应先用最高电流挡进行测量，然后根据指针指示情况选择合适的挡位来测试，以免指针偏转过度而损坏表头。变换挡位操作应断电进行，不得带电操作。

【任务评价】

利用指针式万用表的基本操作成绩评分标准见附表 4-3。

课题四　数字式万用表的基本操作

【任务引入】

数字式万用表与模拟式万用表相比，具有灵敏度高，准确度高，显示清晰，过载能力强，便于携带，使用简单等优点。

【任务分析】

在这一课题中将利用 DT9205 型数字式万用表，熟练的测量电压、电流、电阻等电量。在技能训练中注意学生对挡位选择开关的位置。

【相关知识】

认识数字万用表：数字万用表一般由单片机 A/D 转换器和外围电路（主要包括功能转换器、挡位/量程选择开关、LCD 或 LED 显示器和蜂鸣器振荡电路、检测线路通断电路、低压指示电路、小数点及标志符驱动电路）组成，其外观如图 4-11 所示。

图 4-11　数字式万用表

数字万用表的显示位数有 $3\frac{1}{2}$、$3\frac{2}{3}$ 和 $4\frac{1}{2}$ 等几种，表示了数字万用表的最大显示量程和精度。例如：$3\frac{1}{2}$ 的"3"指的是完整显示位为 3 位，能显示 0～9 共 10 个数字；"1"表示最高位只能显示 0 或 1；"2"表示最大极限值为 2 000。$3\frac{2}{3}$ 的"3"指的是完整显示位为 3 位，能显示 0～9 共 10 个数字；"2"表示最高位只能显示数字 0、1、2；"3"表示最大极限值为 3 000。

数字万用表的分辨率是指数字万用表灵敏度大小的主要参数，它与显示位数密切相关。它能够显示出被测量的最小变化值。例如最小量程为 200 mV 的 $3\frac{1}{2}$ 位数字电压表显示为

199.9 mV 时,末位变一个字所需要的最小输入电压是 0.1 mV,则这台数字电压表的分辨率为 0.1 mV。

【任务实施】

1. 电阻测量

（1）其方法步骤

① 将黑表笔插入 COM 插孔,红表笔插入 V/Ω 插孔。

② 将挡位开关置于 Ω 挡位选择合适量程。

③ 将测试表笔连接到待测电阻上,如图 4-12 所示。

（2）注意事项

① 如果被测电阻值超出所选择量程的最大值,将显示过量程"1",应选择更高的量程,对于大于 1 MΩ 或更高的电阻,要几秒钟后读数才能稳定这是正常的。

② 当没有连接好时,例如开路情况,仪表则显示为"1"。

③ 当检查被测线路的阻抗时,要保证移开被测线路中的所有电源、电容放电。被测线路中,如有电源和储能元件会影响线路阻抗测试的正确性。

2. 二极管测试及带蜂鸣器的连续性测试

① 将黑表笔插入 COM 插孔,红表笔插入 V/Ω 插孔。

② 将挡位/量程选择开关置于"⊢"挡,并将表笔连接到待测二极管,读数即为二极管正向压降的近似值,如图 4-13 所示。

③ 将表笔连接到待测线路的两点,如果两点之间电阻低于 70 Ω,内置蜂鸣器发声。

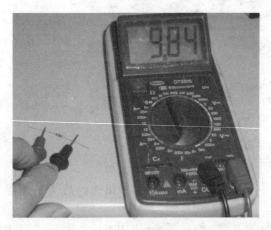

图 4-12 测量电阻

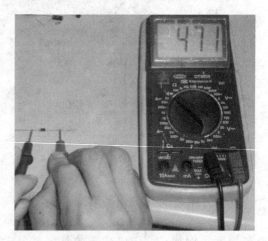

图 4-13 二极管正向压降

3. 直流 24 V 电压测量

① 将黑表笔插入 COM 插孔,红表笔插入 V/Ω 插孔。

② 将功能开关置于直流电压挡量程 200 V 的位置,并将测试表笔连接到待测电源(测开路电压)或负载上(测负载电压降),红表笔所接端的极性将同时显示于显示器上,如图 4-14 所示,此时屏幕显示 24.2 V。如果红表笔接电源负极黑表笔接电源正极此时显示器上显示"—"。

注意事项:
① 如果不知被测电压范围,可将功能开关置于最大量程并逐渐下降。
② 如果显示器只显示"1",表示过量程,功能开关应置于更高量程。
③ 当测量高电压时,要格外注意避免触电。

4. 交流 380 V 电压测量
① 将黑表笔插入 COM 插孔,红表笔插入 V/Ω 插孔。
② 将功能开关置于交流电压挡量程范围,并将测试笔连接到待测电源或负载上。
③ 显示器上可读出本次测量值 399 V,没有极性显示,如图 4-15 所示。注意事项同上。

图 4-14　直流电压测量

图 4-15　交流电压测量

5. 直流电流测量
① 将黑表笔插入 COM 插孔,当测量最大值为 200 mA 的电流时,红表笔插入 mA 插孔,当测量最大值为 20 A 的电流时,红表笔插入 20 A 插孔。
② 将功能开关置于直流电流挡"A-"量程,并将测试表笔串联接入到待测负载上,电流值显示的同时,将显示红表笔的极性。如图 4-16 所示,此时电流值是 19.9 mA。

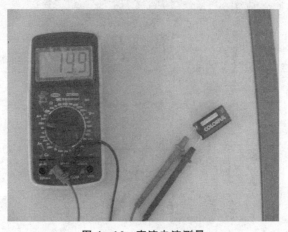

图 4-16　直流电流测量

注意事项：

① 如果使用前不知道被测电流范围，将功能开关置于最大量程并逐渐下降。

② 如果显示器只显示"1"，表示过量程，功能开关应置于更高量程。

③ "mA"表示最大输入电流为 200 mA，过量的电流将烧坏保险丝，应再更换 20 A 量程，无保险丝保护，测量时不能超过 15 s。

6. 晶体管 h_{FE} 的测试

① 将挡位/量程选择开关置于 h_{FE} 挡位。

② 确定晶体管为 NPN 或 PNP 型，将基极、发射极和集电极分别插入前面板上的相应的插孔。

③ 显示器上将读出 h_{FE} 的近似值，如图 4-17 所示。

图 4-17　测量晶体管 h_{FE}

7. 电容测量

① 将挡位开关置于电容 F 挡位，选择适当的量程。

② 将电容引脚插入测量孔中。

③ 显示器上将显示出电容的容量，如图 4-18 所示。

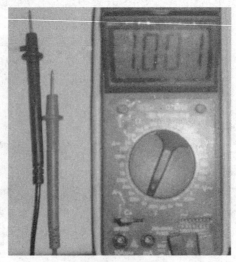

图 4-18　测量电容

注意事项：
① 仪器本身已对电容挡设置了保护，故在电容测试过程中不用考虑极性及电容充放电等问题。
② 测量电容时，将电容插入专用的电容测试座中（不要插入表笔插孔 COM、V/Ω）。
③ 测量大电容时稳定读数需要一定的时间。

【任务评价】
利用数字式万用表基本操作成绩评分标准见附表 4-4。

课题五　数字示波器测量波形的频率和峰值

【任务引入】
示波器通常是一种能够直接显示电信号波形的电子仪器。它可以定性观察电信号的动态过程，也可以定量的表征电信号的参数（幅值、频率、周期、相位和脉冲幅度等）随着数字技术和计算机技术的发展，采用计算机和液晶显示器的数字示波器也迅速发展起来，大有取代传统模拟示波器的趋势，熟练使用示波器是从事电工电子技术专业人员的基本技能。

【任务分析】
本课题要求会利用数字示波器测量波形，要想完成此任务，必须掌握 RIGOLDS1052E 系列数字示波器各旋钮的作用和数据读取方法。

【相关知识】

一、数字式示波器外观

1. 示波器前面板

DS1052E 系列数字示波器为用户提供简单而功能明晰的前面板，以进行基本的操作。面板上包括旋钮和功能按键，旋钮的功能与其他示波器类似。显示屏右侧的一列 5 个灰色按键为菜单操作键（自上而下定义为 1 号至 5 号）。通过它们，可以设置当前菜单的不同选项；其他按键为功能键，通过它们可以进入不同的功能菜单或直接获得特定的功能应用，如图 4-19 所示。

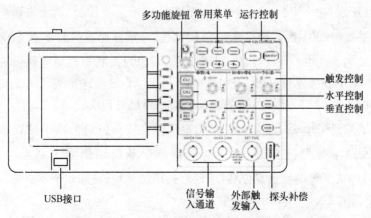

图 4-19　数字式示波器前面板

2. 屏幕界面

屏幕界面如图 4-20 所示。

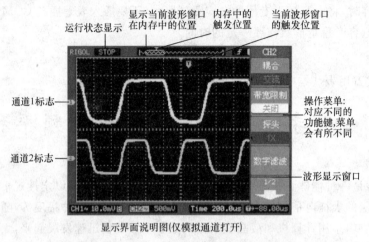

图 4-20 屏幕界面

二、初步了解垂直系统

1. 垂直显示位置

使用垂直 POSITION 旋钮控制信号的垂直显示位置,如图 4-21 所示。

转动垂直 POSITION 旋钮顺时针旋转时波形上移;逆时针旋转时波形下移,按下旋钮时波形位置回零坐标,并且指示通道地(GROUND)的标识跟随波形而上下移动。

2. 改变垂直设置,垂直幅度调整

转动 SCALE 旋钮改变"V/div(伏/格)"垂直挡位,可以发现状态栏对应通道的挡位显示发生了相应的变化。可通过按下垂直旋钮作为设置输入通道的粗调/微调状态的快捷键,调节该旋钮即可粗调/微调垂直挡位。

3. 初步了解水平系统

如图 4-22 所示,在水平控制区(HORIZONTAL)有一个按键、两个旋钮。

① 使用水平旋钮 SCALE 改变水平挡位设置,并观察因此导致的状态信息变化。转动水平 SCALE 旋钮改变"s/div(秒/格)"水平挡位,可以发现状态栏对应通道的挡位显示发生了相应的变化。水平扫描速度从 2 ns～50 s,以 1-2-5 的形式步进。水平旋钮不但可以通过转动调整"s/div(秒/格)",还可以按下此按钮切换到延迟扫描状态。

② 使用水平旋钮 POSITION 时可以调整信号在波形窗口的水平位置。当转动水平旋钮 POSITION 调节触发位移时,可以观察到波形随旋钮而水平移动。使用水平旋钮 POSITION 可以按下该键使触发位移(或延迟扫描位移)恢复到水平零点处。

③ 按 MENU 按键,显示 TIME 菜单。

在此菜单下,可以开启/关闭延迟扫描或切换 Y-T、X-Y 和 ROLL 模式,还可以将水平触发位移复位。

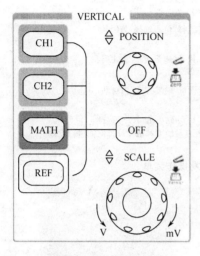

图 4-21 垂直系统

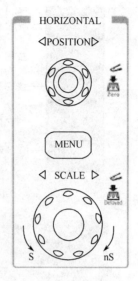

图 4-22 水平系统

4. 初步了解触发系统

如图 4-23 所示,在触发控制区(TRIGGER)有一个旋钮、三个按键。

① 使用旋钮 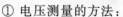 改变触发电平设置:转动旋钮,可以发现屏幕上出现一条桔红色的触发线以及触发标志,随旋钮转动而上下移动。停止转动旋钮,此触发线和触发标志会在约 5 s 后消失。在移动触发线的同时,可以观察到在屏幕上触发电平的数值发生了变化。

② 旋动垂直旋钮 LEVEL 不但可以改变触发电平值,更可以通过按下该旋钮作为设置触发电平恢复到零点的快捷键。

③ 使用 MENU 调出触发操作菜单(见图 4-24),改变触发的设置,观察由此造成的状态变化。

④ 按 50% 键,设定触发电平在触发信号幅值的垂直中点。

⑤ 按 FORCE 键:强制产生一个触发信号,主要应用于触发方式中的"普通"和"单次"模式。

5. Measure 按钮:自动测量

选择自动测量课题后,屏幕下方以文字方式显示测量结果。自动测量主要包括电压测量和时间测量。

图 4-23 触发系统

① 电压测量的方法:

第一步,信源的选择,按下 Measure 按钮选择需要测量的信号 CH1 或 CH2,如图 4-25 所示。

第二步,电压测量,选择电压测量后使用多功能旋钮选择测量项目,测量项目主要包括最大值 V_{max}、最小值 V_{min}、峰峰值 $V_{(峰-峰)}$、顶端值 V_{top}、低端值 V_{bas}、幅度 V_{amp}、平均值 V_{avg}、均方根值 V_{rms}、过冲 V_{ovr} 和预冲 V_{pre} 和选择所需的测量项目后按下多功能旋钮确认选择,测量结果显示在屏幕下方,如图 4-26 所示。

模块四 常用电工仪器仪表的使用

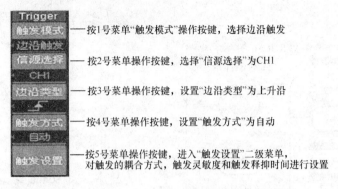

图 4-24 触发操作菜单

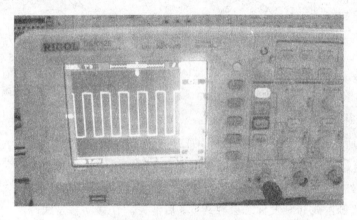

图 4-25 信源选择

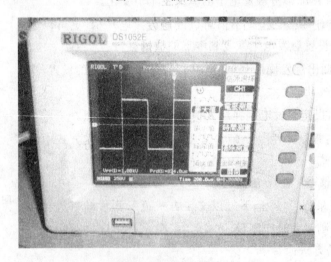

图 4-26 电压测量

② 时间测量的方法：

第一步，按下时间测量选择按钮。

第二步，使用多功能旋钮选择测量项目，测量项目主要包括频率 f_{rep}、周期 T_{rd}、上升时间 t_{ise}、下降时间 t_{ail}、正脉宽 $+W_{id}$、负脉宽 $-W_{id}$、正占空比 $+D_{uty}$ 和负占空比 $-D_{uty}$。选择所需的测量项目后按下多功能旋钮确认选择，测量结果显示在屏幕下方，如图 4-27 所示。

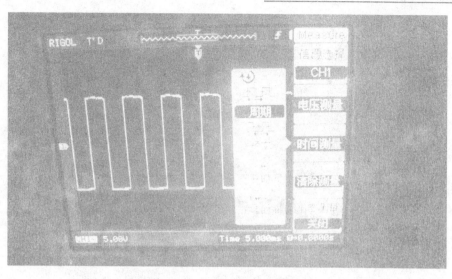

图 4-27 时间测量

③ 全部测量和清除测量的方法：

全部测量：按下全部测量按钮，屏幕下方将显示以上电压测量和时间测量的所有参数，如图 4-28 所示。

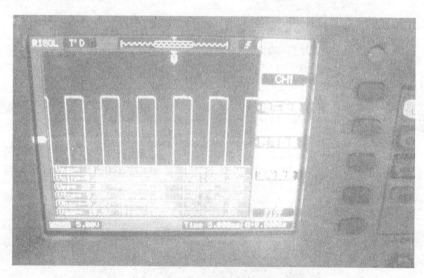

图 4-28 全部测量

清除测量：按下清除测量按钮，屏幕显示的测量数据将被清除。

【任务实施】

利用数字示波器测量简单信号，观测电路中一未知信号，迅速显示和测量信号的频率和峰值。具体操作是：

① 按下 CH1 按键，打开 CH1 设置菜单，设置探头菜单衰减系数设定为 10X，将探头上的开关设定为 10X，将通道 1 的探头连接到电路被测点，如图 4-29 所示。

② 按下 AUTO(自动设置)按钮，示波器将自动设置使波形显示达到最佳。在此基础上，

模块四　常用电工仪器仪表的使用

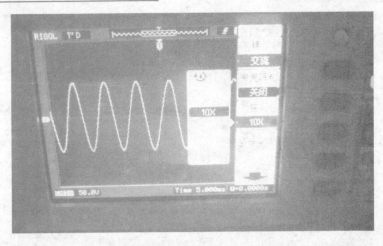

图 4-29　探头设定

可以进一步调节水平扫描挡位，直至波形的显示符合要求，如图 4-30 所示。

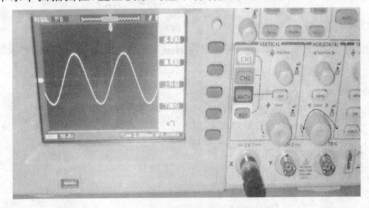

图 4-30　波形显示最佳

③ 按下 Measure（自动测量）按钮，打开自动测量菜单，按下电压测量选择按钮，选择峰-峰值，如图 4-31 所示。

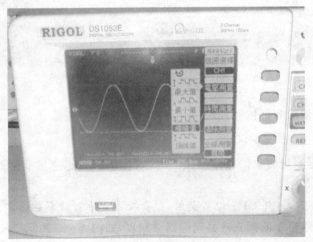

图 4-31　选择峰-峰值

④ 按下多功能旋钮,确认选择。屏幕左下角有自动测量结果显示时 Measure 按钮灯亮,如图 4-32 所示。

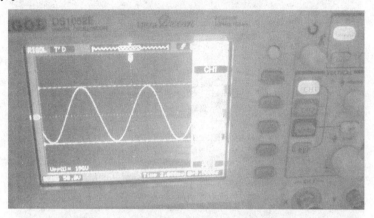

图 4-32 测量结果显示 Measure 按钮灯亮

⑤ 按下时间测量选择按钮选择频率,如图 4-33 所示。

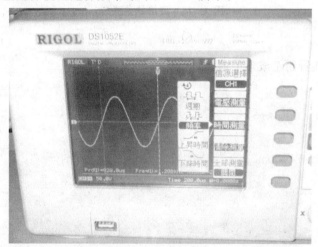

图 4-33 时间测量

屏幕下方显示测量结果如图 4-34 所示。

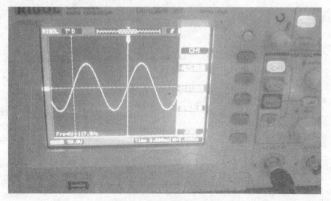

图 4-34 频率显示

⑥ 按下清除测量按键时屏幕显示的测量结果消失，如图4-35所示。

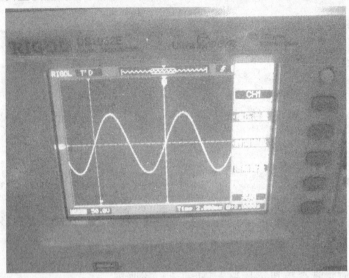

图4-35 测量结果消失

【任务评价】

利用数字式示波器测量波形的成绩评分标准见附表4-5。

模块五　电子技术基本操作

课题一　电阻器的识别与检测

【任务引入】

电阻器是电子元器件中组成电子产品的基础,电路中用得最多的电子元件,是组成电路的基本元件之一。在电路中电阻器用来稳定和调节电流、电压,以此作为分流器和分压器,并可作为消耗能量的负载电阻。了解其种类、结构、性能并能正确的识别检测是非常重要的。

【任务分析】

本课题主要通过对电阻器的识别与检测从而了解电阻器的实物外形、图形符号、主要参数和质量检测方法等,这是学好电子技术的重要基础。

【相关知识】

一、常见电阻器的分类及命名规则

1. 分类

根据电阻器的工作特性及电路功能,可分为固定电阻器、可变电阻器。

固定电阻器:阻值固定不变,主要用于阻值固定而不需要变动的电路中,起到限流、分流、分压、降压、负载或匹配等作用,如图5-1所示。

可变电阻器:阻值可以在一定范围内变化,又称为"变阻器"或"电位器"。在电路中,主要用来调节音量、音调、电压、电流等,如图5-2所示。

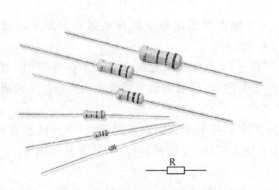

图5-1　碳膜电阻及图形符号　　　　图5-2　电位器及图形符号

2. 命名规则

电阻器的命名规则如下图所示。

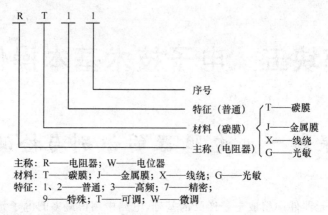

主称：R——电阻器；W——电位器
材料：T——碳膜；J——金属膜；X——线绕；G——光敏
特征：1、2——普通；3——高频；7——精密；
　　　9——特殊；T——可调；W——微调

二、电阻的单位及参数

电阻的国际单位是欧姆（Ω），常用单位：千欧（kΩ）、兆欧（MΩ）。

电阻器的参数主要有标称阻值及允许偏差、电阻器的额定功率、极限工作电压、温度系数、高频特性、非线性和噪声电动势等。

① 标称阻值：标注在电阻器上的电阻值称为标称值。单位：Ω，kΩ，MΩ。标称值是根据国家制定的标准系列标注的，不由生产者任意标定，不是所有阻值的电阻器都存在。

② 允许误差：电阻器的实际阻值对于标称值的最大允许偏差范围称为允许误差。误差代码：F、G、J、K……。

③ 额定功率：指在规定的环境温度下，假设周围空气不流通，在长期连续工作而不损坏或基本不改变电阻器性能的情况下，电阻器上允许的消耗功率。常见的有 1/16 W、1/8 W、1/4 W、1/2 W、1 W、2 W、5 W、10 W。

三、电阻器标称阻值和偏差的标注方法

电阻器的标称阻值和偏差一般都标在电阻体上。其标志方法有直标法、文字符号和色标法。

① 直标法　将电阻器的标称阻值和允许偏差直接用数字标在电阻器表面上。例如有 6.8(1±5%)kΩ。

② 文字符号法　用阿拉伯数字和文字符号两者有规律的组合来表示标称阻值，额定功率、允许误差等级等。符号前面的数字表示整数阻值，后面的数字依次表示第一位小数阻值和第二位小数阻值，如 1R5 表示 1.5 Ω，2k7 表示 2.7 kΩ。

③ 色标法　色标法是将电阻器的类别及主要技术参数的数值用颜色（色环或色点）标注在它的外表面上。色标电阻（色环电阻）器可分为四环、五环两种标法，其含义如图 5-3 和图 5-4 所示。

四色环电阻器的色环表示标称值（二位有效数字）及精度。例如图 5-5 所示，色环顺序：棕、黑、黑、金，其阻值为 10 Ω，误差为 ±5%。

五色环电阻器的色环表示标称值（三位有效数字）及精度。例如图 5-6 所示，色环顺序：灰、红、黑、黑、金，其阻值为 820 Ω，误差为 ±5%。

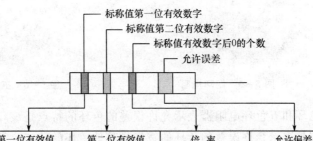

颜 色	第一位有效值	第二位有效值	倍 率	允许偏差
黑	0	0		
棕	1	1		
红	2	2		
橙	3	3		
黄	4	4		
绿	5	5		
蓝	6	6		
紫	7	7		
灰	8	8		
白	9	9		−20%~+50%
金				5%
银				10%
无色				20%

图 5-3　四环电阻的色环表示法

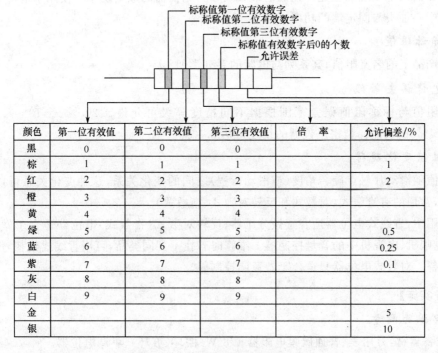

颜色	第一位有效值	第二位有效值	第三位有效值	倍　率	允许偏差/%
黑	0	0	0		
棕	1	1	1		1
红	2	2	2		2
橙	3	3	3		
黄	4	4	4		
绿	5	5	5		0.5
蓝	6	6	6		0.25
紫	7	7	7		0.1
灰	8	8	8		
白	9	9	9		
金					5
银					10

图 5-4　五环电阻的色环表示法

模块五 电子技术基本操作

图 5-5 四环电阻

图 5-6 五环电阻

一般四色环和五色环电阻器表示允许误差的色环的特点是该环离其他环的距离较远。较标准的表示应是表示允许误差的色环的宽度是其他色环的(1.5~2)倍。有些色环电阻器由于厂家生产不规范,无法用上面的特征判断,这时只能借助万用表判断。

利用色标法读取电阻小窍门:

读取四环电阻:因表示误差的色环只有金色或银色,色环中的金色或银色环一定是第四环。

读取五环电阻:

① 从阻值范围判断 因为一般电阻范围是0~10 MΩ,如果读出的阻值超过这个范围,可能是第一环选错了。

② 从误差环的颜色判断 表示误差的色环颜色有银、金、紫、蓝、绿、红、棕。如果靠近电阻器端头的色环不是误差颜色,则可确定为第一环。

四、电位器的主要技术指标

1. 额定功率

电位器的两个固定端上允许耗散的最大功率为电位器的额定功率。使用中应注意额定功率不等于中心抽头与固定端的功率。

2. 标称阻值

标在产品上的名义阻值,其系列与电阻的系列类似。

3. 允许误差等级

实测阻值与标称阻值误差范围根据不同精度等级可允许±20%、±10%、±5%、±2%、±1%的误差。精密电位器的精度可达0.1%。

4. 阻值变化规律

指阻值随滑动片触点旋转角度(或滑动行程)之间的变化关系,这种变化关系可以是任何函数形式,常用的有直线式、对数式和反转对数式(指数式)。

在使用中,直线式电位器适合于做分压器;反转对数式(指数式)电位器适合于做收音机、录音机、电唱机、电视机中的音量控制器。维修时若找不到同类品,可用直线式代替,但不宜用对数式代替。对数式电位器只适合于做音调控制等。

【任务实施】

1. 电阻的测量

① 准备器材:万用表、普通碳膜电阻器1/8 W(四环、五环)、可调电位器。

② 根据色环电阻器的识别方法对电阻器进行识别,并将读取结果填入表5-1中。

③ 利用万用表对上述电阻器进行阻值测量。将实际测量值与之前所读取的阻值进行比较。

2. 操作指导

① 电阻器需从电路中断开,不允许带电测量。

② 不允许手接触表笔的金属部分,以免引起测量误差,如图5-7所示。

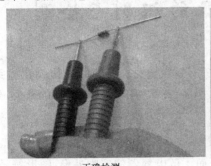
正确检测

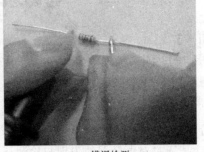
错误检测

图5-7 电阻器检测

表5-1 色环电阻器测量识别结果

序号	色环	阻值	误差	实测值
1				
2				
3				
4				
5				

3. 识别与检测电位器

（1）识别方法

电位器至少有3根引脚：两个定片，一个动片。分辨这3根引脚的方法如下：

① 识别动片　大多数电位器动片在两定片之间，以此特征可方便地找出动片。也有个别电位器动片在一边。可以用旋转电位器测量阻值是否变化来确定动片。

② 接地的固定片和热端固定片的识别　接地定片在电路中是接印制电路板地线的。分辨这一引脚的方法是：将转柄面对自己，逆时针旋到头，与动片之间的阻值为零的定片是接地引脚。剩下的另一个定片在电路中往往接信号传输线热端。

③ 外壳引脚片的识别　识别时可使用万用表测量各引脚与外壳的阻值是否为零,为零的引脚便是外壳引脚。

（2）电位器的检测

① 首先看旋柄转动是否平滑，开关是否灵活，开关通断时"咯哒"声是否清脆，并听听电位器内部接触点和电阻体摩擦的声音，如有"沙沙"声，说明质量不好。

② 用万用表测试时，应根据被测电位器阻值的大小，选择合适的万用表的电阻挡位，先测其标称阻值是否正确，再测阻值变化是否正常，如为0、∞或指针跳动，说明电位器已损坏或质量不佳，检测方法如图5-8所示。

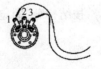
测阻值是否正确

测阻值是否可变

图5-8 电位器检测

模块五 电子技术基本操作

【任务评价】

电阻器的识别与检测成绩评分标准见附表5-1。

课题二 电容器的识别与检测

【任务引入】

电容器是电工与电子技术中的基本元件之一,它在电力系统中用于提高供电系统的功率因数,而在电子技术中常用来滤波、耦合、旁路、调谐、选频等。了解电容器的种类、外形及主要技术参数是非常必要的。

【任务分析】

本课题主要通过对电容器的识别与检测从而了解电容器的实物外形、图形符号、主要参数和质量检测方法,为今后学习打下良好基础。

【相关知识】

一、常见电容器

1. 电容器的形状、符号、单位与命名

① 电容器的外形及图形符号如图5-9所示。

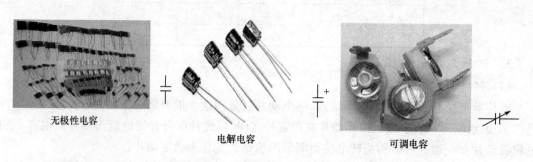

图5-9 常见电容器及图形符号

② 电容器容量的单位 国际单位是法拉(F)。常用单位:微法(μF)、微微法(pF)。换算关系:$1F = 10^6 \mu F = 10^{12} pF$。

③ 电容器的分类及命名规则 分类:电容器的种类繁多,以绝缘介质分:空气介质电容器、纸介质电容器、云母电容器、瓷介质电容器、涤纶电容器、聚苯乙烯电容器、金属化纸介质电容器、电解电容器等;按结构分:固定电容器和可变电容器。其中,可变电容器又分为可变和半可变两种。

命名规则：

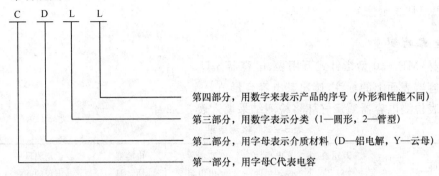

2. 电容器的主要参数

① 标称容量及允许偏差电容量　表示电容器在一定工作电压条件下，储存电能的本领。不同材料制造的电容器，其标称容量系列也不一样。

② 额定直流工作电压　指电容器在电路中能够长期可靠地工作而不被击穿所能承受的最高直流电压，又称"耐压"。不同的电容器有不同的耐压值，耐压的大小与电容器介质的种类和厚度有关。额定直流工作电压直接标在电容器表面上。如果电容器用在交流电路中，应注意，所加的交流电压的最大值也称"峰值"，不能超过电容的耐压值。可变电容器多数用在电压较低的高频电路中，一般都不标明耐压值。

二、电容器容量的标注方法

1. 直标法

将标称容量及偏差直接标在电容器表面上。如图 5-10 所示容量为 220 μF 且耐压为 50 V 的电解电容器。

2. 数字字母法

在容量单位标示前面标出整数，后面标出小数。例如图 5-11 所示 6n8 表示 6 800 pF。

图 5-10　直标法　　　　　　　图 5-11　数字字母法

3. 数码法

一般用三位整数表示电容器的标称容量，前面的两位数字表示有效数字，第三位数字表示 10 的幂指数。如图 5-12 表示容量为 6 800 pF 且耐压为 1 500 V 圆片瓷介电容器。在瓷介电容器中，第三位乘数"9"，表示 10^{-1}，单位一般为 pF。

4. 色标法

电容器的标称容量、允许偏差的色标法规则与电阻器一样。将不同颜色涂于电容器的一端或从顶端向引线排列。一般只有三种颜色，前两

图 5-12　数码法

环表示有效数字,第三环表示倍率。单位为 pF。例如:红、红、橙,表示 22 000 pF。

【任务实施】

1. 一般电容的测量

① 准备器材:MF-30 型指针式万用表、电容器 5 只。
② 根据电容器表面上的标注,读出其电容容量值。
③ 用万用表检测电容器质量好坏将检测结果填入表 5-2 中。

表 5-2 检测结果

编号	标称值	全 称	万用表挡位	充电指针偏转角度	实测漏电电阻	电容器质量	识别测量中出现的问题
1	104						
2	6n8						
3	0.22						
4	47μF						
5	220μF						

2. 检测容量大于 5 100 pF 的电容

将挡位开关用 R×10 K 挡测量(小容量电容选低挡测量,大容量电容选高挡测量)。

将万用表红黑表笔与所测电容的两个引脚搭接,在表针接通的瞬间应能看到表针有很小的摆动,若未看清表针的摆动,可将红黑表笔互换一次再测,此时,表针的幅度应略大一些。根据表针摆动情况判断电容器的质量如表 5-3 所列。

表 5-3 利用万用表进行电容器质量检测

万用表表针摆动情况	电容器质量
接通瞬间表针摆动,然后返回	良好;摆幅越大,容量越大
接通瞬间,表针不摆动	失效或断路
表针摆幅很大,且停在那里不动	已击穿(短路)或严重漏电
表针摆动正常,不能返回	有漏电现象

其测量方法如图 5-13 所示。

3. 容量在 5 100 pF 以下的电容

因电容容量小,看不到表针摆动,此时只能检测电容器是否漏电或者击穿,而不能检测是否存在开路或失效故障。为实现此类电容器的质量检测,可借助一个外加直流电压(不能超过被测电容器的耐压值),把万用表调到直流电压挡,黑表笔接在直流电源负极,红表笔串接被测电容器后接电源正极,根据表针摆动情况判别电容器质量,如表 5-3 所列。

4. 电解电容的极性识别及检测

(1)直观识别与检测

电解电容一般正极引线长,负极引线较短。若电容器出现开裂、穿洞、烧焦、引脚松脱或锈断、外部有电解液漏出、顶部明显隆起、发热比较严重等现象时,说明电容器损坏。

模块五　电子技术基本操作

正常电容

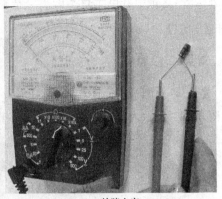
故障电容

图 5-13　电容检测

（2）万用表检测

万用表的黑表笔接电解电容器的正极，红表笔接负极，检测其正向电阻，表针先向右做大幅度摆动，然后再慢慢回到∞的位置，再把待测电容器的两引脚短路，以便放掉电容器内残余的电荷，再将黑表笔接电解电容器的负极，红表笔接正极，检测反向电阻，表针先向右摆动，再慢慢返回，但一般是不能回到无穷大的位置。检测过程中，如与上述不符，则说明电容器已损坏。若测得的阻值很小，且表针总是停在某固定读数上，不再回摆，说明该电容器已击穿。若测量时，表针先偏转一定角度，表针未能回摆至初始位置，说明存在一定的漏电现象。常用的电解电容器的指针摆幅值见表 5-4，供检测时参考。

表 5-4　利用万用表对电解电容质量检测

指针摆幅 电阻挡	容　量			
	≤10	20~25	30~50	≥100
R×100	略有摆动	1/10 以下	2/10 以下	3/10 以下
R×1K	2/10 以下	3/10 以下	6/10 以下	7/10 以下

【任务评价】

电容器的识别与检测评分标准见附表 5-2。

课题三　识别与检测二极管

【任务引入】

半导体器件包括二极管、三极管、晶闸管和集成电路等。二极管是一个大家族，广泛应用于各种电子电路中，在现代电子产品中常用来整流、检波和开关、稳压等。了解二极管的外形、结构、符号、特性及其主要参数是非常必要的。

【任务分析】

在本课题中通过识别与检测二极管，从而了解二极管的实物外形、图形符号、主要参数，质量检测方法等,这是学好电子技术的重要基础。

【相关知识】

一、常见二极管

1. 常见二极管的外形及图形符号

如图5-14所示为常见二极管的外形及图形符号。

图5-14 常见二极管及图形符号

2. 二极管的结构分类及命名方法

(1) 二极管的结构

二极管是由半导体材料制成的,其核心是PN结;PN结具有单向导电性,这也是二极管的主要特性。给PN结加上封装,并引出两个电极(从P型区引出的为正极,N型区引出的为负极),便构成了二极管。

(2) 分　类

按用途分,有普通二极管和特殊二极管(整流二极管、稳压二极管、开关二极管、发光二极管、检波二极管、变容二极管等)两大类;按材料来分,主要有硅管和锗管两大类;按封装形式分,有塑料、玻璃和金属封装等,如图5-15所示;按管芯结构不同分,有点接触型、面接触型和平面型三种类型。

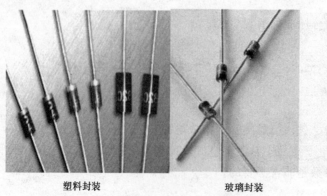

图5-15 二极管常见封装

（3）命名方法

第一部分	第二部分	第三部分	第四部分	第五部分
数字	字母	字母（汉拼）	数字	字母（汉拼）
电极数	材料和极性	器件类型	序号	规格号
2— 二极管	A—锗材料 N 型 B—锗材料 P 型 C—硅材料 N 型 D—硅材料 P 型	P—普通管 W—稳压管 Z—整流管 K—开关管 U—光电管		

二、二极管的主要参数

在实际应用中，主要考虑以下两个极限参数。

1. 最大整流电流 I_{FM}

二极管长时间工作时允许通过的最大直流电流。使用时，应注意流过二极管的正向电流不能大于这个数值，否则可能损坏二极管。

2. 最高反向工作电压 U_{RM}

二极管正常使用时所允许加的最高反向电压。使用中如果超过此值，二极管将可能有被击穿的危险。

【任务实施】

1. 一般二极管的检测与识别

① 准备万用表和二极管；二极管型号分别为 2AP9、2CW104、1N4001、1N4007。

② 识别二极管的引脚极性的方法是，二极管的正负极一般要在其外壳上标出。其标示方式有标出电路符号，有用色点或标志环表示，有的要借助二极管的外形特征来识别，如图 5-16 所示。

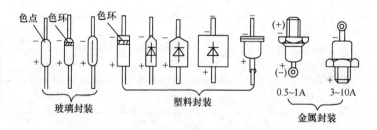

图 5-16 二极管极性的直观识别

2. 用万用表检测二极管

（1）正负极的判别

测试方法如图 5-17 所示。操作步骤：

① 将万用表的挡位转换开关调至 R×100 或 R×1K 挡，用红、黑表笔分别接触二极管的两端并读出所测电阻值。

② 再将红黑表笔对调后重新接触二极管两端，记录所测量电阻值。

图 5-17 二极管的检测

③ 在两次测量所测阻值较小(几千欧以下)的一次中,与黑表笔相接触的一端为二极管正极,与红表笔相接的一端为二极管负极。

(2) 质量判别

用红黑表笔分别接触二极管的两端,若一次测得的电阻较小而另一次测得的电阻较大(几百千欧),说明二极管具有单向导电性,质量良好。若测得的二极管正反向电阻都很小,甚至为零,则表示其内部已短路;若测得的二极管正反向电阻都很大,则表示内部已断路。

(3) 测量结果的记录

利用万用表选择合适的量程挡位测量其管子的正反向电阻并将测量的结果填入表 5-5 中。

表 5-5 二极管检测

编号	型号	正向电阻		反向电阻		管子质量
		挡位	阻值	挡位	阻值	
1	2AP9					
2	2CW104					
3	1N4001					
4	1N4007					

【任务评价】

二极管识别与检测成绩评分标准见附表 5-3。

课题四 识别与检测三极管

【任务引入】

三极管是组成电路的基本元件之一,由三极管组成的放大电路广泛应用于各种电子电路中。其主要功能是放大和作为电子开关。在电子电路的装配中,必须要能够正确的识别和检测三极管。

【任务分析】

在本课题中通过识别与检测三极管,从而了解三极管的实物外形、图形符号、主要参数和质量检测方法等,这是学好电子技术的重要基础。

【相关知识】

一、常见三极管

1. 常见三极管实物外形和图形符号

如图 5-18 所示为常见三极管实物外形及图形符号。

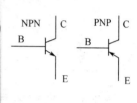

图 5-18 常见三极管外形实物图及图形符号

2. 三极管的结构和型号

(1) 三极管的结构

三极管是由两个 PN 结构成的,按两个 PN 结的组合方式不同,可分为 NPN 型和 PNP 型两类。晶体管内部结构可分为三个区:发射区、基区、集电区,由三个区分别引出一个电极,称为发射极、基极、集电极,依次用 E、B、C 表示。集电区与基区交界处的 PN 结称为集电结,发射区与基区交界处的 PN 结称为发射结,如图 5-19 所示。

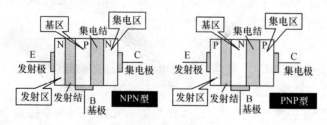

图 5-19 三极管结构示意图

(2) 三极管的型号

国产三极管的型号由五个部分组成:第一部分用数字表示电极数;第二部分用字母表示材料和管型;第三部分用字母表示类型(即用途);第四部分用数字表示序号,反映电流参数;第五部分用字母表示规格号,反映耐压参数。三极管型号的各部分符号及意义如表 5-6 所列。

表5-6 三极管型号组成、符号及意义

第一部分		第二部分		第三部分		第四部分	第五部分
用数字表示器件的电极数		用拼音字母表示器件的材料		用拼音字母表示器件的类型		用数字表示器件的序号,反映电流参数	用拼音字母表示规格号,反映耐压参数
符号	意义	符号	意义	符号	意义		
3	三极管	A	PNP(锗)	X	低频小功率 ($f_T<3\ \text{MHz}$,$P_{CM}<1\ \text{W}$)		
		B	NPN(硅)	G	高频小功率 ($f_T>3\ \text{MHz}$,$P_{CM}<1\ \text{W}$)		
		C	PNP(锗)	D	低频大功率 ($f_T<3\ \text{MHz}$,$P_{CM}\geq 1\ \text{W}$)		
		D	NPN(硅)	A	高频大功率 ($f_T>3\ \text{MHz}$,$P_{CM}\geq 1\ \text{W}$)		
				U	光电器件		

二、晶体管的主要参数

1. 直流参数

① 直流电流放大系数 $\overline{\beta}$ 用于表征管子 I_C 与 I_B 的分配比例。

② 集-基反向饱和电流 I_{CBO} 表明晶体管发射极开路时,流过集电结的反向漏电流。

③ 集-射反向饱和电流 I_{CEO} 表明晶体管基极开路,集电极与发射极之间加上一定电压时的集电极电流。

2. 交流参数

① 交流电流放大倍数 β 表明晶体管对交流信号的电流放大能力。

② 共发射极特征频率 f_t 表明晶体管的 β 值下降到1时,所对应的信号频率称为共发射极特征频率,是表征晶体管高频特性的重要参数。

3. 极限参数

① 集电极最大允许电流 I_{CM} 晶体管的集电极允许通过的最大电流。若晶体管的工作电流超过 I_{CM},其 β 值将下降到正常值的 2/3 以下。

② 集电极最大允许耗散功率 P_{CM} 晶体管的最大允许平均功率是 I_C 和 U_{CE} 乘积允许的最大值,超过此值晶体管会过热而损坏。

③ 集-射反向击穿电压 $U_{(BR)CEO}$ 基极开路时,加在集电极和发射极之间的最大允许电压。若晶体管的 U_{CE} 超过 $U_{(BR)CEO}$,会引起电击穿导致晶体管损坏。

【任务实施】

1. 准备器材

指针式万用表 MF30 型 1 块、三极管 PNP 管与 NPN 管型号分别为 3DG6A、9012、9013、3AX31、3DK4、3CG5、BD137。

2. 晶体三极管的管型识别

（1）首先采用直观识别法

三极管的三根引脚分布是有一定规律的，根据这一规律可进行引脚的识别，如图5-20所示。

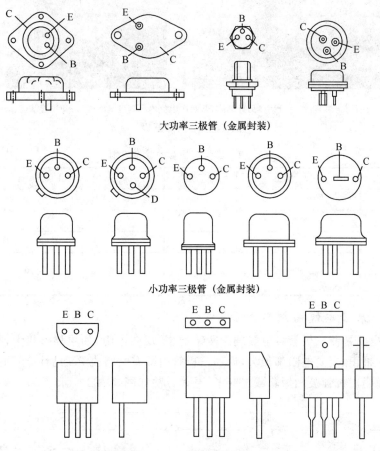

图 5-20 常用三极管引脚排列

（2）采用万用表识别

① 将万用表置于 R×1K 或 R×100 挡。

② 其黑表笔和晶体管任一引脚相连，红表笔分别和另外两个引脚相连，测其阻值。

③ 若测得阻值一大一小，则将黑表笔所接的引脚调换重新测量，直至两个阻值接近。如果阻值都很小，则黑表笔所接的为 NPN 型晶体管的基极。若测得的阻值都很大，则黑表笔所接的是 PNP 型晶体管的基极，如图 5-21 所示。

3. 判别晶体管的集电极和发射极

① 若为 NPN 型晶体管，将黑、红表笔分别接另外两个引脚，用手指捏住黑表笔和基极（勿短接），观察表针的摆动情况。

② 再将黑、红表笔对调，按上述方法重测。比较两次表针的摆幅，幅度较大的一次黑表笔所接的引脚为集电极，红表笔所接的引脚为发射极。若为 PNP 型晶体管，只要将红表笔和黑表笔对调后再按上述方法测设即可。根据以上方法步骤将所测量的结果数据填入表 5-7 中。

模块五 电子技术基本操作

注：固定黑笔，红笔分别接另外两脚，若两次阻值均小则黑笔所接为 NPN 管基极。

图 5-21 判别基极

表 5-7 晶体三极管的管型识别

序 号	型 号	管 型	材 质	引脚分布
1				
2				
3				
4				
5				

4. 三极管质量好坏的判别

用万用表电阻挡测三极管各电极间 PN 结的正、反向电阻，如果相差较大，说明三极管基本上是好的；如果正、反向电阻都很大，说明三极管内部有断路或 PN 结性能不好；如果正反向电阻都很小，说明三极管极间短路或击穿了，具体方法如图 5-22 所示。

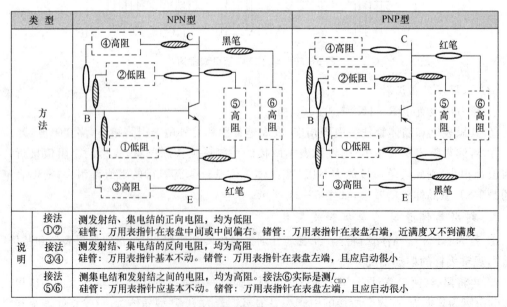

图 5-22 三极管质量好坏的判断（R×100 或 R×1K）

根据上述方法步骤将测量结果填入表5-8中。

表5-8 万用表检测三极管

三极管型号	基极接红表笔		基极接黑表笔		性能好坏
	B、E间电阻	B、C间电阻	E、B间电阻	C、B间电阻	

【任务评价】

三极管识别与检测评分表见附表5-4。

课题五 电烙铁的安装与检测

【任务引入】

由于电子产品在装配过程中,合适和高效的工具是装配质量的保证,其中焊接是极为重要的一个环节,因此对常用的手工装配工具的正确使用是非常必要的。

【任务分析】

由于电子产品在装配过程中,焊接是极为重要的一个环节,电烙铁是实施焊接的工具,因此此课题主要让同学们掌握电烙铁的使用和检测方法。

【相关知识】

一、焊接工具

电烙铁是电子装配最重要的手工焊接工具,手工锡焊过程中担任着加热被焊金属、熔化焊料、运载焊料和调节焊料用量的多重任务。它是利用电流的热效应制成的一种焊接工具。

1. 分类和结构

从加热方式分有内热式、外热式、手枪式、吸锅式等。从烙铁发热能力分有20 W,30 W,…300 W等;从功能分又有单用式、两用式、调温式等。最常用的还是单一焊接用的内热式电烙铁,如图5-23所示。

内热式烙铁内部结构如图5-24所示。它分以下几个部分。

发热元件:俗称烙铁芯。它是将镍铬电阻丝缠在云母、陶瓷等耐热、绝缘材料上构成的。一般来说烙铁芯的功率越大,热量越大,烙铁头的温度越高。

烙铁头:一般用紫铜制成。在使用中,因高温氧化和焊剂腐蚀会变得凹凸不平,需经常清理和修整。

手柄:一般用胶木制成,设计不良的手柄,温升过高会影响操作。

接线柱:这是发热元件同电源线的连接处。

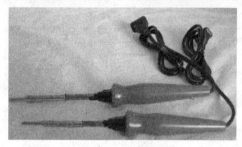

图 5-23 内热式电路铁

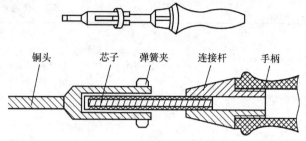

图 5-24 内热式电烙铁内部结构

2. 使用方法及注意事项

(1) 电烙铁的握法

电烙铁的握法分为三种:

① 反握法　此法适用于大功率电烙铁且焊接散热量大的被焊件,如图 5-25 所示。

② 正握法　此法适用于较大的电烙铁,弯形烙铁头一般也用此法,如图 5-26 所示。

③ 握笔法　此法适用于小功率电烙铁,焊接散热量小的被焊件,如焊接收音机、电视机等的印制电路板及其维修等,如图 5-27 所示。

图 5-25 反握法　　　图 5-26 正握法　　　图 5-27 握笔法

(2) 使用前的处理

① 使用前,应认真检查电源插头、电源线有无损坏。电烙铁插头最好使用三极插头,要使外壳妥善接地,发现问题及时排除后方可使用。

② 新烙铁使用前,应用细砂纸将烙铁头打光亮,通电烧热,蘸上松香后用烙铁头刃面接触焊锡丝,使烙铁头上均匀地镀上一层锡。这样可以便于焊接和防止烙铁头表面氧化。旧的烙铁头如严重氧化而发黑,可用钢锉锉去表层氧化物,使其露出金属光泽后,重新镀锡,才能使用。

(3) 注意事项

① 使用过程中不能任意敲击,应轻拿轻放,以免损坏电烙铁内部发热器件而影响其使用寿命。

② 电烙铁在使用一段时间后,应及时将烙铁头取出,去掉氧化物后再重新装配使用。这样可以避免烙铁芯与烙铁头卡住而不能更换烙铁头。

③ 焊接过程中,烙铁不能到处乱放。不焊时,应放在烙铁架上。注意电源线不可搭在烙铁头上,以防烫坏绝缘层而发生事故。

④ 使用结束后,应及时切断电源,拔下电源插头。冷却后,再将电烙铁收回工具箱。

二、电子装配常用工具

1. 钳口工具

① 尖嘴钳 在电路焊接时,钳住导线和电阻等小零件。常见尖嘴钳的外形如图 5-28 所示。具体使用方法前面已经讲述不再赘述。

② 偏口钳 偏口钳主要用于直径小于 1.5 mm 的铜、铝导线和元器件引线的剪切,特别适用于钩焊、绕焊、搭焊后多余的线头或元件引线的剪切。其握法与尖嘴钳相同。常见偏口钳的外形如图 5-29 所示。

注意:剪线时,要使钳头朝下,在不变动方向时可用另一只手遮挡,防止剪下的线头飞出伤眼。

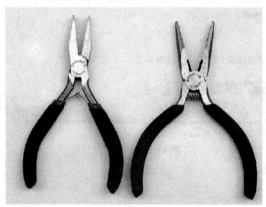

图 5-28 尖嘴钳

图 5-29 偏口钳

2. 螺丝刀

螺丝刀分为大型、中型、小型、微型和平口、十字口以及无把、塑把、无感型、组合式等形状。在前面课题中已经讲过,在此不再重复,常见螺丝刀的外形如图 5-30 所示。

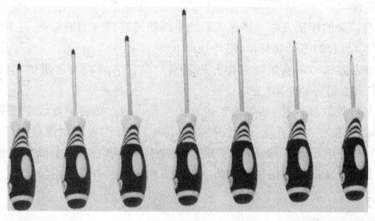

图 5-30 螺丝刀

3. 镊子

镊子的主要作用是用来夹持物体。在焊接时,用镊子夹持导线或元器件,以防止移动。对镊子的要求是弹性强,合拢时尖端要对正吻合。常见镊子的外形如图 5-31 所示。

使用镊子时需要注意:

① 要常修正镊子的尖端,保持对正吻合。

② 用镊子清洗机器时,要先断电,避免因镊子导电而损坏机器。

③ 用镊子时,用力要轻,避免端头划伤手部。

4. 吸锡器

吸锡器是常用的拆焊工具,使用方便、价格适中。如图 5-32 所示的吸锡器,实际是一个小型手动空气泵,压下吸锡器的压杆,就排除了吸锡器腔内的空气;释放吸锡器压杆的锁钮,弹簧推动压杆迅速回到原位,在吸锡器腔内形成空气的负压力,就能够把熔融的焊料吸走。在电烙铁加热的帮助下,用吸锡器很容易拆焊电路板上的元件。

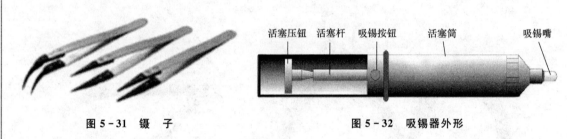

图 5-31 镊 子　　　　　图 5-32 吸锡器外形

【任务实施】

1. 准备器材

内热式电烙铁 20 W、电源线 1.5 m、电源插头、万用表、一字改锥、十字改锥、尖嘴钳和偏口钳等工具。

2. 内热式电烙铁的安装与检测

① 电源线加工方法　按照需要截取电源线每根 1.5 m 共三根,然后将每一根电源线去除绝缘层 5 mm,并拧股。

② 电源线与插头的连接方法　将加工后的电源线连接到电源插头上,注意要将芯线按在压线片下,并拧紧,过长的芯线要切掉,避免短路。

③ 安装烙铁芯方法　在安装时先用万用表测量烙铁芯的冷态电阻值,判定烙铁芯的好坏,20 W 电烙铁其电阻为 2.4 kΩ 左右。

④ 电源线与电烙铁接线柱、地线的连接方法　先将加工后的电源线穿过手柄,然后将地线焊牢,火线和零线接在接线柱上,过长的芯线切掉。用万用表分别测量火线与零线是否导通,地线与零线、火线有无短接,确认没有问题后再安装手柄及拧紧电源线固定螺钉。

⑤ 万用表复测方法　用万用表欧姆挡测量插头两端是否有开路或短路情况。

【任务评价】

电烙铁的拆装成绩评分标准见附表 5-5。

课题六 电子元器件在印制电路板上的插装与焊接

【任务引入】

任何电子产品,都是由基本的电子元器件和功能构建,按电路工作原理,用一定的工艺方法连接而成,在众多连接方式中,锡焊是使用最广泛的方法。

【任务分析】

此课题主要是根据工艺要求完成对元器件电阻、电容、二极管、三极管引脚的成形,并在准备好的万能板上进行插装焊接练习。

【相关知识】

一、锡焊技术基本知识

焊接是金属加工的基本方法之一。焊接技术通常分为熔焊、压焊和钎焊。锡焊属于钎焊中的软钎焊。通常把钎料称为焊料,采用铅锡焊料进行焊接称为铅锡焊,这是将铅锡焊料熔入焊件的缝隙使其连接的一种焊接方法。

1. 焊接机理

(1) 扩　散

扩散是物理学中讲述的一个现象,两块金属接近到一定距离时能相互"入侵",这称为扩散现象。

锡焊就其本质上说是焊料与焊件在其界面上的扩散。焊件表面的清洁,焊件的加热是达到其扩散的基本条件。

(2) 润　湿

润湿是发生在固体表面和液体之间的一种物理现象。如果液体能在固体表面漫流开,则认为这种液体能润湿该固体表面,润湿作用是物质所固有的一种性质。锡焊过程中,熔化的铅锡焊料和焊件之间的作用,正是这种润湿现象。如果焊料能润湿焊件,则认为它们之间可以焊接。

(3) 结合层

焊料润湿焊件的过程中,符合金属扩散的条件,所以焊料和焊件的界面有扩散现象发生,这种扩散的结果,使得焊料和焊件界面上形成一种新的金属合金层,这称为结合层。结合层的成分既不同于焊料又不同于焊件,而是一种既有化学作用又有冶金作用的特殊层。

综上所述,关于锡焊的理性认识是将表面清洁的焊件与焊料加热到一定温度,焊料熔化并润湿焊件表面,在其界面上发生金属扩散并形成结合层,从而实现金属的焊接。

二、常用焊接材料

焊接材料包括焊料(又称焊锡)和焊剂(又称助焊剂),它对焊接质量的保证有决定性的影响。

1. 焊　料

焊料是易熔金属,熔点应低于被焊金属。焊料溶化时,在被焊金属表面形成合金而与被焊

金属连接到一起。目前主要使用锡铅焊料,也称焊锡。锡铅焊料(锡与铅熔合成合金)具有一系列锡与铅不具备的优点:

① 熔点低,有利于焊接。锡的熔点在232 ℃,铅的熔点在327 ℃,但是制成合金之后,它开始熔化的温度可以降到183 ℃。

② 提高机械强度,锡和铅都是质软、强度小的金属,如果把两者熔为合金,则机械强度就会得到很大的提高。

③ 表面张力小,粘度下降,增大了液态流动性,利于焊接时形成可靠接头。

④ 抗氧化性好,铅具有抗氧化性的优点在合金中继续保持,使焊料在溶化时减少氧化量。

⑤ 降低价格,锡是非常贵的金属,而铅很便宜,铅的成分越多,焊锡的价格也越便宜。

手工烙铁焊接常用管状焊锡丝,它是将焊锡制成管状而内部充加助焊剂。为了提高焊锡的性能,在优质松香中加入活性剂。焊料成分一般是含锡量为60%~65%的锡铅合金。焊锡丝直径有0.5、0.8、0.9、1.0、1.2、1.5、2.0、2.3、2.5、3.0、4.0、5.0,单位是mm等。

2. 焊剂(助焊剂)

用于清除氧化膜,保证焊锡浸润的一种化学剂。

(1) 助焊剂的作用

除去氧化膜的实质是助焊剂中的氯化物、酸类同氧化物发生还原反应,以此消除氧化膜。反应后的生成物变成悬浮的渣,漂浮在焊料表面,防止再次氧化。液态的焊锡及加热的焊件金属都容易与空气中的氧接触而氧化。助焊剂在熔化后,漂浮在焊料表面,形成隔离层,因而防止焊接面的氧化,减小表面张力。增加焊锡的流动性,有助于焊锡浸润,使焊点美观。助焊剂具备控制含锡量、整理焊点形状、保持焊点表面光泽的作用。

(2) 对于助焊剂的要求

熔点应低于焊锡,加热过程中热稳定性好。浸润金属表面能力强,并应有较强的破坏金属表面氧化膜层的能力。它的各组成成分不与焊料或金属反应,无腐蚀性,呈中性,不易吸湿,易于清洗去除。

三、手工烙铁锡焊操作技能

1. 五步操作法

使用手工电烙铁焊接时,一般应按以下五个步骤进行,简称"五步操作法"。

① 准备　将被焊件、电烙铁、焊锡丝、烙铁架等准备好,并放置于便于操作的地方。焊接前要先将烙铁头放在松香或蘸水海棉上轻轻擦拭,以去除氧化物残渣。

② 加热被焊件　将烙铁头放置在被焊件的焊接点上,使焊接点升温。若烙铁头上带有少量焊料,可使烙铁头的热量较快传到焊点上。

③ 熔化焊料　将焊接点加热到一定温度后,用焊锡丝触到焊接件处,熔化适量的焊料。焊锡丝应从烙铁头的对称侧加入,而不是直接加在烙铁头上。

④ 移开焊锡丝　焊锡丝适量熔化后,迅速移开焊锡丝。

⑤ 移开烙铁　当焊接点上的焊料流散接近饱满,助焊剂尚未完全挥发,也就是焊接点上的温度最适当、焊锡最光亮、流动性最强的时刻,迅速拿开烙铁头。移开烙铁头的时机、方向和速度,决定焊接点的焊接质量。正确的方法是先慢后快,烙铁头沿45°角方向移动,并在将要离开焊接点时快速往回一带,然后迅速离开焊接点,如图5-33所示。

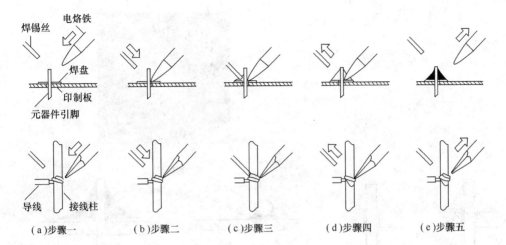

图 5-33 五步操作法

2. 手工锡焊要点

以下几个要点是由锡焊机理引出并被实际经验证明具有普遍适用性。

① 掌握好加热时间　在保证焊料润湿焊件的前提下时间越短越好。

② 保持合适的温度　保持烙铁头在合理的温度范围。一般经验是烙铁头温度比焊料熔化温度高 50 ℃较为适宜。

③ 用烙铁头对焊点施力是有害的　烙铁头把热量传给焊点主要靠增加接触面积,用烙铁对焊点加力对加热是无用的。如在很多情况下会造成被焊件的损伤,像电位器、开关、接插件的焊接点往往都是固定在塑料构件上,加力的结果容易造成元件失效。

四、典型焊点的形成及其外观

在单面和双面(多层)印制电路板上,焊点的形成是有区别的,如图 5-34 所示。

在单面板上,焊点仅形成在焊接面的焊盘上方;但在双面板或多层板上,熔融的焊料不仅浸润焊盘上方,还由于毛细孔的作用,渗透到金属化孔内,焊点形成的区域包括焊接面的焊盘上方、金属化孔内和元件面上的部分焊盘。

参见图 5-35,从外表直观看典型焊点,其要求是:

① 形状为近似圆锥而表面稍微凹陷,呈漫坡状,以焊接导线为中心,对称成裙形展开。虚焊点的表面往往向外凸出,可以鉴别出来。

② 焊点上,焊料的连接面呈凹形自然过渡,焊锡和焊件的交界处平滑,接触角尽可能小。

③ 表面平滑,有金属光泽。

④ 无裂纹、针孔和夹渣。

五、印制电路板中元器件的插装形式

元器件的插装方法可分为手工插装和自动插装。不论采用哪种插装方法,其插装形式都可分为立式插装、卧式插装、倒立插装、横向插装和嵌入插装。

模块五 电子技术基本操作

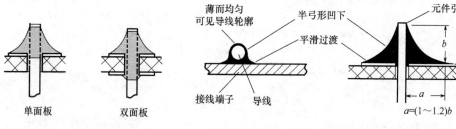

图 5-34 焊点的形成   图 5-35 典型焊点的外观

1. 卧式插装法

卧式插装法是将元器件紧贴印制电路板的板面水平放置,元器件与印制电路板之间的距离可视具体要求而定,如图 5-36 所示。

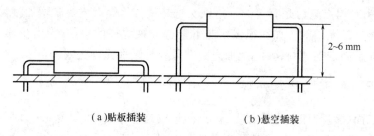

(a)贴板插装   (b)悬空插装

图 5-36 卧式插装法

卧式插装法的优点是稳定性好,比较牢固,受震动时不易脱落。卧式插装法分为贴板与悬空插装。贴板插装稳定性好,插装简单,但不利于散热,且对某些安装位置不适应,如图 5-36(a)所示。悬空插装适应范围广,有利于散热,但插装较复杂,需控制一定高度以保持美观一致(见图 5-36(b)),悬空高度一般取 2~6 mm。插装时应首先保证图纸中安装工艺要求,其次按实际安装位置确定。无特殊要求时,只要位置允许,采用贴板安装较为常用。

2. 立式插装法

立式插装是将元器件垂直插入印制电路板,如图 5-37 所示。立式插装的优点是插装密度大,占用印制电路板的面积小,插装与拆卸都比较方便。电容、三极管多数采用这种方法。

元器件的安装方法与印制电路板的设计有关,应视具体要求分别采用卧式或立式。安装时应注意元器件字符标记方向一致,容易读出,如图 5-38 所示。

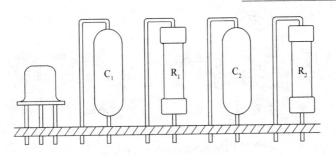

图 5-37　立式插装法

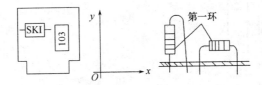

图 5-38　安装方向符合阅读习惯

六、晶体管和集成电路在印制电路板的安装

1. 晶体管的安装

晶体管在安装前一定要识别引脚，弄清楚哪个是集电极、哪个是基极、哪个是发射极。晶体管的安装一般以立式安装最为普遍，在特殊情况下也有采用横向或倒立安装的。如图5-39所示，不论采用哪一种插装形式，其引线都不能保留得太长，太长的引线会带来较大的分布参数，降低晶体管的稳定，一般所留长度为3～5 mm，但也不能留得太短，以防止焊接时过热而损坏晶体管。

2. 集成电路的安装

集成电路的引线比晶体管及其他元器件要多得多，而且引线间距很小，所以安装和焊接的难度要比晶体管大。集成电路在装入电路板前，首先要弄清引脚的排列与孔位是否能对准，否则不是装错就是装不进去。插装集成电路引脚时，用力不能过猛，以防止弄断和弄偏引脚。

集成电路的封装形式有晶体管式封装、单列直插式封装、双列直插式封装和扁平式封装。在使用时，一定要弄清引脚的排列顺序及第一引脚是哪一个，然后再插入印制电路板，不能插错。

元件插装时应遵循的原则：

① 先小后大，先轻后重，先低后高，先里后外的原则进行插装。
② 插装的元件要保持标记向正视面，这易查看，方向一致。
③ 对于以色环来区别标称值类的元件，插装时应注意其读值方向，均按照从上向下读值规律进行插装。
④ 在插装时必须安插到位，除有特殊要求外，立式元件应插装直立紧贴于电路板上。

七、元器件的引脚成形处理

1. 元器件引线的成形

在组装印制电路板时，为提高焊接质量、避免浮焊，使元器件排列整齐、美观，对元器件引

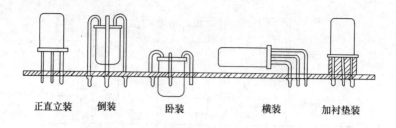

(a) 小功率晶体三极管安装方法

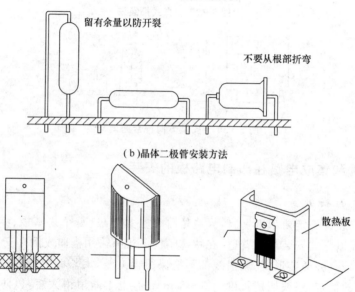

(b) 晶体二极管安装方法

(c) 塑料封装管的安装方法

图 5-39 晶体管的安装

线的加工就成为不可缺少的一个步骤。元器件引线成形在工厂多采用模具，也可以用尖嘴钳和镊子加工。元器件引线的折弯成形，应根据元器件本身的封装外形和印制电路板上焊点间距，做成需要的形状，图 5-40 所示为引线折弯的各种形状。图 5-40(a)、(b)、(c) 所示为卧式形状，图 5-40(d)、(e) 所示为立式形状。图 5-40(a) 可直接贴到印制电路板上；图 5-40(b)、(d) 则要求与印制电路板有 2～6 mm 的距离，用于双面印制电路板或发热元器件；图 5-40(c)、(e) 引线较长，多用于焊接时怕热的元器件。

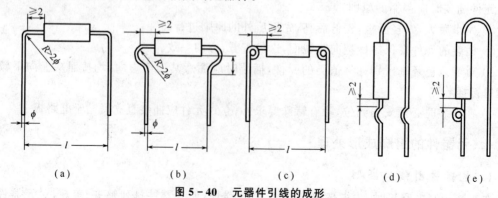

图 5-40 元器件引线的成形

图 5-41 所示为三极管和圆形外壳集成电路的引线成形要求。

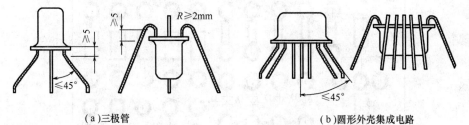

(a) 三极管　　　　　　　　　　(b) 圆形外壳集成电路

图 5-41　三极管和圆形外壳集成电路的引线成形要求

2. 元器件引线成形的技术要求

① 所有元器件引线均不得从根部弯曲。因为制造工艺上的原因，根部容易折断，一般应留 2 mm 以上。引线成形后，元器件本体不应产生破裂，表面封装不应损坏，引线弯曲部分不允许出现模印裂纹。

② 弯曲一般不要成死角，圆弧半径应大于一引线直径的 1～2 倍。

③ 引线成形后其标称值应处于查看方便的位置，一般应位于元器件的上表面或外表面。

④ 元器件引线的搪锡：因长期暴露于空气中存放的元器件的引线表面有氧化层，为提高其可焊性，必须作搪锡处理。元器件引线在搪锡前可用刮刀或砂纸去除元器件引线的氧化层。注意不要划伤和折断引线。但对扁平封装的集成电路，则不能用刮刀，而只能用绘图橡皮轻擦清除氧化层，并应先成形，后搪锡。

注意：如果是新元器件，其引脚没有氧化层，也可以直接成形，不需搪锡处理。

【任务实施】

1. 器材准备及引脚处理

常用的电子装配工具及电阻、电容、晶体管和印制电路板等。根据元器件引线的成形工艺要求，分别对电阻、电容、晶体管的引脚进行处理。

2. 装配图的相关练习

按照图 5-42 所示的装配图的具体装配要求：

① R1～R5 卧式插装，高度要求为元件体离开板面 5 mm，色环标志顺序方向一致。

② R6-R10 立式插装，色环标志顺序方向一致。

③ 电容 C1～C5 立式插装在图上所标注的位置，高度要求元件底部离万能电路板距 8 mm。

④ 二极管采用 D1～D4 采用卧式插装，高度要求管体离板面 5 mm。

⑤ 三极管 V1、V2 采用正直立装，管底离板面 8 mm。

⑥ 所有焊点均采用直角焊，焊接完成后剪去多余引脚，留头在焊面以上 0.5～1 mm，且不能损伤焊接面。

【任务评价】

元器件插装焊接成绩评分标准见附表 5-6。

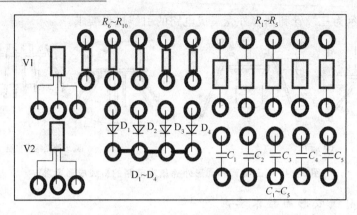

图 5-42 装配图

课题七 多用充电器的制作

【任务引入】

组装技术是将电子零部件按设计要求装成整机的多种技术的综合,是电子产品生产构成中极其重要的环节。调试则是按照产品设计要求实现产品功能和优化的过程。掌握安装技术工艺知识和调试技术对电子产品的设计、制造、使用和维修都是不可缺少的。本课题以多用充电器为载体训练同学们装配与调试电子产品的能力。

【任务分析】

该任务要求根据所提供的该产品的电路电路原理图、印制板装配焊接图以及整机装配图,学生独立完成产品的组装调试。任务主要包括产品所提供的元器件进行检查识别,并根据所提供接线图对元器件进行合理正确的插装并进行焊接,最后进行整机的装配和调试。

【相关知识】

一、产品简介

本产品可将 220 V 的交流电压转换成 3~6 V 直流稳压电源,可作为收音机等小型电器的外接电源,并可对 1~5 节镍铬或镍氢电池进行恒流充电,性能优于市场一般直流电源及充电器,具有较高的性价比和可靠性,如图 5-43 所示。

主要性能指标如下:

① 输入电压 交流 220 V,输出电压:分三挡(即 3 V、4.5 V、6 V),各挡误差为 ±10%。

② 输出直流电流 额定值 150 mA,最大 300 mA。

③ 过载、短路保护,故障消除后自动恢复。

④ 充电稳定电流 60(1±10%)mA 可对 1~5 节 5 号镍铬电池充电,充电时间 10~12 h。

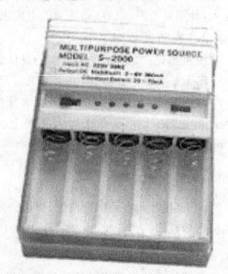

图 5-43 产品外观

二、电路分析

电路原理图如图 5-44 所示。

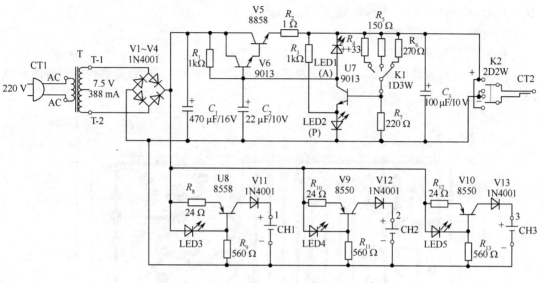

图 5-44 电路原理图

由图 5-44 可见,变压器 T 及二极管 V1~V4,电容 C_1 构成典型全波整流电容滤波电路,后面电路若去掉 R_1 及 LED1,则是典型的串联稳压电路。其中 LED2 兼做电源指示及稳压管作用,当流经该发光二极管的电流变化不大时其正向压降较为稳定(约为 1.9 V 左右),因此可作为低电压稳压管来使用。R_2 及 LED1 组成简单过载及短路保护电路,LED1 兼做过载指示。输出电流增大时 R_2 上压降增大,当增大到一定数值后 LED1 导通,使调整管 V5、V6 的基极电流不再增大,限制了输出电流的增加,起到限流保护作用。K1 为输出电压选择开关,K2 为输出电压极性变换开关。V8、V9、V10 及其相应元器件组成三路完全相同的恒流源电路,以 V8 单元为例,LED3 在该处兼做稳压及充电指示双重作用,V11 可防止电池极性接错。通过电阻 R8 的电流(即输出整流)可近似的表示为:$I_0 = \dfrac{U_z - U_{be}}{R_8}$,其中 I_0 为输出电流,U_z 为 LED3 上的正向压降,取 1.9 V。由该式可以看出 I_0 主要取决于 U_z 的稳定性,而与负载无关,实现恒流特性。

【任务实施】

1. 结合图纸进行装配

工具、仪器仪表和器件准备好后,首先对照电路原理图,看懂印制电路板电路图。将电路图中的元器件与实物元件进行对照,认识实物元件,并对元件进行检测。

此任务在高级工教学阶段,可让同学们自己通过绘图软件设计印制电路板,并动手制作印制电路板。

(1) 元器件的检查与测试

① 逐一检查测试电阻的阻值是否合格;

② 判断电解电容是否漏电并判别引脚极性;

③ 利用万用表检测二极管的正反向电阻极性标志是否正确;
④ 利用万用表检测发光二极管的极性和好坏;
⑤ 检测变压器绕组有无断、短路情况,电压是否正确;
⑥ 检测判别三极管的极性和类别及质量好坏;
⑦ 检测开关通断是否可靠。

(2) 印制板 A 的安装

按图 5-45 所示的位置,将元器件全部卧式焊接(见图 5-46),注意元器件的引脚的处理成形以及二极管、三极管、电解电容的极性。

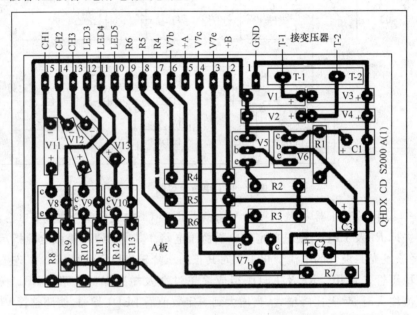

图 5-45　印制板 A 的安装图

(a)三极管　　(b)电解电容　　(c)二极管、电阻

图 5-46　元器件卧式焊接

(3) 印制板 B 的安装

① 按图 5-47 所示的位置,将 K1、K2 从元件面插入,并且必须装到底。

② LED1~LED5 的焊接高度如图 5-48 所示,要求发光管顶部距离印制板高度为 13.5 mm。让 5 个发光管露出机壳 1.5 mm 左右,且排列整齐。注意颜色和极性。

③ 排线的焊接:本排线为 15 根线组成,制作步骤如下:

• 在排线两端用剪刀将 15 根线分开,A 端分开的深度为 25 mm,B 端分开的深度为 10 mm。

• 将 A 端左右各 4 根线(即第 2~5 根和 11~14 根)分别依次剪短,剪短的形状如图

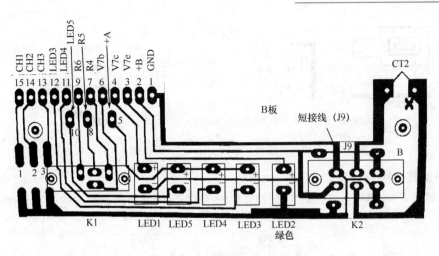

图 5-47 印制板 B 的安装图

5-49 所示,中间 5 根线(即第 6~10 根)均剪短 15 mm。

- 将 15 根线的两头剥去线皮约 3~4 mm,然后把每个线头的多股线绞合,并镀锡。注意不能有毛刺。
- 将 15 线排线 B 端与印制板 B 的 1~15 焊盘依次顺序焊接。

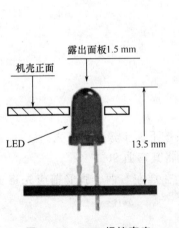

图 5-48 LED 焊接高度

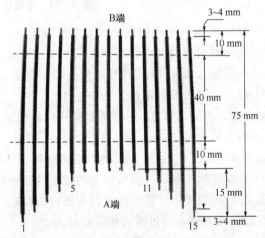

图 5-49 排线外形

- 焊接十字插头线 CT2,注意插头的正负极性。
- 焊接开关 K2 旁边的短接线 J9。
- 以上焊接完成后,按图检查正确无误后,待整机装接。

(4)整机装配工艺

1)装接电池架正极片和负极弹簧

① 将正极片凸面向下,将 J1、J2、J3、J4、J5 五根导线分别焊在正极片凹面焊接点上,如图 5-50 所示。

② 安装负极弹簧,在距弹簧第一圈起始点 5 mm 处镀锡分别将 J6、J7、J8 三根导线与弹簧焊接,如图 5-51 所示。

模块五 电子技术基本操作

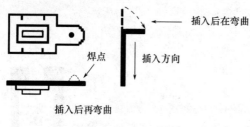

图 5-50 正极片安装　　　　图 5-51 负极片安装

2）电源线连接

把电源线 CT1 焊接至变压器交流 220 V 输入端,两接点用热缩套管绝缘。具体步骤如图 5-52 所示。

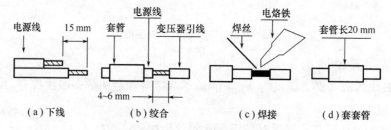

图 5-52 电源线连接方法

3）焊接 A 板与 B 板以及变压器的所有连线

① 变压器副边引出线焊至 A 板 T-1、T-2。

② B 板与 A 板用 15 线排线对号按顺序焊接。

4）焊接印制板 B 与电池片间的连线

将 J1、J2、J3、J6、J7、J8 分别焊接在 B 板的相应点上。

5）装入机壳

在完成上述工作后,检查安装的正确性和可靠性,然后按下面步骤装入机壳。

① 将焊好的正极片先插入机壳的正极片插槽内,然后将其弯曲 90°。

② 按装配图所示位置将弹簧插入槽内,焊点在上面。在插左右两个弹簧前应先将 J4、J5 两根线焊接在弹簧上后再插入相应的槽内。

③ 将变压器副边引出线朝上,放入机壳的固定槽内。

2. 检测调试

（1）自　检

装配完毕后,按原理图及工艺要求检查整机安装情况,着重检查电源线,变压器连线,输出连接线,及 A、B 两块印制板的连线是否正确、可靠,连线与印制板相邻导线及焊点有无短路及其他缺陷。

（2）通电检查

① 电压可调　在十字头输出端测输出电压（注意电压表极性）,所测电压值应与面板指示相对应。拨动开关 K1,输出电压相应变化,并记录该值。

② 极性转换　按面板所示开关 K2 位置,检查电源输出电压极性能否转换,应与面板所示位置相吻合。

③ 过载保护 将万用表 DC 500 mA 串入电源负载回路。

④ 充电检测 将万用表 DC 500 mA 挡作为充电负载代替电池；LED3～LED5 应按面板指示位置相应点亮，电流值应为 60 mA；注意表笔不可接反，也不得接错位置，否则没有电流，如图 5-53 所示。

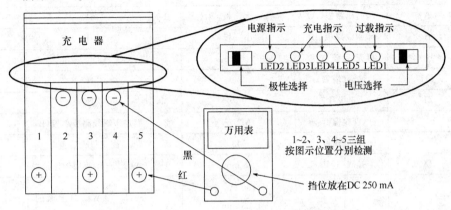

图 5-53 面板功能及充电电源检测示意图

表 5-9 为模块七所用材料清单。

表 5-9 材料清单

序号	代号	名称	规格及型号	数量	备注	检查
1	$V_1 \sim V_4$, $V_{11} \sim V_{13}$	二极管	1N4001(1A/50V)	7	A	
2	V_5	三极管	8050(NPN)	1	A	
3	V_6, V_7	三极管	9013(NPN)	2	A	
4	V_8, V_9, V_{10}	三极管	8550(PNP)	3	A	
5	$LED_{1,3,4,5}$	发光二极管	$\phi 3$ 红色	4	B	
6	LED_2	发光二极管	$\phi 3$ 绿色	1	B	
7	C_1	电解电容	470 μF/16V	1	A	
8	C_2	电解电容	22 μF/10V	1	A	
9	C_3	电解电容	100 μF/10V	1	A	
10	R_1, R_3	电阻	1 kΩ(1/8 W)	2	A	
11	R_2	电阻	1 Ω(1/8 W)	1	A	
12	R_4	电阻	33 Ω(1/8 W)	1	A	
13	R_5	电阻	150 Ω(1/8 W)	1	A	
14	R_6	电阻	270 Ω(1/8 W)	1	A	
15	R_7	电阻	220 Ω(1/8 W)	1	A	
16	R_8, R_{10}, R_{12}	电阻	24 Ω(1/8 W)	3	A	
17	R_9, R_{11}, R_{13}	电阻	560 Ω(1/8 W)	3	A	
18	K1	拨动开关	1D3W	1	B	
19	K2	拨动开关	2D2W	1	B	
20	CT_2	十字插头线		1	B	

模块五 电子技术基本操作

续表 5-9

序号	代号	名称	规格及型号	数量	备注	检查
21	CT$_1$	电源插头线	2A,220 A	1	接变压器 AC-AC 端	
22	T	电源变压器	3W 7.5 V	1	JK	
23	A	印制线路板(A)	大板	1	JK	
24	B	印制线路板(B)	小板	1	JK	
25	JK	机壳 后盖 上盖	套	1		
26	TH	弹簧(塔簧)		5	JK	
27	ZJ	正极片		5	JK	
28		自攻螺钉	M2.5	2	固定印制线路板小板(B)	
29		自攻螺钉	M3	3	固定机壳后盖	
30	PX	排线(15P)	75 mm	1	(A)板与(B)板间的连接线	
31	JX 接线	J$_1$	160 mm	1	注:J$_9$(印制板 B 上面的开关 K$_2$ 旁边的短接线)可采用硬裸线或元器件腿	
		J$_2$	125 mm	1		
		J$_3$,J$_4$,J$_5$	80 mm	3		
		J$_6$	35 mm	1		
		J$_7$	55 mm	1		

注:备注栏中的"A"表示该元件应安装在大板(A)上,"B"表示该元件应安装在小板(B)上,"JK"表示该零件应安装到机壳中。检查栏用于同学自检记录。

【任务评价】

制作多用充电器成绩评分标准见附表 5-7。

模块六 电子CAD

第一节 DXP软件简介

一、初识Protel

新技术、新材料的出现,电子工业技术的蓬勃发展,大规模甚至超大规模的集成电路不断出现并越来越复杂,促进了计算机辅助设计和绘图的发展。

Protel正是在这样的环境和背景下产生的。它由始建于1985年的Protel公司设计推出,历经Protel for Dos、Protel 98、Protel 99和Protel 99SE等版本,2002年该公司更名为Altium公司,并最终推出Protel的最新版本Protel DXP。Protel DXP以其界面的友好、直观和用户操作的便利,成为世界范围内应用于电子线路设计与印刷电路板设计方面最流行的软件。

二、Protel DXP的应用领域

Protel DXP主要应用于电子电路设计与仿真、印刷电路板(PCB)设计及大规模可编程逻辑器件的设计,它是第一个将所有设计工具集成于一身,完成电路原理图到最终印刷电路板设计全过程的应用型软件。

三、Protel DXP界面简介

图6-1所示为Protel DXP界面简介。

1. 菜单栏

由于还没有开启任何文件,所以Protel 2004的菜单栏只有五个:DXP、File、View、Project和Help。

在菜单栏左边的 ![DXP] 就是DXP系统菜单,按动这个图标后,出现DXP系统菜单,如图6-2所示。DXP菜单是Protel窗口特有的,其中各项命令供用户管理系统程序、定义环境、设置密码等。

2. 工具栏

菜单栏下面是工具栏,没有打开任何编辑器时,程序只提供一个简易的工具栏。工具栏中的每个按钮都对应了一个相关命令。如果不能确定按钮与命令的对应关系,可以将鼠标指针移动到按钮上,屏幕上就会显示出当前按钮所能实现的功能了,如图6-3所示。

模块六 电子 CAD

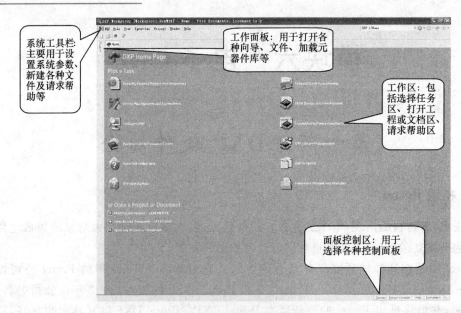

图 6-1 Protel DXP 界面简介

图 6-2 DXP 系统菜单

图 6-3 PCB 板编辑器工具条

四、Protel 2004 的菜单

1. File 菜单

File 菜单用来实现文件的新建、打开、存储及关闭等功能,File 菜单如图 6-4 所示。下面分别介绍 File 菜单内各个命令及其功能。

① New,新建一个文件,如
- Schematic:原理图文件;
- VHDL Document:VHDL 文件;
- PCB:PCB 文件;
- Project Library:PCB 元件库文件;
- PCB Project:PCB 工程文件;

- Text Document：文本文件。

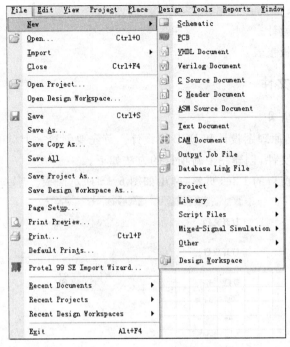

图 6-4 File 菜单

② Open：打开一个 Protel 2004 可以识别的文件。
③ Open Project：打开一个工程文件。
④ Save Project：保存当前编辑的工程。
⑤ Save Project As：当前编辑的工程另存为。
⑥ Save All：保存当前打开的所有文件。

2. View 菜单

View 菜单内的功能主要是控制工作窗口的外观、显示或隐藏。

3. Favorites 菜单

在这个菜单中，可以添加最常用的文件。

4. Project 菜单

Project 菜单中的命令是关于工程的一些操作。

5. Windows 菜单

Windows 菜单内的命令主要用来管理窗口。

第二节　电路原理图设计基础

一、电路板设计的一般步骤

电路板的基本设计过程可分为以下四个步骤：

① 电路原理图的设计；
② 生成网络报表；
③ 印刷电路板的设计；
④ 生成印刷电路板报表。

二、创建原理图文件

1. 创建一个新项目

电路设计主要包括原理图设计和 PCB 图设计。首先要创建一个新项目，然后在项目中添加原理图文件和 PCB 文件，创建一个新项目的方法如下。

① 单击设计管理窗口的 Files 页签，弹出如图 6-5 所示面板。

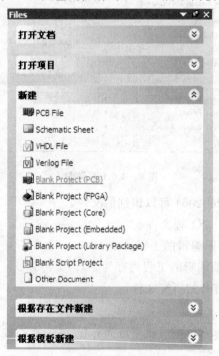

图 6-5　Files 页签

② 在 New 子面板中选中 Blank Project(PCB)选项，弹出 Select PCB TyPe 对话框。选择 Protel PCB 单选框，将弹出 Projects 工作面板。

③ 建立一个新的项目后，选择 File/Save Project As…菜单命令，将新项目重命名为"myProjectl.PrjPCB"，保存该项目到合适位置。

图 6-6 和图 6-7 分别为 Projects 工作面板中显示的默认的项目名称和更改后的项目名称。

图 6-6　默认项目名称　　　　　　　　　　图 6-7　更改后项目名称

2. 创建一张新的原理图图纸

建立了新的项目文档后,选择 File/ New /Schematic 菜单命令创建原理图,系统将创建一个新的原理图文件,如图6-8所示。默认的原理图文件名为"Sheet1. SchDoc",原理图文件夹会自动添加到项目中。

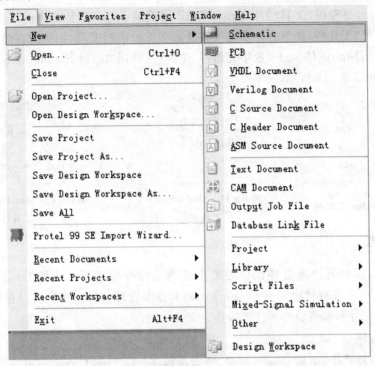

图6-8 选择 File New Schematic 命令

选择 File/Save As...,菜单命令系统将会弹出保存原理图文件对话框,可以将新原理图文件保存在指定的位置,同时也可以改变原理图文件名称,按保存按钮完成操作。

三、Wiring(原理图连线工具)工具栏

原理图工具栏如图6-9所示。其中的按钮的功能如下:

- :绘制导线;
- :绘制总线;
- :绘制总线分支;
- :绘制网络标号;
- :绘制电源;
- :绘制电源;
- :放置元器件;
- :制作电路端口;
- :设置忽略电气法则测试;

图6-9 连线工具栏

- ：制作方块电路；
- ▭：制作方块电路端口。

四、特殊功能工具栏

除了 Wiring（原理图）工具栏外，Protel DXP 还提供了许多功能强大的特殊功能工具栏，如 Drawing（图形）工具栏，提供各种非电气特性的图形的绘制工具，如绘制直线、矩形等图形，如图 6-10 所示；Digital Objects（数字元器件）工具栏，如图 6-11 SimulationSources（仿真电源）工具栏等，如图 6-12 所示。

图 6-10 Drawing 工具栏

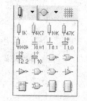

图 6-11 gital Objects 工具栏

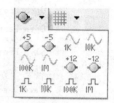

图 6-12 Simulation Sources 工具栏

五、元件库

原理图管理器的元件库管理窗口习惯上称为元件库管理器。选择 Design/Browse Library…菜单命令，系统将弹出如图 6-13 所示的元件库管理窗口。用户可以在该窗口内进行查找元件、放置元件和加载新的元件库操作。

1. 查找元件

在元件库管理栏中，单击 search 按钮，或者选择 Tools/Find Component…菜单命令，通过设置查找对象和查找范围等选项，可以查找包含在"*.IntLib"文件中的元件。

下面介绍查找元件库对话框的使用方法。

① 空白文本框　用于输入需要查询的元件或封装名称。例如输入"*Rpot SM*"，用来查询包含 Rpot SM 字符串的元件名称。

② Options　用于设置需要查找的对象类型。Search type 下拉列表可以选择 Components（元件）、Protel Footprints（封装）、3D Models（3D 模型）。选中 Clear existing query 复选框表示清除当前存在的查询。

③ Scope　用于设置查找的范围。选中 Available libraries 单选框，表示在已经装载的元件库中查找；选中 Libraries on path 单选框，表示在指定的目录中查找；选中 Refine last search 单选框，表示在上一次的查找结果中进一步查找。

④ Path　用于设置查找对象的路径。此操作框只在选中 Libraries on path 单选框时才有效。在 Path 文本框中设置要查找的目录，选中 Include Subfirectories 复选框，表示在指定目录的子目录中也进行搜索。单击 Path 文本框后面的按钮，系统会弹

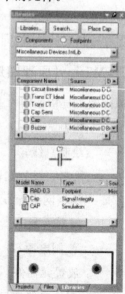

图 6-13 元件库管理窗口

出浏览文件夹。File Mask 用来设置查找对象的文件匹配域,"*"表示匹配任何字符串。

设置完成后单击 Search 按钮,元件库管理器将进行搜索。此时,查找元件库对话框隐藏,元件库管理器上的 Search 按钮变成 Stop 按钮。单击 Stop 按钮可停止搜索。找到元件后,系统会将结果显示在元件库管理器中,如图 6-13 所示。结果包括此元件所在的元件库名、图形符号、元件模式和引脚的封装形状。

2. 放置元件

在查找到所需要的元件后,可以将此元件所在的元件库直接加载到元件库管理器中。在元件库管理器中选中需要放置的元件,单击元件库管理器右上角的 Place 按钮,或者双击需要绘制的元件,就可以将元件绘制到原理图上,如图 6-14 所示。

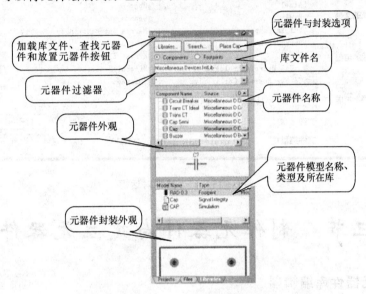

图 6-14 元件库管理器

3. 加载元件库

单击元件库管理器上方的 Libraries 按钮或者选择 Design/Add/Remove Libraries…菜单命令,系统将弹出加载/卸载元件库对话框,如图 6-15 所示。

下面介绍加载/卸载元件库的操作方法。

① 单击 Move Up 或 Move Down 按钮,可以将在列表中选中的元件库上移或下移。

② 想要添加一个新的元件库,可以单击 Intall 按钮,用户可以选取需要加载的元件库。选好元件库后,单击打开按钮即完成加载元件库。

③ 想要卸载列表中的元件库,先选中此元件库,再单击 Remove 按钮即可。

④ 单击加载/卸载元件库对话框右下角的 Close 按钮,完成加载或卸载元件库的操作,被加载的元件库的详细列表会显示在元件库管理器中。

常用元件库包括 Miscellaneous Devices,IntLib(杂元件库)包含电阻、电容、开关、按钮等;Miscellaneous Connectors. IntLib(基本端口库)包含插孔、插针等;National Semiconductor(美国国家半导体公司元件库);Simulation(仿真元件库)。

模块六 电子CAD

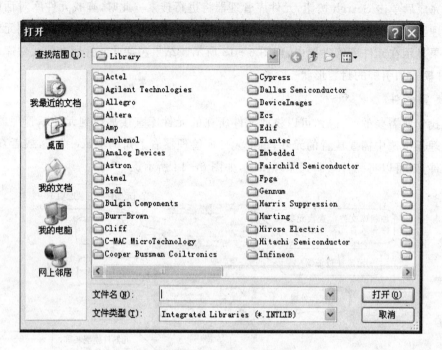

图6-15 元件属性对话框

第三节 制作元器件与建立元器件库

一、加载元器件库编辑器

在进行元器件编辑前首先要加载元器件编辑器,执行如图6-16(a)所示的File/New/Library/Schematic Library 菜单命令,弹出元器件库编辑器,如图6-16(b)所示。然后执行File/Save 命令,在弹出的对话框中可以更改元件库的名称并进行保存。

二、元器件库编辑器界面介绍

打开元器件库编辑器后,将出现如图6-17(a)所示的界面。元件库编辑器界面与原理图编辑器界面相似,主要有主工具栏、菜单栏、常用工具栏、工作区等。不同之处在于元件库编辑器工作区有一个十字坐标轴,它将工作区划分为四个象限,通常在第四象限进行元器件的编辑工作。除了主工具栏之外,元件库编辑器还提供了一个元器件管理器和两个重要的工具栏,分别为绘图工具栏和IEEE符号工具栏,如图6-17(b)和图(c)所示。

三、一般绘图工具

元器件库编辑器提供了一个绘图工具栏,如图6-18所示。下面简要介绍绘图栏中各个工具的功能如表6-1所列。

模块六 电子CAD

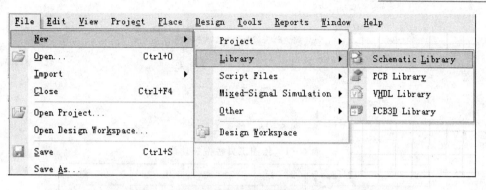

(a) 执行元器件库编辑器菜单命令

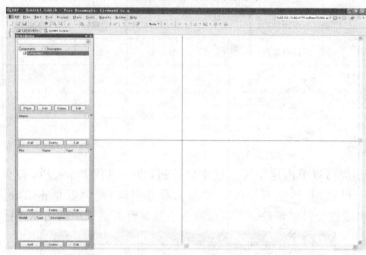

(b) 元器件库编辑器窗口界面

图 6-16 菜单命令及窗口界面

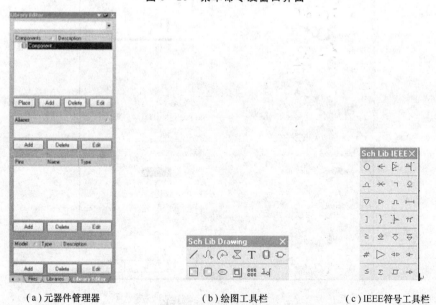

(a) 元器件管理器　　　　(b) 绘图工具栏　　　　(c) IEEE符号工具栏

图 6-17 元器件管理器及两个重要的工具栏

模块六 电子CAD

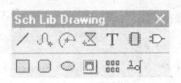

图 6-18 绘图工具栏

表 6-1 绘图工具栏按钮功能

图标	功能	图标	功能	图标	功能
/	画直线		新建元件		放置图片
	画曲线		增加功能单元		阵列式粘贴
	画椭圆弧线		画矩形		画多边形
T	放置说明文字		画圆角矩形		
	放置引脚		画椭圆		

四、绘制引脚

绘制元器件引脚可以单击绘图工具栏中的按钮,也可执行 Place/Pin 命令。执行该命令后,光标变成十字形状,并粘贴有虚线形式的元器件引脚,此时若单击 Tab 键则将显示如图 6-19 所示引脚属性设置对话框。下面对修改引脚属性对话框中的内容进行简要介绍。

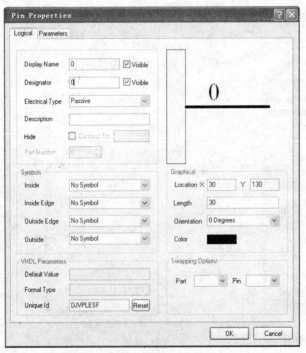

图 6-19 引脚属性对话框

第四节 PCB 板设计

一、PCB 板设计流程

① 开始时启动 Protel DXP 设计工作窗口；
② 设计并绘制原理图；
③ PCB 板的系统设计；
④ 由原理图生成 PCB 图；
⑤ 修改封装和布局；
⑥ 设置 PCB 板布线规则；
⑦ 自动布线及手工调整布线。

二、PCB 板概述

1. PCB 板类型

一般来说，PCB 板根据铜箔层数的不同分为单面板、双面板和多层板 3 种。

① 单面板 单面板是一种一面敷铜、另一面不敷铜的电路板，因此它只能够在敷铜的一面进行布线并绘制元件。由于单面板只允许在敷铜的一面上进行布线并且不允许导线交叉，因此单面板的布线难度较大。

② 双面板 双面板是一种两面都有敷铜，两面都可以布线的电路板。双面板包括顶层和底层两个层面，其中顶层一般为元件层，底层为焊锡层。由于双层板两面都可以布线并且可以通过过孔来进行顶层和底层之间的电气连接，因此双面层是目前应用最为广泛的一种印刷电路板。

③ 多层板 多层板是指包含了多个工作层面的印刷电路板，除了顶层和底层之外，它还包括信号层、中间层等。随着电子技术的高速发展，电路板越来越复杂，多层电路板的应用也越来越广泛。

2. 焊 盘

在印刷电路板中，焊盘的主要作用是用来绘制焊锡、连接导线和元件引脚。通常焊盘的形状分为 3 种，它们分别是圆形、矩形和八角形，如图 6-20 所示。焊盘的主要参数有两个，分别是焊盘尺寸和孔径尺寸，如图 6-21 所示。

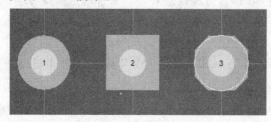

图 6-20 焊盘形状

图 6-21 焊盘属性

3. 过孔

在印刷电路板中,过孔的主要作用是用来连接不同板层间的导线。通常,过孔有 3 种类型,它们分别是从顶层到底层的穿透式过孔、从顶层到内层或从内层到底层的盲过孔、内层间的深埋过孔。过孔的主要参数有两个,分别是过孔尺寸和孔径尺寸。这里需要注意的是过孔的形状只有圆形形状,而没有矩形和八角形状。

三、PCB 板的板层类型

Protel DXP 2004 提供了若干个不同类型的工作层面,包括信号层、内部电源层/接地层、机械层等。

1. 信号层

信号层有 32 个,用于布线,通过堆栈层管理器来管理这些信号层,主要包括以下各层:
Top Layer(元件面信号层)　用来绘制元件和布线。
Bottom Layer(焊接面信号层)　用来绘制元件和布线。
Middle Layers(中间信号层 MidLayer1～MidLayer30)　主要用于布置信号线。

2. 内部电源层

内部电源层有 16 个。该层又称为电气层,主要用于布置电源线和地线。

3. 机械层

Protel DXP 2004 提供了 16 个机械层,该层主要用于绘制 PCB 板的边框和绘制标注尺寸,通常只需要一个机械层。

四、PCB 文件的建立

1. 利用向导生成 PCB 文件

启动 Protel DXP 2004 软件，单击屏幕右下方的 System 按钮，然后选择 Files 项，如图 6-22 所示。

打开 Files 面板，选择根据模板新建，弹出 PCB 向导欢迎对话框。单击下一步，进入如图 6-23 所示的 PCB 单位设置对话框。

单击下一步进入如图 6-24 所示选择印刷电路板标准的对话框。

单击下一步进入如图 6-25 所示，进入自定义设置对话框。

单击下一步进入如图 6-26 所示，进入电路板层数设置对话框。

图 6-22　System 下拉菜单

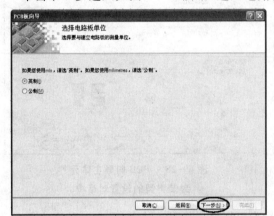

图 6-23　PCB 向导单位设置对话框图

图 6-24　印刷电路板标准的对话框

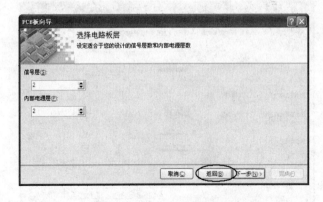

图 6-25　自定义设置对话框

单击下一步进入如图 6-27 所示，进入过孔类型设置对话框。

单击下一步进入如图 6-28 所示，进入向导主体元件封装类型的设置对话框。

模块六　电子 CAD

图 6-26　PCB 向导层数设置对话框

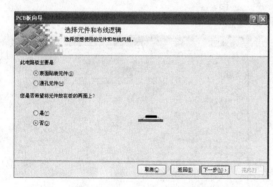

图 6-27　PCB 向导孔类型
设置对话框

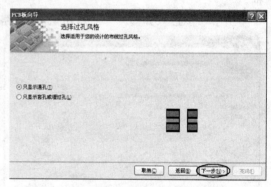

图 6-28　PCB 向导主体元件
封装类型的设置对话框

单击下一步进入如图 6-29 所示，在对话框中可以对走线最小线宽，最小过孔宽度最小孔径大小，最小的走线间距等进行设置。

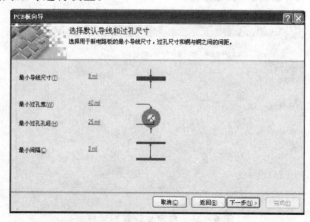

图 6-29　设置最小尺寸对话框

单击下一步进入如图 6-30 所示，单击完成即可完成 PCB 文件的建立。

图 6-30 生成的 PCB 图形

2. 利用网络表实现元件封装的导入

在原理图中,单击菜单栏设计按钮,选择 Update PCB Document PCB.PcbDoc,实现网络和元件的装入和更新,如图 6-31 所示。

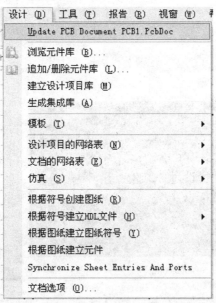

图 6-31 在 PCB 板编辑器内利用网络表导入

如果用户已经确认所有元件封装和网络都正确,可以在设计工程网络变化对话框(见图 6-32)中单击"变化生效"按钮,使网络和元件封装装载入 PCB 中;单击关闭按钮对话框,相应的网络和元件封装已经载入到 PCB 文件中,如图 6-33 所示。

3. 电路板的自动布线

选择自动布线菜单命令,如图 6-34 所示。选择全部对象进行自动布线。

模块六 电子CAD

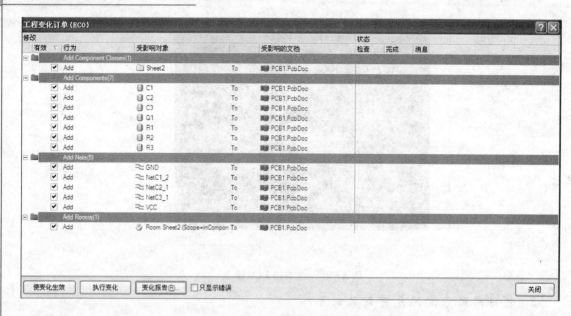

图6-32 设计工程网络变化对话框

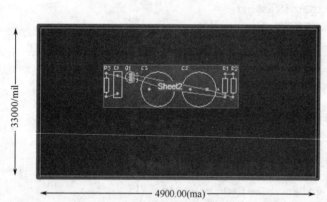

图6-33 网络和元件封装载入PCB文件中

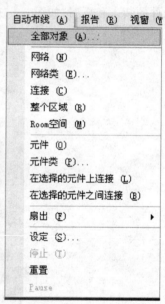

图6-34 自动布线菜单

课题一 利用DXP软件自制元器件并绘制原理图

【任务引入】

20世纪80年代以来,我国电子工业取得了长足的进步,现已进入一个新的发展时期。EDA的技术含量正以惊人的速度上升。DXP软件作为常用的绘图软件,可以进行原理图的绘制和印制电路板的设计等工作。

【任务分析】

在本课题中,首先要绘制电路原理图,在绘制过程中需要利用 DXP 软件自制元器件并进行相应的封装。原理图绘制完毕后可进行 PCB 板的设计与制作。

【课题实施】

① 创建一个项目文件和原理图文件,分别命名为"PCBSJ.PrjPCB"和"YLT.SchDoc"。
② 原理图图纸采用 A4 图纸,将绘图者姓名和"电路原理图"放在标题栏中相应位置。
③ 建立一个原理图库文件,命名为"YLT.SchLib",并在项目文件中将其设置为自由文档。
④ 在原理图库文件中制作一个元件 UA741,如图 6-35 所示,并将其放在原理图中。

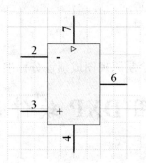

图 6-35 自制原理图元件 UA741
Visible=10

⑤ 在原理图文件中完成如图 6-36 所示电路,并进行项目编译。原理图相关信息如表 6-2 所列。
⑥ 创建材料清单并用 Excel 表格形式保存在专用文件夹中,命名为"SCHBG..xls"。

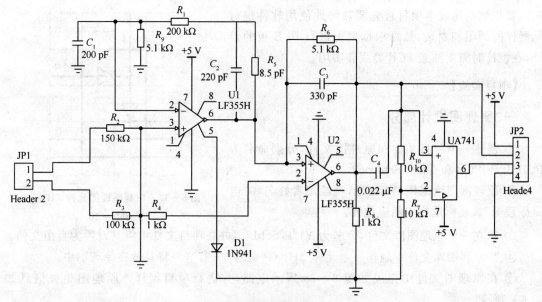

图 6-36 电路原理图

表 6-2 原理图相关信息

Designator	Footprint	Library	备 注
$C_1 \sim C_4$	RAD-0.3	Miscellaneous Devices.IntLibMiscellaneous Connectors.IntLibMotorola Amplifier Operational Amplifier.IntLib	其余相关参数见原理图
$R_1 \sim R_{10}$	AXIAL-0.4		
D1	AXIAL-0.4		
JP1	HDR1X2		
JP2	HDR1X4		
U1,U2	CX88(自制)		
UA741(自制)	DIP-8		

【任务评价】

利用 DXP 软件自制元器件并绘制原理图成绩评分标准见附表 6-1。

课题二 应用 DXP 软件设计 PCB 板

【任务引入】

利用 EDA 工具,电子设计师可以从概念、算法、协议等开始设计电子系统,大量工作可以通过计算机完成,并可以将电子产品从电路设计、性能分析、器件制作到设计印制电路板的整个过程在计算机上自动处理完成。

【任务分析】

在本课题中,通过利用 DXP 软件进行原理图绘制和 PCB 板设计,掌握 DXP 软件使用方法。要想顺利完成本项目首先要熟练地使用软件进行元器件的调用和封装,然后根据要求进行 PCB 板的设计,在设计时需要注意 PCB 美观和实用。

【项目实施】

一、原理图设计部分

① 创建一个项目文件和原理图文件,分别命名为 PCBSJ.PrjPCB 和 YLT.SchDoc。

② 原理图图纸采用 A4 图纸,将绘图者姓名和"电路原理图"放在标题栏中相应位置。

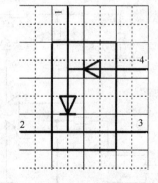

图 6-37 自制原理图元件 ZHKG Visible=10

③ 建立一个原理图库文件,命名为 YLT.SchLib,并在项目文件中将其设置为自由文档。

④ 在原理图库文件中制作一个元件 ZHKG(见图 6-37),并将其放在原理图中。

⑤ 在原理图文件中完成如图 6-38 所示电路,并进行项目编译。原理图相关信息如表 6-3 所列。

⑥ 创建材料清单并用 Excel 表格形式保存在专用文件夹中,命名为 SCHBG.xls。

表 6-3　原理图相关信息

Designator	Footprint	Library	备注
$C_1 \sim C_3$	RAD-0.3	Miscellaneous Devices.IntLib Miscellaneous Connectors.IntLib Analog Devices\AD Operational Amplifier.IntLib	其余相关参数参见原理图
$R_1 \sim R_{11}$	AXIAL-0.3		
JP1	HDR1X2		
$D1 \sim D2$	AXIAL-0.4		
D3(自制)	HDR1X4		
$U1 \sim U3$	CRY-8(自制)		

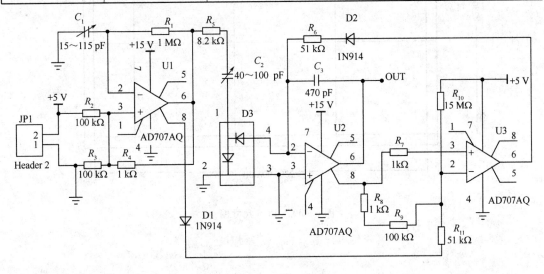

图 6-38　电路原理图

二、PCB 设计

① 建立一个 PCB 文件,命名为 PCBSJ.PcbDoc。

② 印刷板尺寸为 3500 mil×3000 mil,采用双面电路板,采用插针式元件,将机械 3 层为尺寸标注线,布线边界与板边界距离为 100 mil,如图 6-39 所示。

③ 建立一个 PCB 库文件,制作一个封装元件,命名为 CRY-8;如图 6-40 所示,系统参数中的 Visible Grid2=100 mil。

④ 建立一个 PCB 库文件,制作一个封装元件,命名为 CX88,如图 6-41 所示,系统参数中的 Visible Grid2=100 mil。

注意:步骤③和步骤④可以选其中任意一种封装方式。

⑤ 电路中的+15V 线宽设置为 30 mil,放在顶层;GND 线宽设置为 30 mil,放在底层。

⑥ 要求 PCB 元件布局合理,符合 PCB 设计规则,除特别说明外,系统参数均采用默认参数进行自动布线,完成 PCB 设计。

【任务评价】

利用 DXP 软件设计 PCB 板成绩评分标准见附表 6-2。

表 6-4 为 Protel DXP 中常用的快捷键。

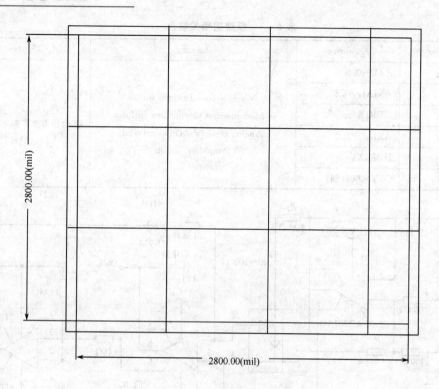

图 6-39 PCB 尺寸图

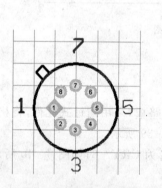

图 6-40 自制封装元件 CRY-8
Visible Grid2=100 mil

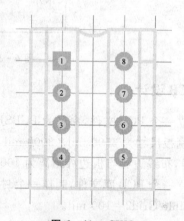

图 6-41 CX88
Visible Grid2=100 mil

在电子电路设计过程中,速度是很重要的,如果单用鼠标进行操作,不但单手负担太重,容易麻木疲劳而且效率低下。为此 Protel DXP 中提供了极为方便的快捷方式,利用快捷键,可以大大地提高工作效率。表 6-4 为 Protel DXP 中一些常用的快捷键步骤。

表 6-4 Protel DXP 中一些常用的快捷键步骤

快 捷 键	所代表的意义
Page Up	以鼠标为中心放大
Page Down	以鼠标为中心缩小

续表 6-4

快 捷 键	所代表的意义
Home	将鼠标所指的位置居中
End	刷新画面
ctrl+del	删除选取的元件(2个或2个以上)
x	选择浮动图件时,将浮动图件左右翻转
y	选择浮动图件时,将浮动图件上下翻转
alt+backspace	恢复前一次的操作
ctrl+backspace	取消前一次的恢复
v+d	缩放视图,以显示整张电路图
v+f	缩放视图,以显示所有电路部件
backspace	放置导线或多边形时,删除最末一个顶点
delete	放置导线或多边形时,删除最末一个顶点
ctrl+tab	在打开的各个设计文件文档之间切换
a	弹出 edit\align 子菜单
b	弹出 view\toolbars 子菜单
j	弹出 edit\jump 菜单
l	弹出 edit\set location makers 子菜单
m	弹出 edit\move 子菜单
s	弹出 edit\select 子菜单
x	弹出 edit\deselect 菜单
←	光标左移 1 个电气栅格
shift+←	光标左移 10 个电气栅格
→	光标右移 1 个电气栅格
shift+→	光标右移 10 个电气栅格
↑	光标上移 1 个电气栅格
shift+↑	光标上移 10 个电气栅格
↓	光标下移 1 个电气栅格
shift+↓	光标下移 10 个电气栅格
ctrl+1	以零件原来的尺寸的大小显示图纸
ctrl+2	以零件原来的尺寸的 200% 显示图纸
ctrl+4	以零件原来的尺寸的 400% 显示图纸
ctrl+5	以零件原来的尺寸的 50% 显示图纸
ctrl+f	查找指定字符
ctrl+g	查找替换字符
ctrl+b	将选定对象以下边缘为基准,底部对齐
ctrl+t	将选定对象以上边缘为基准,顶部对齐
ctrl+l	将选定对象以左边缘为基准,靠左对齐

续表 6-4

快 捷 键	所代表的意义
ctrl+r	将选定对象以右边缘为基准,靠右对齐
ctrl+h	将选定对象以左右边缘的中心线为基准,水平居中排列
ctrl+v	将选定对象以上下边缘的中心线为基准,垂直居中排列
ctrl+shift+h	将选定对象在左右边缘之间,水平均布
ctrl+shift+v	将选定对象在上下边缘之间,垂直均布
shift+f4	将打开的所有文档窗口平铺显示
shift+f5	将打开的所有文档窗口层叠显示
shift+单左鼠	选定单个对象
crtl+单左鼠,再释放 crtl	拖动单个对象
按 ctrl 后移动或拖动	移动对象时,不受电器格点限制
按 alt 后移动或拖动	移动对象时,保持垂直方向
按 shift+alt 后移动或拖动	移动对象时,保持水平方向

模块七 电力电子技术

课题一 调试单结晶体管触发电路

【任务引入】

要使晶闸管导通,除了加正向阳极电压外,还必须在控制极和阴极之间加触发电压。提供触发电压的电路称为触发电路。触发电路的种类很多,常用的有单结晶体管触发电路、阻容移相触发电路、集成触发电路以及晶体管触发电路等。

【任务分析】

本项目主要任务是首先认识了解单结晶体管,其次能够正确理解由单结晶体管作为核心器材所组成的晶闸管触发电路的工作原理。能够正确使用示波器以此观测电路中各测试点波形和数值,并做好相应记录,这是完成好本项目的关键。

【相关知识】

一、晶闸管

晶闸管又称晶体闸流管、可控硅整流器(Silicon Controlled Rectifier,SCR)。

它是一种大功率半导体器件,出现于 20 世纪 70 年代。它的出现使半导体器件由弱电领域扩展到强电领域。它是一种大功率开关型半导体器件,在电路中用文字符号"V"、"VT"表示。

晶闸管主要用于整流、逆变、调压、调速、开关和变频等方面,其中应用最多的为晶闸管的整流,其具有输出电压可调等特点。晶闸管派生器件有双向晶闸管、逆导晶闸管、光控晶闸管、快速晶闸管等。特点是:体积小、质量轻、无噪声、寿命长、容量大(正向平均电流达千安、正向耐压达数千伏)。

1. 结构和符号

晶闸管的外形有螺栓型、平板型和模块型等几种封装,其外观如图 7-1 所示,其结构和图形符号如图 7-2 所示。

(a)螺栓型

(b)模块型   (c)平板型

图 7-1 晶闸管外形

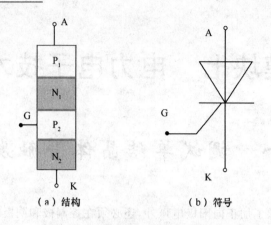

(a) 结构　　　　　(b) 符号

图 7-2　晶闸管结构及图形符号

2. 晶闸管的工作原理

① 晶闸管具有单向导电性，其正向导通条件是 A、K 间加正向电压，G、K 间加触发信号。

② 晶闸管一旦导通，控制极即刻失去作用。

若使其关断，必须降低 U_{AK} 或加大回路电阻，把阳极电流减小到维持电流以下。

3. 晶闸管型号

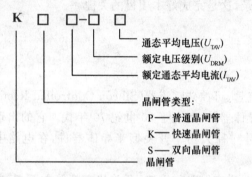

4. 晶闸管主要参数

① U_{DRM}（断态重复峰值电压）　在门极断路而结温为额定值时，允许重复加在器件上的正向峰值电压。

② 反向重复峰值电压 U_{RRM}　在门极断路而结温为额定值时，允许重复加在器件上的反向峰值电压。

③ 通态（峰值）电压 U_T　晶闸管通以某一规定倍数的额定通态平均电流时的瞬态峰值电压。

④ 通态平均电流 $I_{T(AV)}$　在环境温度为 40 ℃和规定的冷却状态下，稳定结温不超过额定结温时所允许流过的最大工频正弦半波电流的平均值。

⑤ 维持电流 I_H　使晶闸管维持导通所必需的最小电流。

⑥ 擎住电流 I_L　晶闸管刚从断态转入通态并移除触发信号后，能维持导通所需的最小电流。对同一晶闸管来说，通常 I_L 约为 I_H 的 2～4 倍。

⑦ 浪涌电流 I_{TSM}　指由于电路异常情况引起的并使结温超过额定结温的不重复性最大正向过载电流。

5. 晶闸管检测

简易的检测方法如下：

① 判别电极：万用表置于 R×1K 挡，测量晶闸管任意两引脚间的电阻。当万用表指示低阻值时，黑表笔所接的是门极 G，红表笔所接的是阴极 K，余下的一个引脚为阳极 A。其他情况下电阻值均为无穷大。

② 质量好坏的检测：检测时按以下三个步骤进行：

- 万用表置于 R×10 挡，红表笔接阴极 K，黑表笔接阳极 A，指针应接近无穷大。
- 用黑表笔在不断开阳极的同时接触门极 G，万用表指针向右偏转到低阻值，表明晶闸管触发导通。
- 不断开阳极 A 的情况下，断开黑表笔与门极 g 的接触，万用表指针应保持在原来的低阻值上，表明晶闸管撤去控制信号后仍将保持导通状态。

二、单结晶体管的结构与特性

1. 单结晶体管的外形符号与结构

它的外形与普通三极管相似，具有三个电极，但不是三极管，而是具有三个电极的二极管。单结晶体管管内只有一个 PN 结，所以称为单结晶体管。三个电极中，一个是发射极，两个是基极，所以也称为双基极二极管。其外形、结构及图形符号如图 7-3 所示。

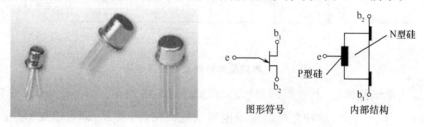

图 7-3 单结晶体管外形、图形符号及结构

2. 单结晶体管的伏安特性

图 7-4(a) 为测试单结晶体管伏安特性的试验电路。

图 7-4(b) 为单结晶体管的伏安特性曲线，可将其分为三个区域。

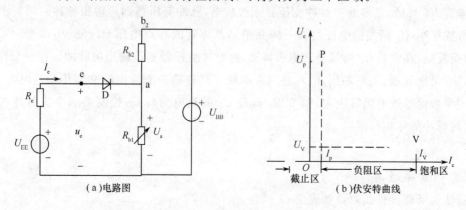

图 7-4 单结晶体管伏安特性

结论:当单结晶体管的发射结电压 $U_e \geq U_p$ 时,管子导通;若导通后,$U_e < U_v$ 时,管子又恢复到截止状态。

三、单结晶体管同步触发电路分析

利用单结晶体管(又称双基极二极管)的负阻特性和 RC 的充放电特性,可组成频率可调的自激振荡电路,如图 7-5 所示。

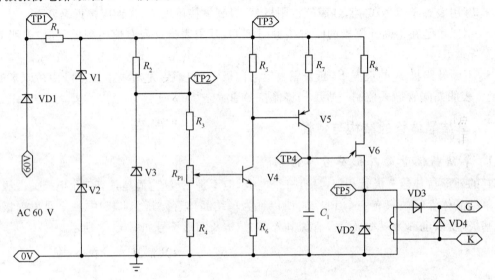

图 7-5 单结晶体管触发电路原理图

图中 V6 为单结晶体管,其常用的型号有 BT33 和 BT35 两种。由等效电阻 V5 和 C_1 组成 RC 充电回路,由 C_1-V6-脉冲变压器组成电容放电回路,调节 R_{P1} 即可改变 C_1 充电回路中的等效电阻。

工作原理简述如下:由同步变压器副边输出 60 V 的交流同步电压,经 VD1 半波整流,再由稳压管 V1、V2 进行削波,从而得到梯形波电压,其过零点与电源电压的过零点同步,梯形波通过 R_7 及等效可变电阻 V5 向电容 C_1 充电,当充电电压达到单结晶体管的峰值电压 U_P 时,单结晶体管 V6 导通,电容通过脉冲变压器原边放电,脉冲变压器副边输出脉冲。同时由于放电时间常数很小,C_1 两端的电压很快下降到单结晶体管的谷点电压 U_v,使 V6 关断,C_1 再次充电,周而复始,在电容 C_1 两端呈现锯齿波形,在脉冲变压器副边输出尖脉冲。在一个梯形波周期内,V6 可能导通、关断多次,但对晶闸管的触发只有第一个输出脉冲起作用。电容 C_1 的充电时间常数由等效电阻等决定,调节 R_{P1} 改变 C_1 的充电的时间,控制第一个尖脉冲的出现时刻,实现脉冲的移相控制。

【任务实施】

1. 实训前的准备

准备实训所需挂件及附件如表 7-1 所列。

表 7-1 实训所需挂件及附件

序 号	型 号	备 注
1	PDC01A 电源控制屏	见图 7-32
2	PWD-11(或 PDC-11)晶闸管主电路	见图 7-33
3	PWD-14 单相晶闸管触发电路	见图 7-34
4	双踪示波器	

2. 实施步骤

(1) 单结晶体管触发电路波形的观测

用两根导线将 PDC01A 电源控制屏"主电路电源输出"的 220 V 交流电压接到 PWD-14 的"外接 220V"端,按下"启动"按钮,打开 PWD-14 电源开关,这时挂件中所有的触发电路都开始工作;用双踪示波器观察单结晶体管触发电路经半波整流后"1"点的波形,经稳压管削波得到"3"点的波形,调节移相电位器 R_{P1},观察"4"点锯齿波的周期变化及"5"点的触发脉冲波形;最后用导线将"G"、"K"连接到 PWD-11(或 PDC-11)上任一个晶闸管上,观测输出的"G、K"触发脉冲波形能否在 30°～170°范围内移相。

(2) 单结晶体管触发电路各点波形的记录

当 α 分别为 30°、60°、90°、120°时,将单结晶体管触发电路的各观测点波形描绘下来。

【实训报告】

画出 α=60°时,单结晶体管触发电路各点输出的波形及其幅值。

【注意事项】

① 为保证人身安全,杜绝触电事故发生,接线与拆线必须在断电的情况下进行。

② 为保证实训设备的可靠运行,接线完成后必须进行检查,待接线正确之后方可进行实训。

课题二 调试锯齿波同步移相触发电路

【任务引入】

单结晶体管触发电路简单,输出功率较小,脉冲较窄,对于多相电路的触发不易一致。因此只用于控制精度要求不高的单相晶闸管系统。但同步电压为锯齿波的触发电路,不受电网波动和波形畸变的影响,移相范围宽,应用广泛输出可为双窄脉冲适用于有两个晶闸管同时导通的电路,也可为单窄脉冲。

【任务分析】

本课题主要任务是首先能够正确理解由三极管、二极管、电阻、电容等基本元器件所组成的锯齿波同步移相触发电路的基本构成和工作原理。能够正确使用示波器来观测电路中各测试点波形和数值,并做好相应记录,这是完成好本课题的关键。

【相关知识】

1. 实训线路及原理

锯齿波同步移相触发电路由同步检测、锯齿波形成、移相控制、脉冲形成、脉冲放大等环节组成,其原理图如图 7-6 所示。

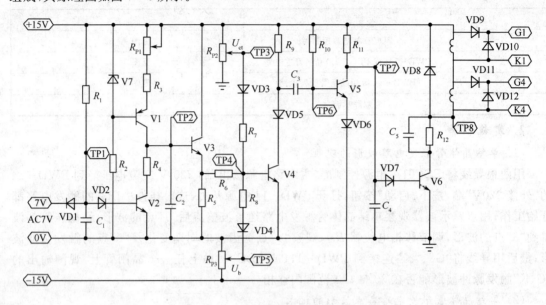

图 7-6 锯齿波同步移相触发电路原理图

由 V2、VD1、VD2、C_1 等元件组成同步检测环节,其作用是利用同步电压 U_T 来控制锯齿波产生的时刻及锯齿波的宽度。锯齿波的形成电路如图 7-6 中的恒流源(V7、R_2、R_{P1}、R_3、V1)及电容 C_2 和开关管 V2 所组成。由 V7、R_2 组成的稳压电路对 V1 管设置了一个固定基极电压,则 V1 发射极电压也恒定,从而形成恒定电流对 C_2 充电。当 V2 截止时,恒流源对 C_2 充电形成锯齿波;当 V2 导通时,电容 C_2 通过 R_4、V2 放电。调节电位器 R_{P1} 可以调节恒流源的电流大小,从而改变了锯齿波的斜率。控制电压 U_{ct}、偏移电压 U_b 和锯齿波电压在 V4 基极综合叠加,从而构成移相控制环节,R_{P2}、R_{P3} 分别调节控制电压 U_{ct} 和偏移电压 U_b 的大小。V5、V6 构成脉冲形成放大环节,C_5 为强触发电容起到改善脉冲前沿的作用,并由脉冲变压器输出触发脉冲。

【任务实施】

1. 准备器材

准备实训所需挂件及附件见表 7-2 表列。

表 7-2 实训所需设备挂件

序号	型号	备注
1	PDC01A 电源控制屏	见图 7-32
2	PWD-11(或 PDC-11)晶闸管主电路	见图 7-33
3	PWD-14 单相晶闸管触发电路	见图 7-34
4	双踪示波器	

2. 操作步骤

1) 用两根导线将 PDC01A 电源控制屏"主电路电源输出"的 220 V 交流电压接到 PWD-14

的"外接220V"端,按下"启动"按钮,打开 PWD-14 电源开关,这时挂件中所有的触发电路都开始工作,用双踪示波器观察锯齿波同步触发电路中各观察孔的电压波形。

① 观察同步电压和"TP1"点的电压波形,了解"TP1"点波形形成的原因。

② 观察"TP1"、"TP2"点的电压波形,了解锯齿波宽度和"TP1"点电压波形的关系。

③ 调节电位器 R_{P1},观测"TP2"点锯齿波斜率的变化。

④ 观察"TP4"、"TP6"、"TP7"、"TP8"点电压波形和输出电压的波形,记下各波形的幅值与宽度,并比较"4"点电压 U4 和"TP8"点电压 U8 的对应关系。

2) 调节 U_{ct}(即电位器 R_{P2})使 $\alpha=60°$,观察并记录各观测孔及输出"G、K"脉冲电压的波形("G"、"K"端接 PWD-11 或 PDC-11 上任一晶闸管),标出其幅值与宽度,并记录在表 7-3 中(可在示波器上直接读出,读数时应将示波器的"V/DIV"和"t/DIV"微调旋钮旋到校准位置)。

表 7-3 数据记录

项　目	U_1	U_2	U_4	U_6	U_7	U_8
幅值(V)						
宽度(ms)						

【实训报告】

1) 整理、描绘实训中记录的各点波形,并标出其幅值和宽度。

2) 总结锯齿波同步移相触发电路移相范围的调试方法,如果要求在 $U_{ct}=0$ 的条件下,使 $\alpha=90°$,如何调整?

3) 讨论、分析实训中出现的各种现象。

课题三　单相半波可控整流电路的接线与调试

【任务引入】

可控整流电路是应用广泛的电能变换电路,其作用是将交流电变换成大小可调的直流电。单相可控整流电路,使用元器件少,线路简单,调整方便,但其输出电压的脉动成分大,当负载过大时会造成三相负载不平衡。

【任务分析】

在本课题中,认识单相半波可控整流电路之前,必须对晶闸管有深刻的理解。在这基础上利用示波器、万用表等仪器分别对单相半波可控整流电路带阻性负载和感性负载时进行波形观测,从而对单相半波可控整流电路有更充分的掌握。

【相关知识】

1. 电阻性负载

其电路原理图及工作波形如图 7-7 所示。

电阻负载的特点:电压与电流成正比,两者波形相同。直流输出电压平均值:

模块七 电力电子技术

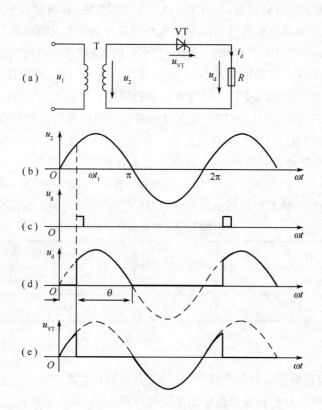

图 7-7 电路原理图及工作波形

$$U_d = \frac{1}{2\pi}\int_\alpha^\pi \sqrt{2}U_2 \sin\omega t\, d(\omega t) = \frac{\sqrt{2}U_2}{2\pi}(1+\cos\alpha) = 0.45U_2 \frac{1+\cos\alpha}{2}$$

VT 的 α 移相范围为 180°。

提 示：

① 触发延迟角 该延迟角是从晶闸管开始承受正向阳极电压起到施加触发脉冲止的电角度，用 α 表示，也称触发角或控制角。

② 导通角 晶闸管在一个电源周期中处于通态的电角度称为导通角，用 θ 表示。

③ 相位控制方式 通过控制触发脉冲的相位来控制直流输出电压大小的方式称为相位控制方式，简称相控方式。

2. 电感性负载

(1) 不加续流二极管

电路原理图及工作波形图如图 7-8 所示。

阻感负载的特点：电感对电流变化有抗拒作用，使得流过电感的电流不发生突变。

(2) 加续流二极管

电路原理图及工作波形图如图 7-9 所示。

当 u_2 过零变负时，VD_R 导通，u_d 为零，VT 承受反压关断。L 储存的能量保证了电流 i_d 在 $L\text{-}R\text{-}VD_R$ 回路中流通，此过程通常称为续流。续流期间 u_d 为 0，u_d 中不再出现负的部分。

输出电压平均值 U_d：

$$U_{\mathrm{d}} = \frac{1}{\pi}\int_{\alpha}^{\pi}\sqrt{2}U_2\sin\omega t\,\mathrm{d}(\omega t) = 0.9U_2\frac{1+\cos\alpha}{2}$$

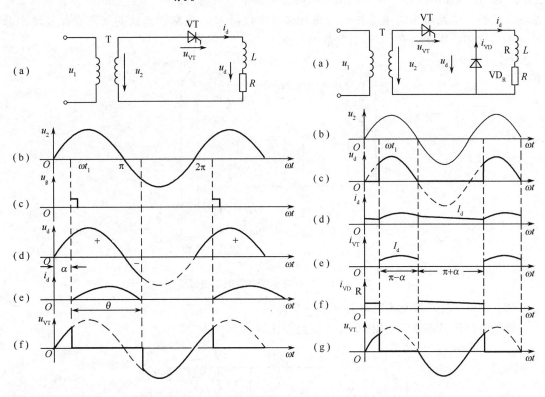

图 7-8　电路原理图及工作波形图　　图 7-9　电路原理图及工作波形图

【任务实施】

1. 准备器材

该课题所需挂件及附件,如表 7-4 所列。

表 7-4　实训所需设备挂件

序　号	型　号	备　注
1	PDC01A 电源控制屏	见图 7-32
2	PWD-11(或 PDC-11)晶闸管主电路	见图 7-33
3	PWD-14 单相晶闸管触发电路	见图 7-34
4	PWD-17 可调电阻器	见图 7-35
5	双踪示波器	
6	万用表	

2. 实施步骤

(1) 单结晶体管触发电路的调试

将 PWD-14 挂件上的单结晶体管触发电路的输出端"G"和"K"接到 PWD-11(或 PDC-11)挂件面板上的任意一个晶闸管的门极和阴极,晶闸管主电路的"触发脉冲输入"端的扁平电缆不要接(防止误触发),接线如图 7-10 所示。用两根导线将 PDC01A 电源控制屏"主电路电源输出"的 220 V 交流电压接到 PWD-14 的"外接 220 V"端,按下"启动"按钮,打开 PWD-14 电源开关,用双踪示波器观察单结晶体管触发电路中整流输出的梯形波电压、锯齿波电压及单结晶体管触发电路输出电压等波形。调节移相电位器 R_{P1},观察锯齿波的周期变化及输出脉冲波形的移相范围能否在 30°～170°范围内移动。

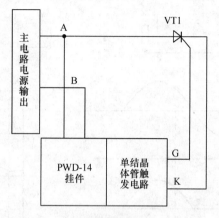

图 7-10 单结晶体管触发电路接线图

(2) 单相半波可控整流电路接电阻性负载

触发电路调试正常后,按图 7-11 电路图接线。

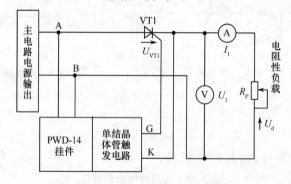

图 7-11 电阻型负载单相半波可控整流电路接线图

将电阻器调在最大阻值位置,按下"启动"按钮,用示波器观察负载电压 U_d、晶闸管 VT 两端电压 U_{VT} 的波形,调节电位器 R_{P1},观察 $\alpha=30°、60°、90°、120°、150°$ 时 U_d、U_{VT1} 的波形变化,并将测量整流输出电压 U_d 和电源电压 U_2 的值记录于表 7-5 中。

表 7-5 电阻性负载数据记录

α	30°	60°	90°	120°	150°
U_2(V)					
U_d(记录值)					
U_d/U_2					
U_d(计算值)					

该整流电路中,U_d 的计算式为:$U_d=0.45U_2(1+\cos\alpha)/2$

(3) 单相半波可控整流电路接电阻电感性负载

将负载电阻 R_P 改成电阻电感性负载(由电阻器与平波电抗器 L_d 串联而成)按图 7-12 电路图接线。

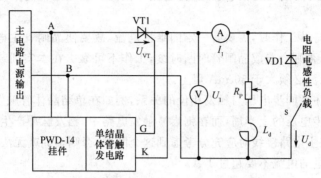

图 7-12　电感性负载单相半波可控整流电路接线图

暂不接续流二极管 VD1，观察并记录 $α=30°、60°、90°、120°$时的直流输出电压 U_d 及晶闸管两端电压 U_{VT} 的波形，并将数值记录于表 7-6 中。

表 7-6　电感性负载数据记录

α	30°	60°	90°	120°	150°
U_2(V)					
U_d(记录值)					
U_d/U_2					
U_d(计算值)					

接入续流二极管 VD1，重复上述实训，观察续流二极管的作用，及其两端电压 U_{VD} 波形的变化，并将数值记录于表 7-7 中。

表 7-7　接入续流二极管数据记录

α	30°	60°	90°	120°	150°
U_2(V)					
U_d(记录值)					
U_d/U_2					
U_d(计算值)					

单相半波可控整流电路 U_d 的计算公式：$U_d=0.45U_2(1+\cos α)/2$

【实训报告】

① 画出 $α=90°$时，电阻性负载和电阻电感性负载时的 U_d、U_{VT} 波形。

② 画出电阻性负载时 $U_d/U_2=f(α)$ 的实训曲线，并与计算值 U_d 的对应曲线相比较。

③ 分析实训中出现的故障现象，写出体会。

【注意事项】

1) 为避免晶闸管意外损坏，实训时要注意以下几点：

① 在主电路未接通时，首先要调试触发电路，只有触发电路工作正常后，才可以接通主电路。

② 在接通主电路前,必须先将控制电压 U_{ct} 调到零,且将负载电阻调到最大阻值处;接通主电路后,才可逐渐加大控制电压 U_{ct},避免过流。

③ 要选择合适的负载电阻和电感,避免过流。在无法确定的情况下,应尽可能选用大的电阻值。

2) 由于晶闸管持续工作时,需要有一定的维持电流,故要使晶闸管主电路可靠工作,其通过的电流不能太小,否则会造成晶闸管时断时续,工作不可靠。在本实训装置中,要保证晶闸管正常工作,负载电流必须大于 50 mA 以上。

3) 在实训中要注意同步电压与触发相位的关系,例如在单结晶体管触发电路中,触发脉冲产生的位置是在同步电压的上半周,而在锯齿波触发电路中,触发脉冲产生的位置是在同步电压的下半周,所以在主电路接线时应充分考虑到这个问题,否则实训就无法顺利完成。使用电抗器时要注意其通过的电流不要超过 1 A。

课题四 单相半控桥式整流电路的接线与调试

【任务引入】

可控整流电路是应用广泛的电能变换电路,其作用是将交流电变换成大小可调的直流电,作为直流用电设备的电源。将二极管桥式整流电路中的两个二极管用两个晶闸管替换,就构成了半控桥式整流电路。当电路带有电阻性负载和电感性负载时,其工作情况是不同的。

【任务分析】

在本课题中,通过对单相半控桥式整流电路的连接和调试,掌握单相半控桥式整流电路分别带不同负载时电路的特点和原理。同时利用示波器观测测试点的波形,有助于提高分析电路的能力。

【相关知识】

一、电阻性负载

当单相桥式半控整流电路的负载为纯电阻时,称电阻性负载,其电路如图 7-13 所示。

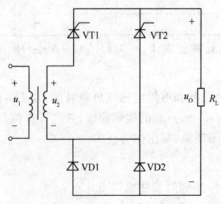

图 7-13 电阻性负载单相半控桥式整流电路及波形

电路的工作原理是:当电源电压 u_2 为正半周时,晶闸管 VT1 和二极管 VD2 加正向电压作用。在 t_1 时刻,控制极上加触发脉冲 u_g,使 VT1 和 VD2 导通,负载 R_L 中流过输出电流 i_o,形成输出整流电压 u_o。此时,晶闸管 VT2 和二极管 VD1 因承受反向电压而截止。在 t_2 时刻,电源电压 u_2 过零,使 VT1 和 VD2 关断。

当电源电压 u_2 为负半周时,VT2 和 VD1 加正向电压。在 t_3 时刻,控制极加触发脉冲,使 VT2 和 VD1 导通,在负载 R_L 上有 i_o 和 u_o,直到 t_4 时刻 u_2 过零时关断。此时,VT1 和 VD2 截止。电阻性负载半控整流电路的工作波形图如图 7-14 所示。

二、电感性负载

若整流电路的负载为直流电动机的励磁线圈或其他各种电感线圈时,则构成电感性负载的半控桥式整流电路,如图 7-15 所示。图中与负载并联的二极管 D_3 称为续流二极管,将电感性负载等效成电阻 R 和电感 L 两部分。

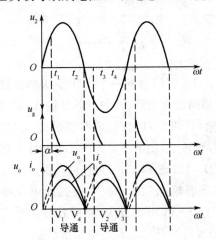

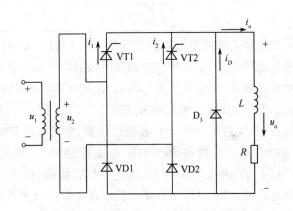

图 7-14 电阻性负载工作波形图

图 7-15 电感性负载半控桥式整流电路

在 u_2 正半周,u_2 经 VT1 和 VD2 向负载供电。u_2 过零变负时,因电感作用,电流不再流经变压器二次绕组,而是由 VT1 和 VD1 续流。在 u_2 负半周触发角 a 时刻触发使 VT2 导通,u_2 经 VT2 和 VD1 向负载供电。u_2 过零变正时,VD2 导通,VD1 关断。VT2 和 VD2 续流,u_d 又变零,如图 7-16 所示。

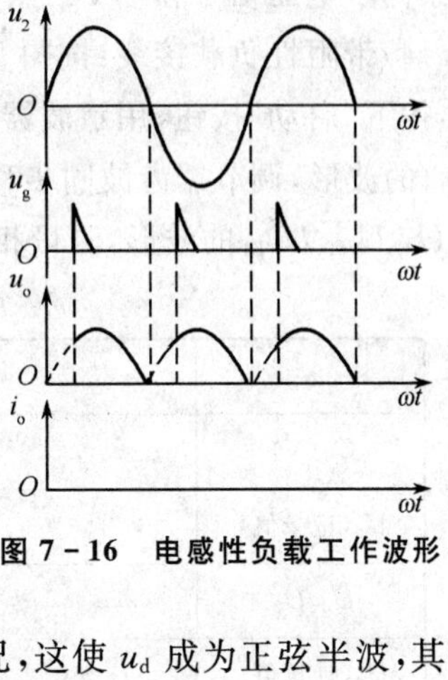

三、"失控"问题及其解决方法

1. 失 控

若无续流二极管,则当 a 突然增大至 180°或触发脉冲丢失时,会发生一个晶闸管持续导通而两个二极管轮流导通的情况,这使 u_d 成为正弦半波,其平均值保持恒定,称为失控。

图 7-16 电感性负载工作波形

模块七 电力电子技术

2. 解决方法

负载侧并联一个续流二极管 VD_R,续流过程由 VD_R 完成,避免了失控的现象。续流期间导电回路中只有一个管压降,有利于降低损耗。

【任务实施】

1)准备器材:所需器材如表 7-8 所列。

表 7-8 实训所需设备器材

序号	型号	备注
1	PDC01A 电源控制屏	见图 7-32
2	PWD-11(或 PDC-11)晶闸管主电路	见图 7-33
3	PWD-14 单相晶闸管触发电路	见图 7-34
4	PWD-17 可调电阻器	见图 7-35
5	双踪示波器	
6	万用表	

两组锯齿波同步移相触发电路均在 PWD-14 挂件上,它们由同一个同步变压器保持与输入的电压同步,触发信号加到共阴极的两个晶闸管(晶闸管主电路的"触发脉冲输入"端的扁平电缆不要接,防止误触发),电阻 R_P 用 450Ω 可调电阻(将两个 900Ω 接成并联形式),二极管 VD1、VD2、VD 及电感 L_d 均在 PWD-11(或 PDC-11)面板上,L_d 有 200 mH、700 mH 三挡可供选择,本实训用 700 mH,直流电压表、电流表从 PWD-11(或 PDC-11)挂件获得。

2)用两根导线将 PDC01A 电源控制屏"主电路电源输出"的 220 V 交流线电压接到 PWD-14 的"外接 220 V"端,按下"启动"按钮,打开 PWD-14 电源开关,这时挂件中所有的触发电路都开始工作,用双踪示波器观察锯齿波同步触发电路各观察孔的电压波形。

3)锯齿波同步移相触发电路调试:将控制电压 U_{ct} 调至零(将电位器 R_{P2} 顺时针旋到底),观察同步电压信号和"TP8"点 U_8 的波形,调节偏移电压 U_b(即调 R_{P3} 电位器),使 $\alpha=170°$。

4)带阻性负载接线:按图 7-17 接线,主电路接可调电阻 R_P,将电阻器调到最大阻值位置,按下"启动"按钮,用示波器观察负载电压 U_d、晶闸管两端电压 U_{VT} 和整流二极管两端电压 U_{VD1} 的波形,调节锯齿波同步移相触发电路上的移相控制电位器 R_{P2},观察并记录在不同 α 角时 U_d、U_{VT}、U_{VD1} 的波形,测量相应电源电压 U_2 和负载电压 U_d 的数值,记录于表 7-9 中。

表 7-9 电阻性负载数据记录

α	30°	60°	90°	120°	150°
U_2(V)					
U_d(记录值)					
U_d/U_2					
U_d(计算值)					

单相桥式半整流电路 U_d 的计算公式:$U_d = 0.9U_2(1+\cos\alpha)/2$。

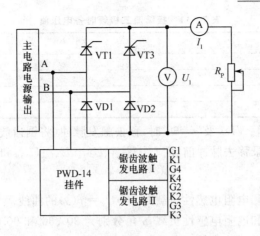

图 7-17 单相桥式半控整流电路实训接线图

5) 断开主电路后, 将负载换成为平波电抗器 L_d(700 mH)与电阻 R_P 串联, 如图 7-18 所示。

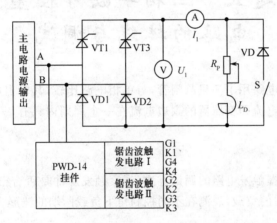

图 7-18 电感性负载单相桥式半控整流电路实训接线图

① 不接续流二极管 VD3, 接通主电路, 用示波器观察不同控制角 α 时 U_d、U_{VT}、U_{VD1}、I_d 的波形, 并测定相应的 U_2、U_d 数值, 记录于表 7-10 中。

表 7-10 不接续流二极管时各电压值

α	30°	60°	90°
U_2(V)			
U_d(记录值)			
U_d/U_2			
U_d(计算值)			

② 在 α=60° 时, 移去触发脉冲(将锯齿波同步触发电路上的 "G3" 或 "K3" 拔掉), 观察并记录移去脉冲前、后 U_d、U_{VT1}、U_{VT3}、U_{VD1}、U_{VD2} 和 I_d 的波形。

③ 接上续流二极管 VD3, 接通主电路, 观察不同控制角 α 时 U_d、U_{VD3}、I_d 的波形, 并测定相应的 U_2、U_d 数值, 记录于表 7-11 中。

表 7-11 接续流二极管时各电压值

α	30°	60°	90°
U_2(V)			
U_d(记录值)			
U_d/U_2			
U_d(计算值)			

④ 在接有续流二极管 VD3 及 α=60°时,移去触发脉冲(将锯齿波同步触发电路上的"G3"或"K3"拔掉),观察并记录移去脉冲前、后 U_d、U_{VT1}、U_{VT3}、U_{VD2}、U_{VD1} 和 I_d 的波形。

【实训报告】
① 画出电阻性负载和电阻电感性负载时 $U_d/U_2=f(α)$ 的曲线。
② 画出电阻性负载和电阻电感性负载,α 角分别为 30°、60°和 90°时的 U_d、U_{VT} 的波形。
③ 说明续流二极管对消除失控现象的作用。
④ 对实训过程中出现的故障现象做出书面分析。

课题五　三相半波可控整流电路的接线与调试

【任务引入】
三相半波可控整流电路用了三只晶闸管,与单相电路比较,其输出电压脉动小,输出功率大。不足之处是晶闸管电流即变压器的副边电流在一个周期内只有 1/3 时间有电流流过,变压器利用率较低。

【任务分析】
在本课题中首先掌握触发电路的调试方法,观察触发脉冲是否合格。在触发电路触发调试成功后,接上不同性质的负载,观测在不同控制角下负载两端的波形。

【相关知识】

一、电路特点

变压器二次侧接成星形得到零线,而一次侧接成三角形避免三次谐波流入电网。三个晶闸管分别接入 a、b、c 三相电源,其阴极连接在一起,称为共阴极接法。

二、电阻性负载

带电阻性负载三相半波可控整流电路原理图及工作波形如图 7-19 所示。
提　示:
自然换相点:二极管换相时刻为自然换相点,是各相晶闸管能触发导通的最早时刻,将其作为计算各晶闸管触发角 α 的起点,即 α=0°。
阻感负载:电感性负载三相半波可控整流电路原理图及工作波形如图 7-20 所示。
特点:带阻感性负载,若 L 值很大,则 i_d 波形基本平直。
α≤30°时:整流电压波形与电阻负载时相同。
α>30°时,u_2 过零时,VT1 不关断,直到 VT2 的脉冲到来,才换流,u_d 波形中出现负的部

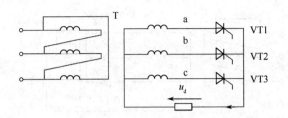

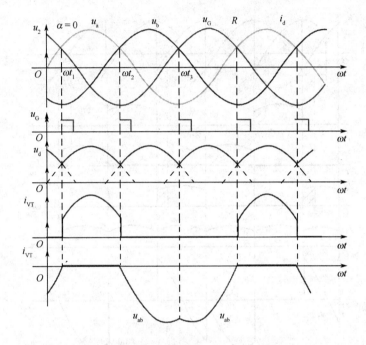

图 7-19　电路原理图及 $\alpha=0°$ 时的波形

分。i_d 波形有一定的脉动，但为简化分析及定量计算，可将 i_d 近似为一条水平线。阻感负载时的移相范围为 90°。

【任务实施】

1. 准备器材

实训所需挂件及附件如表 7-12 所列。

表 7-12　实训所需挂件及附件

序号	型号	备注
1	PDC01A 电源控制屏	见图 7-32
2	PWD-11（或 PDC-11）晶闸管主电路	见图 7-33
3	PDC-12 三相晶闸管触发电路	见图 7-36
4	PDC-14 电机调速控制电路Ⅰ	见图 7-37
5	PWD-17 可调电阻器	见图 7-35
6	双踪示波器	
7	万用表	

模块七 电力电子技术

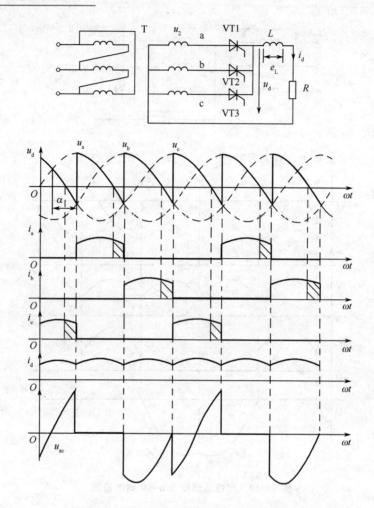

图 7-20 电路原理图及 $\alpha=60°$ 时波形

2. PWD-11(或 PDC-11)和 PDC-12 上的"触发电路"调试

① 打开 PDC01A 总电源开关,操作"电源控制屏"上的"三相电网电压指示"开关,观察输入的三相电网电压是否平衡。

② 用弱电导线将控制屏上的三相同步信号输出端和 PDC-12"三相同步信号输入"端相连,打开 PDC-12 电源开关,拨动"触发脉冲指示"钮子开关,使"窄"的发光管亮。

③ 观察 A、B、C 三相的锯齿波,并调节 A、B、C 三相锯齿波斜率调节电位器(在各观测孔下方),使三相锯齿波斜率尽可能一致。

④ 将 PDC-14 挂件上的"给定"输出 U_g 直接与 PDC-12 的移相控制电压 U_{ct} 相接,将给定开关 S2 拨到接地位置(即 $U_{ct}=0$),调节 PDC-12 上的偏移电压电位器,用双踪示波器观察 A 相同步电压信号和"双脉冲观察孔"VT1 的输出波形,使 $\alpha=150°$(注意此处的 α 表示三相晶闸管电路中的移相角,它的 0° 是从自然换流点开始计算,前面实训中的单相晶闸管电路的 0° 移相角表示从同步信号过零点开始计算,两者存在相位差,前者比后者滞后 30°)。

⑤ 适当增加给定 U_g 的正电压输出,观测 PDC-12 上"脉冲观察孔"的波形,此时应观测到单窄脉冲和双窄脉冲。

⑥ 将PDC-12面板上的U_{lf}端接地,用20芯的扁平电缆将PDC-12的"正桥触发脉冲输出"端和PWD-11(或PDC-11)"(正桥)触发脉冲输入"端相连,观察VT1～VT6晶闸管门极和阴极之间的触发脉冲是否正常。

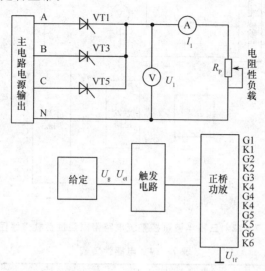

图7-21 三相半波可控整流电路带电阻性负载接线图

3. 三相半波可控整流电路带电阻性负载接线调试

按图7-21接线,电阻R_P用450 Ω可调电阻(将两个900 Ω接成并联形式),将电阻器放在最大阻值处,按下"启动"按钮,PDC-14挂件上的"给定"从零开始,慢慢增加电压,使α能从0°到150°范围内调节,用示波器观察并纪录α分别为0°、30°、60°、90°、120°时整流输出电压U_d和晶闸管两端电压U_{VT}的波形,并记录相应的电源电压U_2及U_d的数值于表7-13中。

表7-13 电阻性负载数据

α	0°	30°	60°	90°	120°
U_2(V)					
U_d(记录值)					
U_d/U_2					
U_d(计算值)					

计算公式:$U_d=1.17U_2\cos\alpha$ (0°～30°)

$$U_d=0.675U_2\left[1+\cos\left(\alpha+\frac{\pi}{6}\right)\right] \quad (30°～150°)$$

4. 三相半波整流带电阻电感性负载接线调试

将PWD-11(或PDC-11)上700 mH的电抗器与负载电阻R_P串联后接入主电路,按图7-22接线,观察不同移相角α时输出电压U_d、输出电流I_d的波形,并记录电源电压U_2及U_d、I_d值于表7-14中,画出α=90°时的U_d及I_d波形图。

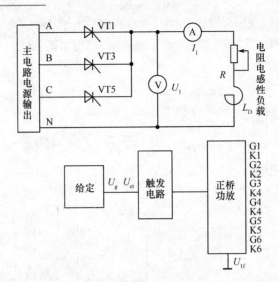

图 7-22 三相半波可控整流电路带电阻性负载接线图

表 7-14 电感性负载

α	0°	30°	60°	90°
U_2(V)				
U_d(记录值)				
U_d/U_2				
U_d(计算值)				

【实训报告】

绘出当 α=90°时,整流电路供电给电阻性负载、电阻电感性负载时的 U_d 及 I_d 的波形,并进行分析讨论。

课题六 三相桥式全控整流电路接线与调试

【任务引入】

三相整流电路是交流侧由三相电源供电,其负载容量较大,或要求直流电压脉动较小,容易滤波。三相可控整流电路有三相半波可控整流电路,三相半控桥式整流电路和三相全控桥式整流电路三种,其中三相桥式全控整流电路应用较为广泛。

【任务分析】

在本课题中首先掌握触发电路的调试方法,用示波器观察其触发脉冲是否合乎要求。在触发电路触发调试成功后,接上不同性质的负载,观测在不同控制角下负载和晶闸管的两端波形。通过观测与理论上的电压波形进行比较,对三相桥式全控整流电路有更深的理解。

模块七 电力电子技术

【相关知识】

三控半波共阴极组和共阳极组是由两个三相半波整流电路发展而来的,如图7-23所示,其中一组三相半波整流电路为共阴极连接,一组为共阳极连接。如果两组负载完全相同且触发角一样,则负载电流相等,电路零线中无电流流过;如果将零线去掉,并不影响电路的工作,就成为三相桥式全控整流电路,如图7-24所示。

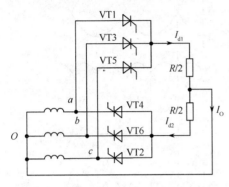

图7-23 三相半波共阴极组和共阳极组串联的电路　　图7-24 三相桥式全控整流电路

一、带电阻负载时的工作情况

$\alpha=0°$时,其工作波形如图7-25所示。

$\alpha=90°$时,其工作波形如图7-26所示。

当$\alpha\leqslant 60°$时,u_d波形均连续,对于电阻负载,i_d波形与u_d波形形状一致,也连续;当$\alpha>60°$时,u_d波形每60°中有一段为零,u_d波形不能出现负值。带电阻负载时三相桥式全控整流电路α角的移相范围是120°。

二、阻感负载时的工作情况

图7-27为三相桥式全控整流电路图(带阻感负载)。

$\alpha\leqslant 60°$时,u_d波形连续,工作情况与带电阻负载时十分相似,各晶闸管的通断情况、输出整流电压u_d波形、晶闸管承受的电压波形等一致,区别在于:由于负载不同,同样的整流输出电压加到负载上,得到的负载电流i_d波形不同。阻感负载时,由于电感的作用,使得负载电流波形变得平直,当电感足够大时,负载电流的波形近似为一条水平线。$\alpha>60°$时,阻感负载时的工作情况与电阻负载时不同,电阻负载时u_d波形不会出现负的部分,而阻感负载时,由于电感L的作用,u_d波形会出现负的部分。带阻感负载时,三相桥式全控整流电路的α角移相范围为90°。

$\alpha\leqslant 60°$时其工作波形如图7-28所示。

u_d波形连续,工作情况与带电阻负载时十分相似。区别在于:得到的负载电流i_d波形不同。当电感足够大时,i_d的波形可近似为一条水平线。

$\alpha>60°$时其工作波形如图7-29所示。

阻感负载时,u_d波形会出现负的部分。带阻感负载时,三相桥式全控整流电路的α角移相范围为90°。

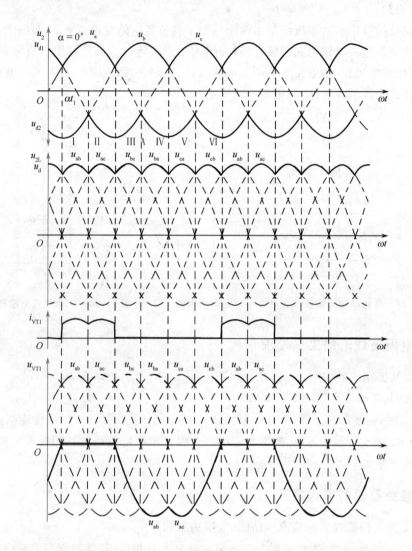

图 7-25　α＝0°时的工作波形

三、三相桥式全控整流电路的特点

① 两管同时导通形成供电回路,其中共阴极组和共阳极组各一只管子,且不能为同一相器件。

② 对触发脉冲的要求:按 VT1-VT2-VT3-VT4-VT5-VT6 的顺序,相位依次差 60°。共阴极组 VT1、VT3、VT5 的脉冲依次差 120°,共阳极组 VT4、VT6、VT2 也依次差 120°。同一相的上下两个桥臂,即 VT1 与 VT4、VT3 与 VT6、VT5 与 VT2,脉冲相差 180°。

③ u_d 一周期脉动 6 次,每次脉动的波形都一样,故该电路为 6 脉波整流电路。

④ 需保证同时导通的 2 个晶闸管均有脉冲。可采用两种方法:一种是宽脉冲触发,一种是双脉冲触发(常用),实际工程应用中常采用双窄脉冲触发方式(见图 7-30),虽然它的触发

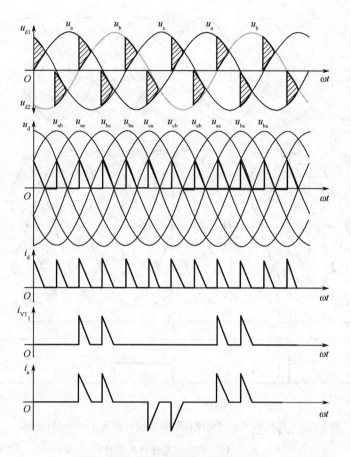

图 7-26 三相桥式全控整流电路带电阻负载及 $\alpha=90°$ 时的波形

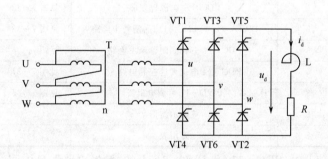

图 7-27 三相桥式全控整流电路（带阻感负载）

电路复杂，但可使触发装置输出功率减小，从而减小脉冲变压器铁芯的体积。用宽脉冲触发，虽然脉冲次数减少一半，但为使脉冲变压器不饱和，铁芯体积做得较大，绕组匝数也多，使漏感加大，脉冲前沿不够陡。

【任务实施】

① 准备器材　实训所需挂件（见图 7-32 到图 7-37）及附件如表 7-15 所列。

模块七 电力电子技术

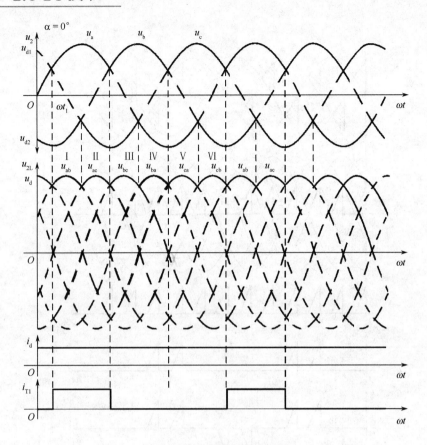

图 7-28 三相桥式全控整流电路带感性负载及 $\alpha=0°$ 时的波形

表 7-15 实训所需挂件及附件

序 号	型 号	备 注
1	PDC01A 电源控制屏	见图 7-32
2	PWD-11(或 PDC-11)晶闸管主电路	见图 7-33
3	PDC-12 三相晶闸管触发电路	见图 7-36
4	PDC-14 电机调速控制电路 I	见图 7-37
5	PWD-17 可调电阻器	见图 7-35
6	双踪示波器	
7	万用表	

② 调试 PWD-11(或 PDC-11)和 PDC-12 上的"触发电路",具体调试方法见本模块课题五。

③ 按图 7-31 接线,可调电阻 R_P 用 900Ω;电感 L_d 在 PWD-11(或 PDC-11)面板上,选用 700 mH,将 PDC-14 挂件上的"给定"输出调到零(逆时针旋到底),电阻器放在最大阻值处,按下"启动"按钮,调节给定电位器,增加移相电压,使 α 角在 0°~150°范围内调节;同时,根据需要可不断调整负载电阻可调电阻 R_P,使得负载电流 I_d 保持在 0.6 A 左右(注意 I_d 不得超过 0.65 A)。用示波器观察并记录 $\alpha=30°$、60°及 90°时的整流电压 U_d 和晶闸管两端电压 U_{VT} 的波形,并记录相应的 U_d 数值于表 7-16 中。

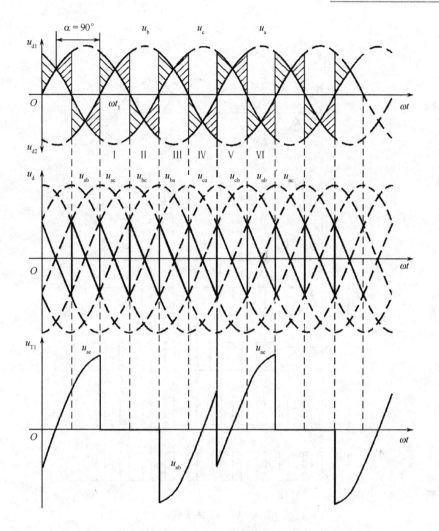

图 7-29 三相桥式全控整流电路带感性负载 $\alpha=90°$ 时的波形

表 7-16 感性负载数据记录

α	30°	60°	90°
U_2(V)			
U_d(记录值)			
U_d/U_2			
U_d(计算值)			

计算公式： $\quad U_d = 2.34 U_2 \cos\alpha \qquad (0° \sim 60°)$

$$U_d = 2.34 U_2 \left[1 + \cos\left(\alpha + \frac{\pi}{3}\right)\right] \qquad (60° \sim 120°)$$

【实训报告】

① 画出电路的移相特性 $U_d = f(\alpha)$ 的曲线。

② 画出触发电路的传输特性 $\alpha = f(U_{ct})$。

③ 画出 α 分别为 0°、30°、60°、90°、120°时的整流电压 U_d 和晶闸管两端电压 U_{VT} 的波形。

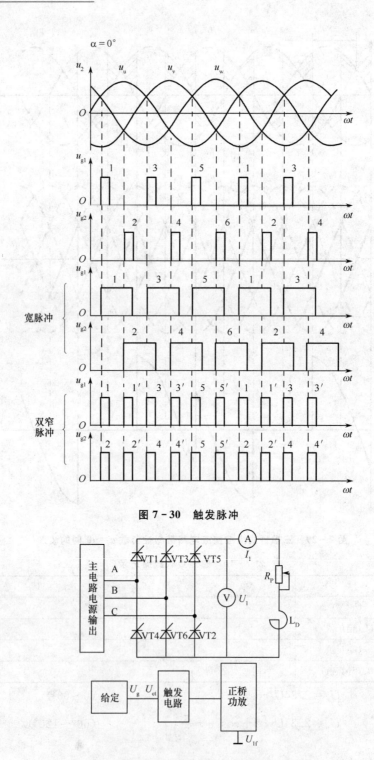

图 7-30 触发脉冲

图 7-31 三相桥式全控整流电路带感性负载接线图

图 7-32~图 7-37 为模块七实训所需的设备和挂体。

模块七　电力电子技术

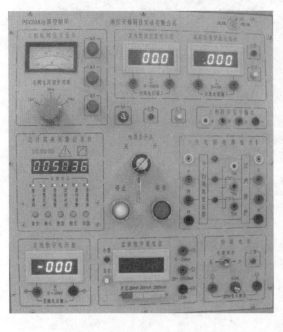

图7-32　PDC01A电源控制屏

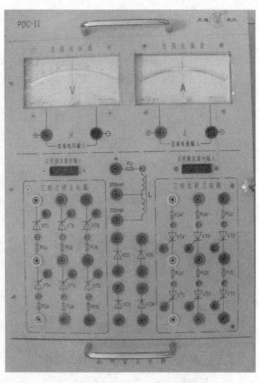

图7-33　PDC-11晶闸管主电路

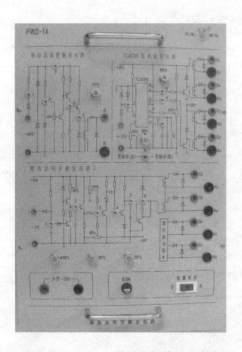

图7-34　PWD14单相晶闸管触发电路

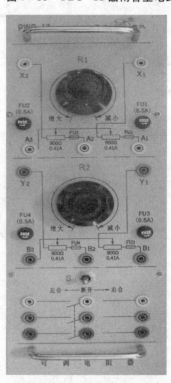

图7-35　可调电阻器

模块七　电力电子技术

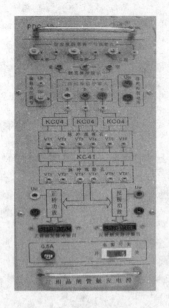 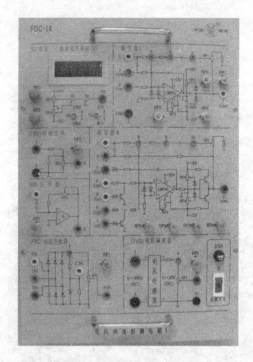

图 7-36　三相晶闸管触发电路　　　图 7-37　电动机调速控制电路

模块八 直流调速系统

课题一 晶闸管直流调速系统主要单元调试

【任务引入】

晶闸管直流调速自动控制系统中的控制装置对系统的性能有着极其重要的影响,为满足各种自动调节系统的不同性能要求,系统中的控制器也有很多种类。自动调节系统中常采用集成运放来构成系统的调节器,由于集成运放具有诸多优点,因此掌握其控制规律及原理非常重要。

【任务分析】

在本课题中,通过搭建和调试各种调节器电路,掌握各调节器的工作原理和进行实物连接安装调试方法,有助于对复杂控制调节系统的分析。

【相关知识】

一、稳态和稳态误差

1. 稳态

系统的工作过程包括稳态和动态两种,系统在输入量和被控量均为固定值时的平衡状态称为稳态,也称为静态。

2. 稳态误差

稳态误差是指当系统由一个稳定状态过渡到另一个稳定状态后(如系统受扰动作用后又重新平衡时),系统输出量的期望值与稳定时的实际值之间的偏差。稳态误差是系统控制精度或抗扰动能力的一种度量。稳态误差反映了系统的准确程度,由其可将系统分为有静差系统和无静差系统。

二、调节器

在晶闸管直流调速系统单元中调节器主要有以下 3 种。

1. 比例(P)调节器

P 调节器的输出信号 U_0 与输入信号 ΔU_i 之间的一般表达式为

$$U_0 = K_P \Delta U_i$$

其中 K_P 为 P 调节器的比例系数。式表明了 P 调节器的比例调节规律,即输出信号 U_0 与输入信号 ΔU_i 之间存在一一对应的比例关系,因此,比例系数 K_P 是 P 调节器的一个重要参数。

图 8-1 所示为由运放组成的一种 P 调节器的原理图及其在阶跃输入时的输出特性。由图可见,该 P 调节器实际上就是一个反相放大器,其放大倍数为 $A_U = \dfrac{U_0}{\Delta U_i} = -\dfrac{R_1}{R_0}$,式中的负号

是由于运放为反相输入方式,其输出电压 U_0 的极性与输入电压 ΔU_i 的极性是相反的。为了便于系统的分析,P 调节器的比例系数 K_P 可用正值表示,而其极性的关系在分析具体电路时再考虑。故该 P 调节器的比例系数 K_P 为 $K_P = R_1/R_0$,显然改变反馈电阻 R_1,可以改变 P 调节器的比例系数 K_P。为得到满意的控制效果,实际的 P 调节器的比例系数 K_P 通常是可以调节的。

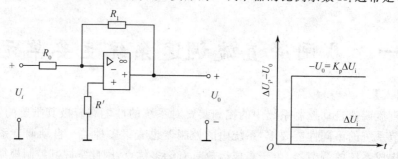

图 8-1 比例调节器原理图及输出特性

2. 积分(I)控制器

所谓积分控制,是指系统的输出量与输入量对时间的积分成正比例的控制,简称 I 控制。积分调节器调节规律的一般表达式为:

$$U_0 = K_I \int \Delta U_i dt = \frac{1}{T_1'} \int \Delta U_i dt$$

式中 K_I 为 I 调节器的积分常数,T_1' 为 I 调节器的积分时间,$T_1' = 1/K_I$。

由上式可见,I 调节器的输出电压 U_0 与输入电压 ΔU_i 对时间的积分成正比。

图 8-2 所示为由运放组成的一种 I 调节器的原理图及其在阶跃输入时的输出特性。

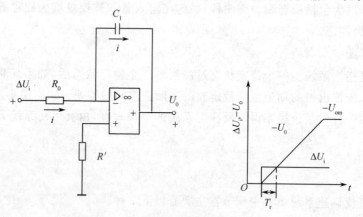

图 8-2 积分调节器原理图及输出特性

这种 I 调节器实际上是一个运放积分电路。当突加输入信号 ΔU_i 时,由于电容 C_1 两端电压不能突变,故电容 C_1 被充电,输出电压 U_0 随之线性增大,U_0 的大小正比于 ΔU_i 对作用时间的积累,即 U_0 与 ΔU_i 为时间积分关系。如果 $\Delta U_i = 0$,积分过程就会终止;只要 $\Delta U_i \neq 0$,积分过程将持续到积分器饱和为止。电容 C_1 完成了积分过程后,其两端电压等于积分终值电压而保持不变,由于 $\Delta U_i = 0$,故可以认为此时运放的电压放大倍数极大,I 调节器便利用运放这种极大开环电压放大能力使系统实现了稳态无静差。该 I 调节器的输出电压 U_0 为 $U_0 =$

$-\frac{1}{R_0 C_1}\int \Delta U_i \mathrm{d}t$。因此,该 I 调节器的积分时间为 $T_1' = R_0 C_1$。若改变 R_0 或改变 C_1,均可改变 T_1'。T_1' 越小,图 8-2 中 $-U_0$ 的斜线越陡,表明 $-U_0$ 上升得越快,积分作用就越强;反之,T_1' 越大,则积分作用越弱。

积分控制特点:在采用 I 调节器进行积分控制的自动控制系统中,由于系统的输出量不仅与输入量有关,而且与其作用时间有关,因此只要输入信号存在,系统的输出量就不断的随时间积累,调节器的积分控制就起作用。正是这种积分控制作用,使系统输出量逐渐趋向期望值,而输入偏差逐渐减小,直到输入量为零(即给定信号与反馈信号相等)使系统进入稳态为止。稳态时,I 调节器保持积分电压终值不变,系统输出量就等于其期望值。因此,积分控制可以消除输出量的稳态误差,实现无静差控制,这是积分控制的最大优点。但是由于积分作用是随时间积累而逐渐增强的,故积分控制调节过程是缓慢的。由于积分作用在时间上总是落后于输入偏差信号的变化,故积分调节作用又是不及时的,因此积分作用通常作为一种辅助的调节作用,而系统也不单独使用 I 调节器。

3. 比例积分(PI)调节器

PI 调节器是以比例控制为主、积分控制为辅的调节器,其积分作用主要用来最终消除静差。比例积分调节规律的一般表达式为

$$U_0 = U_{OP} + U_{OI} = K_P \Delta U_i + K \int \Delta U_i \mathrm{d}t = K_P \left(\Delta U_i + \frac{1}{T_1} \int \Delta U_i \mathrm{d}t \right)$$

从表达式中可以看出 PI 调节器实际上是由比例和积分两个部分相加而成。

图 8-3 所示为由运放组成的一种 PI 调节器的原理图及其在阶跃输入时的输出特性。

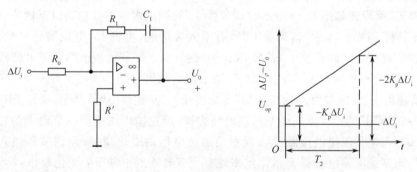

图 8-3 PI 调节器原理图及输出特性

当突加输入信号 ΔU_i 时,由于电容 C_1 两端电压不能突变,故电容 C_1 在此瞬间相当于短路,而运放的反馈回路中只存在电阻 R_1,PI 调节器相当于比例系数 $K_P = R_1 / R_0$ 的 P 调节器,其输出为 $-K_P \Delta U_i$,因此 PI 调节器立即发挥比例控制作用。紧接着,电容 C_1 被充电,输出电压 U_0 随之线性增大,PI 调节器的积分控制也发挥作用,直到 $\Delta U_i = 0$ 时进入稳态为止。

比例积分控制的特点:

① 比例积分控制的比例作用,使得系统动态响应速度快,而其积分作用,又使得系统基本上无静差。

② PI 调节器的两个可供调整的参数为 K_P 和 T_1,减小 K_P 或增大 T_1 有利于系统的稳定,但同时也将降低系统的动态响应速度。

模块八 直流调速系统

【任务实施】

1. 准 备

将 PDC-14 电机调速控制电路挂件（见图 8-4）的 12 芯电源线与 PDC01A 电源控制屏（见图 8-5）连接，打开电源开关。

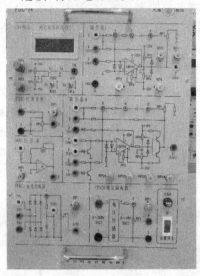

图 8-4 PDC-14 电机调速控制电路

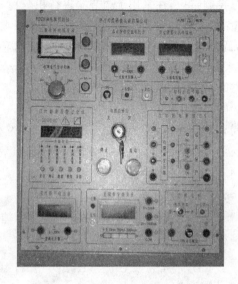

图 8-5 PDC01A 电源控制屏

2. "调节器Ⅰ"的调试

"调节器Ⅰ"原理图如图 8-6 所示，"调节器Ⅰ"的调试内容主要包括以下内容：

① 调零　将 PDC-14 中"调节器Ⅰ"所有输入端接地，再将 R_{P1} 电位器顺时针旋到底，用导线将"5"、"6"短接，使"调节器Ⅰ"成为 P（比例）调节器。调节面板上的调零电位器 R_{P2}，用万用表的毫伏挡测量调节器Ⅰ的"7"端输出，使调节器的输出电压尽可能接近零。

② 调整输出正、负限幅值　把"5"、"6"端短接线去掉，此时"调节器Ⅰ"成为 PI（比例积分）调节器，将"调节器Ⅰ"的所有输入端上的接地线去掉，给定输出端接到调节器Ⅰ的"3"端，当加一个正给定时，调整负限幅电位器 R_{P4}，观察输出负电压的变化规律；当调节器输入端加一个负给定值时，调整正限幅电位器 R_{P3}，以此来观察调节器输出正电压的变化规律。

③ 观察 PI 特性　拆除"5"、"6"短接线，突加给定电压，用慢扫描示波器观察输出电压的变化规律。改变调节器的放大倍数（调节 R_{P1}），观察输出电压的变化。

3. "调节器Ⅱ"的调试

"调节器Ⅱ"原理图如图 8-7 所示，"调节器Ⅱ"的调试内容主要包括以下内容：

① 调零　将 PDC-14 中，"调节器Ⅱ"所有输入端接地，再将 R_{P1} 电位器顺时针旋到底，用导线将"9"、"10"短接，使"调节器Ⅱ"成为 P（比例）调节器。调节面板上的调零电位器 R_{P2}，用万用表的毫伏挡测量"调节器Ⅱ"的"11"端输出，使调节器的输出电压尽可能接近零。

② 调整输出正、负限幅值　把"9"、"10"短接线去掉，此时"调节器Ⅱ"成为 PI（比例积分）调节器。将"调节器Ⅱ"的所有输入端上的接地线去掉，然后将给定输出端接到"调节器Ⅱ"的"4"端，当加一定的正值时，调整负限幅电位器 R_{P4}，观察输出负电压的变化；当调节器输入端加一个负时，调整正限幅电位器 R_{P3}，观察调节器输出正电压的变化。

模块八　直流调速系统

图 8-6　"调节器Ⅰ"原理图

③ 观察 PI 特性　拆除"9"、"10"短接线,突加给定电压,用慢扫描示波器观察输出电压的变化规律。改变调节器的放大倍数(调节 R_{P1}),观察输出电压的变化。

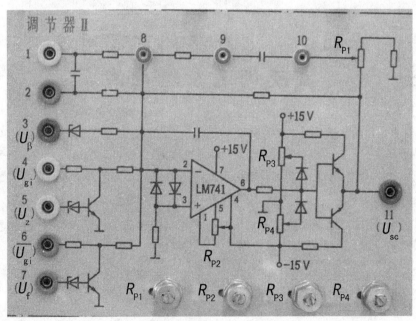

图 8-7　"调节器Ⅱ"原理图

4. "(AR)反号器"的调试

(AR)反号器原理图如图 8-8 所示。测定输入输出比例,输入端加入 +5 V 电压,调节 R_{P1},使输出端为 -5 V。

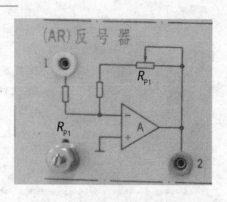

图8-8 (AR)反号器原理图

【实训报告】
① 画各控制单元的调试连线图。
② 简述各控制单元的调试要点。
附：实训所需挂件及附件如表8-1所列。

表8-1 实训所需挂件及附件

序 号	型 号	备 注
1	PDC01A 电源控制屏	见图8-4
2	PDC-14 电机调速控制电路Ⅰ	见图8-5
3	万用表	

课题二 电压单闭环不可逆直流调速系统调试

【任务引入】

在晶闸管直流自动调速系统中常采用各种反馈环节，如转速负反馈、电压负反馈和电流正反馈等，以提高调速精度和系统的机械特性硬度、扩大调速范围，达到自动调速的目的。该系统是一个电压调节系统，为了维持直流电动机电枢电压不变，这里引入电压单闭环不可逆直流调速系统。

【任务分析】

在本课题中，通过对电压单闭环不可逆直流调速系统电路的搭建及调试，掌握电路的工作原理和连接调试方法。在实训中注意数据记录的准确性。

【相关知识】

一、电路原理框图

电压单闭环不可逆直流调速系统框图如图8-9所示。

二、电路原理

在电压单闭环中，将反映电压变化的电压隔离器输出电压信号作为反馈信号加到"电压调节器"（用"调节器Ⅱ"作为电压调节器）的输入端，与"给定"的电压相比较，经放大后，得到移相

模块八 直流调速系统

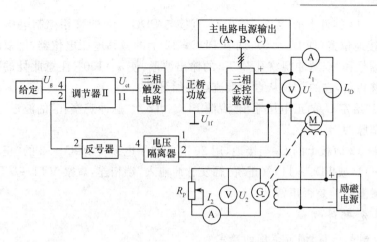

图 8-9 电压单闭环不可逆直流调速系统电路原理框图

控制电压 U_{ct}，控制整流桥的"触发电路"，改变"三相全控整流"的电压输出，从而构成了电压负反馈闭环系统。电动机的最高转速也由电压调节器的输出限幅所决定。调节器若采用 P（比例）调节，对阶跃输入有稳态误差，要消除该误差将调节器换成 PI（比例积分）调节。当"给定"恒定时，闭环系统对电枢电压变化起到了抑制作用，当电机负载或电源电压波动时，电机的电枢电压能稳定在一定的范围内变化。

【任务实施】
1. PDC-11（见图 8-10）和 PDC-12（见图 8-11）上的"触发电路"调试

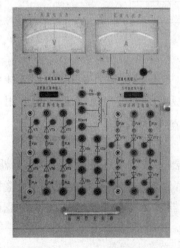 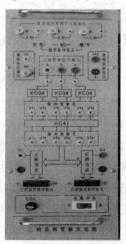

图 8-10 PDC-11 晶闸管主电路　　　图 8-11 PDC-12 三相晶闸管触发电路

① 打开 PDC01A 总电源开关，操作"电源控制屏"上的"三相电网电压指示"开关，观察输入的三相电网电压是否平稳。

② 用弱电导线将控制屏上的三相同步信号输出端和 PDC-12"三相同步信号输入"端相连，打开 PDC-12 电源开关，拨动"触发脉冲指示"钮子开关，使"窄"的发光管亮。

③ 观察 A、B、C 三相的锯齿波，并调节 A、B、C 三相锯齿波斜率调节电位器（在各观测孔下方），使三相锯齿波斜率尽可能一致。

④ 将 PDC-14 挂件上的"给定"输出 U_g 直接与 PDC-12 的移相控制电压 U_{ct} 相接,将给定开关 S_2 拨到接地位置(即 $U_{ct}=0$),调节 PDC-12 上的偏移电压电位器,用双踪示波器观察 A 相同步电压信号和"双脉冲观察孔"VT1 的输出波形,使 $\alpha=150°$(注意此处的 α 表示三相晶闸管电路中的移相角,它的 0°是从自然换流点开始计算)。

⑤ 适当增加给定 U_g 的正电压输出,观测 PDC-12 上"脉冲观察孔"的波形,此时应观测到单窄脉冲和双窄脉冲。

⑥ 将 PDC-12 面板上的 U_{lf} 端接地,用 20 芯的扁平电缆将 PDC-12 的"正桥触发脉冲输出"端和 PWD-11(或 PDC-11)"(正桥)触发脉冲输入"端相连,观察 VT1～VT6 晶闸管门极和阴极之间的触发脉冲是否正常。

2. 基本单元部件调试

(1) 移相控制电压 U_{ct} 调节范围的确定

直接将 PDC-14"给定"电压 U_g 接入 PDC-12 移相控制电压 U_{ct} 的输入端,"三相全控整流"输出接电阻负载 R,用示波器观察 U_d 的波形。当正给定电压 U_g 由零变大时,U_d 将随给定电压的增大而增大;当 U_g 超过某一数值 U_g' 时,U_d 的波形会出现缺相的现象,这时 U_d 反而随 U_g 的增大而减小。一般可确定移相控制电压的最大允许值 $U_{ct,max}=0.9U_g'$,即 U_g 的允许调节范围为 $0\sim U_{ct,max}$。如果把给定输出限幅定为 $U_{ct,max}$ 的话,则"三相全控整流"输出范围就被限定,不会工作到极限值状态,以保证 6 个晶闸管可靠工作。把 U_g' 与 $U_{ct,max}$ 记录表 8-2 中。

表 8-2 U_g' 与 $U_{ct,max}$ 对应值

$U_g'(V)$	
$U_{ct,max}=0.9U_g'(V)$	

将给定退到零,再按停止按钮切断电源。

(2) 调节器的调零

将 PDC-14 中"调节器Ⅱ"所有输入端接地,再将 R_{P1} 电位器顺时针旋到底,用导线将"9"、"10"短接,使"调节器Ⅱ"成为 P(比例)调节器。调节面板上的调零电位器 R_{P2},用万用表的毫伏挡测量"调节器Ⅱ"的"7"端输出,使调节器的输出电压尽可能接近零。

(3) 调节器正、负限幅值的调整

把"调节器Ⅱ"的"9"、"10"端短接线去掉,此时调节器Ⅱ成为 PI(比例积分)调节器,然后将 PDC-14 挂件上的给定输出端接到调节器Ⅱ的"4"端,当加一定的正给定值时,调整负限幅电位器 R_{P4},使"调节器Ⅱ"的输出电压为最小值;当调节器输入端加负给定值时,调整正限幅电位器 R_{P3},使之输出正限幅值为 $U_{ct,max}$。

(4) 电压反馈系数的整定

直接将控制屏上的励磁电压接到电压隔离器的"1、2"端,用直流电压表测量励磁电压,并调节电位器 R_{P1},使得当输入电压为 220 V 时,电压隔离器输出+6 V,这时电压反馈系数 $\gamma=U_{fn}/U_d=0.027$。

3. 调试电压单闭环直流调速系统

① 按图 8-9 接线,在本实训中,PDC-14 上的"给定"电压 U_g 为负给定,电压反馈为正电压,将"调节器Ⅱ"接成 P(比例)调节器或 PI(比例积分)调节器。直流发电机接负载电阻 R,L_d 用 PWD-11(或 PDC-11)上的 200 mH,给定输出调到零。

② 直流发电机先轻载,从零开始逐渐加大"给定"电压 U_g,使电动机转速 n 接近 1200 r/min。

③ 由小到大调节直流发电机负载 R,测定相应的 I_d 和 n,直至电动机 $I_d=I_{ed}$,即可测出系统静态特性曲线 $n=f(I_d)$。经测试得 n 与 I_d 测得值记录于表 8-3 中。

表 8-3　n 与 I_d 对应关系值

n(r/min)							
I_d(A)							

【注意事项】

① 在记录动态波形时,可先用双踪慢扫描示波器观察波形,以便找出系统动态特性较为理想的调节器参数,再用数字存储示波器或记忆示波器记录动态波形。

② 电机启动前,应先加上电动机的励磁,才能使电机启动。在启动前必须将移相控制电压调到零,使整流输出电压为零,这时才可以逐渐加大给定电压,不能在开环或电压闭环时突加给定,否则会引起过大的启动电流,使过流保护动作,告警,跳闸。

③ 通电实训时,可先用电阻作为整流桥的负载,待确定电路能正常工作后,再换成电动机作为负载。

④ 在连接反馈信号时,给定信号的极性必须与反馈信号的极性相反,确保为负反馈,否则会造成失控。

⑤ 直流电动机的电枢电流不要超过额定值使用,转速也不要超过 1.2 倍的额定值。以免影响电动机的使用寿命或发生意外。

在这里,PDC-12 与 PDC-14 不共地,所以实训时须短接 PDC-12 与 PDC-14 的地。

【实训报告】

根据测得的数据,画出电压单闭环直流调速系统的机械特性曲线。

实训所需挂件及附件如表 8-4 所列。

表 8-4　实训所需挂件及附件

序　号	型　　　号	备　注
1	PDC01A 电源控制屏	见图 8-4
2	PWD-11(或 PDC-11)晶闸管主电路	见图 8-10
3	PDC-12 三相晶闸管触发电路	见图 8-11
4	PDC-14 电动机调速控制电路 I	见图 8-6
5	PWD-17 可调电阻器	见图 8-13
6	DD03-3 电动机导轨、光码盘测速系统及数显转速表	见图 8-14
7	DJ13-1 直流发电机	见图 8-15
8	DJ15 直流并励电动机	见图 8-16
9	万用表	

图 8-12 到图 8-15 所示为实训所用实物景图。

模块八 直流调速系统

图8-12 PWD-17可调电阻器

图8-13 DD03-3电动机导轨、光码盘测速系统及数显转速表

图8-14 DJ13-1直流发电机

图8-15 DJ15直流并励电动机

课题三 电压、电流双闭环不可逆直流调速系统调试

【任务引入】

在电动机负载变化时,电压负反馈仅能补偿发电机内电阻上的压降变化来维持发电机端电压大致不变,使电动机转速基本不变,但是电压负反馈不能补偿由于电动机电枢绕组电压降变化而引起的转速变化。为了进一步提高机械特性的硬度来稳定电动机的转速,因此还要引入与电动机电枢电流成正比的电流正反馈。

【任务分析】

本课题要求通过对电压单闭环不可逆直流调速系统电路的搭建及对电路进行调试,掌握电路的工作原理和连接调试方法。因此在实训中认真调试每一个环节并且注意数据记录的准确性。

【相关知识】

一、电路原理框图

系统的原理框图组成如图 8-16 所示。

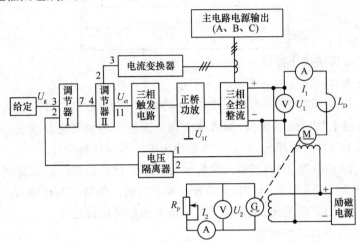

图 8-16 电压、电流双闭环不可逆直流调速系统原理框图

二、工作原理

电压负反馈能克服在主回路中晶闸管变流器内阻(包括平波电抗器电阻)上的压降所引起的转速降落,而对主电路中电枢电阻上产生的电阻压降所引起的转速降落则无能为力。为了补偿电枢电阻压降引起的转速降,在电压负反馈的基础上,增加一个电流正反馈环节,就组成了带电流正反馈环节的电压负反馈直流调速系统。电流正反馈的作用在于给系统的输入偏差电压增加了一个与给定电压同极性的分量,这个输入增量使系统的输出也产生一个增量,可以有效的补偿电压负反馈调速系统因电枢电阻压降而引起的转速降,从而扩大了调速范围。

电压、电流双闭环直流调速系统是由电压和电流两个调节器进行综合调节,可获得良好的静、动态性能(两个调节器均采用 PI 调节器)。由于调整系统的主要参量为电枢电压,故将电压环作为主环放在外面,电流环作为副环放在里面。

【任务实施】

1. 触发电路的调试

(1)PWD-11(或 PDC-11)和 PDC-12 上的"触发电路"进行调试,具体调试方法详见课题二。

2. 基本单元部件调试

(1)移相控制电压 U_{ct} 调节范围的确定

直接将 PDC-14"给定"电压 U_g 接入 PDC-12 移相控制电压 U_{ct} 的输入端,"三相全控整流"输出接电阻负载 R,用示波器观察 U_d 的波形。当正给定电压 U_g 由零变大时,U_d 将随给定电压的增大而增大,当 U_g 超过某一数值 U'_g 时,U_d 的波形会出现缺相的现象,这时 U_d 反而随 U_g 的增大而减小。一般可确定移相控制电压的最大允许值 $U_{ct,max}=0.9U'_g$,即 U_g 的允许调节范

围为 $0 \sim U_{\text{ct,max}}$。如果把给定输出限幅定为 $U_{\text{ct,max}}$ 时,则"三相全控整流"输出范围就被限定,不会工作到极限值状态,保证 6 个晶闸管可靠工作。经测试,将 U'_g 与 $U_{\text{ct,max}}$ 对应值记录到表 8-5 中。

表 8-5 U'_g 与 $U_{\text{ct,max}}$ 的对应值

$U'_g(\text{V})$	
$U_{\text{ct,max}}=0.9U'_g(\text{V})$	

将给定值到零,再按停止按钮切断电源。

(2) 调节器的调零

将 PDC-14 中"调节器Ⅰ"所有输入端接地,再将 R_{P1} 电位器顺时针旋到底,用导线将"5"、"6"短接,使"调节器Ⅰ"成为 P(比例)调节器。调节面板上的调零电位器 R_{P2},用万用表的毫伏挡测量"调节器Ⅰ"的"7"端输出,使调节器的输出电压尽可能接近零。

将 PDC-14 中"调节器Ⅱ"所有输入端接地,再将 R_{P1} 电位器顺时针旋到底,用导线将"9"、"10"短接,使"调节器Ⅱ"成为 P(比例)调节器。调节面板上的调零电位器 R_{P2},用万用表的毫伏挡测量调节器Ⅱ的"11"端输出,使调节器的输出电压尽可能接近零。

(3) 调节器正、负限幅值的调整

把"调节器Ⅰ"的"5"、"6"端短接线去掉,此时调节器Ⅰ成为 PI(比例积分)调节器,然后将 PDC-14 挂件上的给定输出端接到调节器Ⅰ的"3"端,当加一定的正给定值时,调整负限幅电位器 R_{P4},使"调节器Ⅰ"的输出负限幅值为 -6V;当调节器输入端加负给定值时,调整正限幅电位器 R_{P3},使之输出电压为最小值。

把"调节器Ⅱ"的"9"、"10"端短接线去掉,此时调节器Ⅱ成为 PI(比例积分)调节器,然后将 PDC-14 挂件上的给定输出端接到调节器Ⅱ的"4"端,当加一定的正给定值时,调整负限幅电位器 R_{P4},使之输出电压为最小值;当调节器输入端加负给定值时,调整正限幅电位器 R_{P3},使"调节器Ⅱ"的输出正限幅值为 $U_{\text{ct,max}}$。

(4) 电压反馈系数的整定

直接将控制屏上的励磁电压接到电压隔离器的"1、2"端,用直流电压表测量励磁电压,并调节电位器 R_{P1},当输入电压为 220 V 时,电压隔离器输出 +6 V,这时的电压反馈系数 $\gamma = U_{\text{fn}}/U_d = 0.027$。

(5) 电流反馈系数的整定

直接将"给定"电压 U_g 接入 PDC-12 移相控制电压 U_{ct} 的输入端,整流桥输出接电阻负载 R(将两个 900 Ω 并联),负载电阻放在最大值,输出给定调到零。

按下启动按钮,从零增加给定,使输出电压升高,当 $U_d = 220$ V 时,减小负载的阻值,调节"电流变换器"上的电流反馈电位器 R_{P1},使得负载电流 $I_d = 0.65$ A 时,"3"端 I_f 的电流反馈电压 $U_{\text{fi}} = 3$ V,这时的电流反馈系数 $\beta = U_{\text{fi}}/I_d = 4.615$ Ω。

3. 进行系统静特性测试

(1) 构成实训系统

按原理框图 8-17 接线,PDC-14 挂件上的"给定"电压 U_g 输出为正给定,转速反馈电压为负,直流发电机接负载电阻 R,L_d 用 PWD-11(或 PDC-11)上的 200 mH,负载电阻放在最大值处,给定的输出调到零。将调节器Ⅰ、调节器Ⅱ都接成 P(比例)调节器后接入系统,系统

模块八 直流调速系统

形成双闭环不可逆,按下启动按钮,接通励磁电源,增加给定,观察系统能否正常运行,确认整个系统的接线正确无误后,将"调节器Ⅰ"、"调节器Ⅱ"均恢复成 PI(比例积分)调节器,构成实训系统。

(2) 机械特性 $n=f(I_d)$ 的测定

① 发电机先空载,从零开始逐渐增大给定电压 U_g,使电动机转速 n 为 1 200 r/min,然后接入发电机负载电阻 R,逐渐改变负载电阻,直至 $I_d=I_{ed}$(额定电流),即可测出系统静态特性曲线 $n=f(I_d)$,并记录于表 8-6 中。

表 8-6 系统静态特性曲线

N(r/min)							
I_d(A)							

② 降低 U_g,再测试 $n=800$ r/min 时的静态特性曲线,并记录于表 8-7 中。

表 8-7 转速 n 为 800 r/min 的静态特性曲线

N(r/min)							
I_d(A)							

③ 闭环控制系统 $n=f(U_g)$ 的测定:调节 U_g 及 R,使 $I_d=I_{ed}$(额定电流),$n=1\,200$ r/min,逐渐降低 U_g,记录 U_g 和 n,即可测出闭环控制特性 $n=f(U_g)$。将所记录结果填入表 8-8 中。

表 8-8 闭环控制系统 $n=f(U_g)$ 的测定

n(r/min)							
U_g(V)							

实训所需挂件及附件如表 8-9 所列。

表 8-9 实训所需挂件及附件

序 号	型 号	备 注
1	PDC01A 电源控制屏	见图 8-7
2	PWD-11(或 PDC-11)晶闸管主电路	见图 8-10
3	PDC-12 三相晶闸管触发电路	见图 8-11
4	PDC-14 电动机调速控制电路Ⅰ	见图 8-12
5	PWD-17 可调电阻器	见图 8-13
6	DD03-3 电动机导轨、光码盘测速系统及数显转速表	见图 8-14
7	DJ13-1 直流发电机	见图 8-15
8	DJ15 直流并励电动机	见图 8-16
9	万用表	

【实训报告】

根据实训数据,画出两种转速时的闭环机械特性 $n=f(I_d)$。

模块九　变频器的操作运行

课题一　西门子变频器 MM420 面板基本操作控制

【任务引入】

变频器的应用很普遍,从工用到民用,如电机转速的调整,可通过改变工频电源的频率和电压,从而改变电动机的转速,以达到在不需要电动机全速运行时实时的降低其转速从而大大节省能耗,如图 9-1 所示。

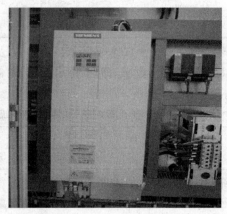

图 9-1　变频器实物

【任务分析】

正确使用变频器,首先要了解变频器的型号及其操作界面,清楚变频器参数的含义,通过学习应达到将所需变频器相关参数正确录入变频器以达到简单的调速控制。在变频器的前操作面板上直接设置参数,实现电动机正、反转控制和正、反向点动控制。

【相关知识】

一、变频器的分类

变频器是一种静止的频率变换器,可将电网电源的 50 Hz 频率交流电变成频率可调的交流电,作为电动机的电源装置,目前在国内外使用广泛。使用变频器可以节能、提高产品质量和劳动生产率等。

1. 变频器按其供电压分类

低压变频器(220 V 和 380 V)、中压变频器(660 V 和 1 140 V)和高压变频器(3 kV、6 kV、6.6 kV、10 kV)。

2. 变频器按直流电源的性质分类

① 电压型变频器 电压型是将电压源的直流变换为交流的变频器,其直流回路的滤波是电容。

② 电流型变频器 电流型是将电流源的直流变换为交流的变频器,其直流回路的滤波是电感。

3. 变频器按输出电压调节方式分类

① PAM 输出电压调节方式变频器 PAM 是脉冲幅度调制的英文缩写(Pulse Amplitude Modulation,PAM),意为按一定规律改变脉冲序列的幅度,以调节输出量值和波形的一种调制方式。

② PWM 输出电压调节方式变频器 PWM 是脉冲宽度调制的英文缩写(Pulse Width Modulation,PWM),意为按一定规律改变脉冲序列的脉冲宽度,以调节输出量值和波形的一种调制方式。

二、西门子 MM420 变频器简介

1. 变频器基本操作面板的功能

利用基本操作面板(BOP)可以改变变频器的各个参数。为了利用 BOP 设定参数,必须首先拆下状态显示板(SDP),并装上 BOP(参看附表),具体外形如图 9-2 所示。

图 9-2 基本操作面板(BOP)

BOP 具有七段显示的五位数字,可以显示参数的序号、数值、报警和故障信息,以及设定值和实际值,参数的信息不能用 BOP 存储。工厂默认参数设置说明如表 9-1 所列。

表 9-1 用 BOP 操作时的默认设置值

参　数	说　明	默认值,欧洲(或北美)地区
P0100	运行方式,欧洲、北美	50 Hz,kW(60 Hz,hp)
P0307	功率(电动机额定值)	kW(hp)
P0310	电动机的额定功率	50 Hz (60 Hz)
P0311	电动机的额定速度	1 395(1680)r/min(决定于变量)
P1082	最大电动机频率	50 Hz (60 Hz)

提示:在默认设置时,用 BOP 控制电动机的功能是被禁止的。如果要用 BOP 进行控制,参数 P0700 硬设置为 1,参数 P1000 也应设置为 1。变频器加上电源时,也可以把 BOP 装到变频器上,或从变频器上将 BOP 拆卸下来。如果 BOP 已经设置为 I/O 控制(P0700=1),在拆卸

模块九 变频器的操作运行

BOP时,变频器驱动装置将自动停车。

基本操作面板(BOP)上的按钮:BOP上的按钮具体功能如表9-2所列。

表9-2 基本操作面板(BOP)上的按钮

显示、按钮	功　能	功能的说明
`r0000`	状态显示	LCD显示变频器当前的设置值
①	启动变频器	按此键启动变频器,默认值运行时此键是被封锁的,为了使此键的操作有效,应设定P0700=1
⓪	停止变频器	OFF1:按此键,变频器将按选定的斜坡下降并速减速停车,默认值运行时此键被封锁;为了允许此键操作,应设定P0700=1 OFF2:按此键两次(或一次,但时间较长)电动机将在惯性作用下自由停车。次功能总是"使能"的
⟲	改变电动机的转动方向	按此键可以改变电动机的转动方向。电动机的反向用负号(−)表示或用闪烁的小数点表示。默认值运行时此键是被封锁的,为了使此键的操作有效应设定P0700=1
jog	电动机转动	在变频器无输出的情况下按此键,使电动机启动,并按预设定的电动运行频率运行。释放此键时,变频器停车。如果变频器/电动机正在运行,按此键将不起作用
Fn	功　能	此键用于浏览辅助信息 变频器运行过程中,在显示任何一个参数时按下此键并保持不动2s钟,将显示以下参数值(在变频器运行中,从任何一个参数开始): 直流回路电压(用d表示 单位:V) 输出电流(A) 输出频率(Hz) 输出电压(用O表示 单位:V) 由P0005选定的数值(如果P0005选择显示上述参数中的任何一个(3,4或5),这里将不再显示) 连续多次按下此键,将轮流显示以上参数 跳转功能 在显示任何一个参数(rXXX或PXXX)时短时间按下此键,将立即跳转到r000,如果需要的话,可以接着修改其他的参数。跳转到r000后,按此键将返回原来的显示点
Ⓟ	访问参数	按此键即可访问参数
▲	增加数值	按此键即可增加面板上显示的参数数值
▼	减少数值	按此键即可减少面板上显示的参数数值

2. 用基本操作面板(BOP)更改参数的数值

按照这个图标中说明的类似方法,可以用"BOP"设定任何一个参数。

(1) 修改下标参数P0719

P0719参数设定步骤如表9-3所列。

模块九 变频器的操作运行

表 9-3　P0719 参数设定步骤

操作步骤	显示的结果
按 P 访问参数	r0000
按 ▲ 直到显示出 P0719	P0719
按 P 进入参数数值访问级	in000
按 P 显示当前的设定值	0
按 ▲ 或 ▼ 选择运行所需的最大频率	12
按 P 确认并存储 P0719 的设定值	P0719
按 ▼ 直到显示出 r000	r0000
按 P 返回标准的变频器显示（由用户定义）	

（2）改变 P0004——参数过滤功能

改变 P0004 参数操作步骤如表 9-4 所列。

表 9-4　P004 参数设定

操作步骤	显示的结果
按 P 访问参数	r0000
按 ▲ 直到显示出 P0004	P0004
按 P 进入参数数值访问级	0
按 ▲ 或 ▼ 达到所需的数值	3
按 P 确认并存储参数的数值	P0004
使用者只能看到命令参数	

模块九 变频器的操作运行

(3) 改变参数数值的一个数字

为了快速修改参数的数值,可以一个个地单独修改显示出的每个数字,确信已处于某一参数数值的访问级(参看"用 BOP 修改参数")。其操作步骤如下:

① 按 (Fn)(功能键),最右边的一个数字闪烁。

② 按 ▲ 或 ▼,修改这位数字的数值。

③ 再按 (Fn)(功能键),相邻的下一位数字闪烁。

④ ②至④步,直到显示出所要求的数值。

⑤ 按 (P) 退出参数数值的访问级。

3. 利用变频器对电动机额定参数的设置

在利用变频器对电动机进行额定参数设置时,要仔细阅读电动机的铭牌,了解铭牌上的各个参数,例如图 9-3 所示电动机铭牌。

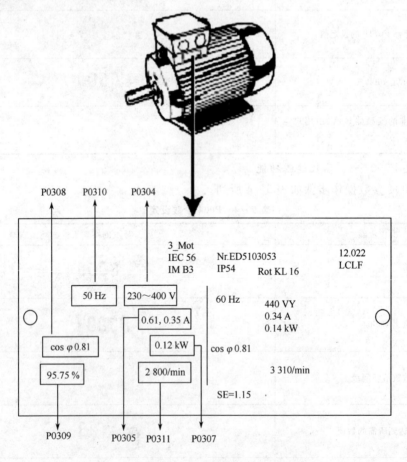

图 9-3 典型的电动机铭牌举例

经过仔细审阅电动机铭牌上的数据,可以对变频器的参数进行设定,具体设置如表 9-5 所列。

模块九 变频器的操作运行

表 9-5 变频器参数设定

序 号	参数代号	设置值	说 明
1	P0304	380	电动机的额定电压
2	P0305	0.17	电动机的额定电流
3	P0307	0.03	电动机的额定功率
4	P0308	0.85	电动机额定功率因素设定
5	P0309	0.9	电动机效率设定
6	P0310	50	电动机的额定频率
7	P0311	1 500	电动机的额定速度

说明:除非 P0010 = 3,否则是不能更改电动机参数值,确信变频器已按电动机的铭牌数据正确组态。在上面的例子中,电动机"△"接线时,端电压应接 230 V。

【任务实施】

1. 器材准备

交流变频器(MM420)实验板、交流电动机。

2. 电路准备

将电动机接入由变频器控制的电路中,如图 9-4 所示。

注意:电动机按星形接线。

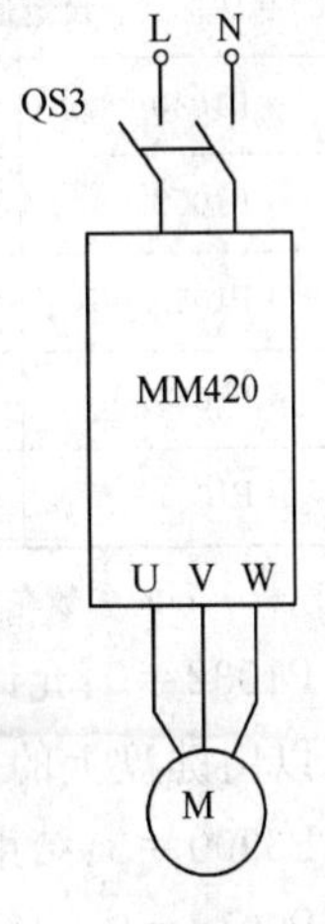

3. 设置实训参数

检查线路正确后,合上变频器电源。先恢复变频器工厂默认值,然后设置实训参数。

① 恢复变频器工厂默认值,设置电动机参数,如表 9-6 所列。

图 9-4 实训电路

表 9-6 电动机参数设定

P0010=30	P0970=1		按 P 键(10 s 完成)
P0003=1	设用户访问级为标准级		
P0010=1	快速调试		
参数号	出厂值	设置值	说 明
P0100	0	0	功率以 kw 表示,频率为 50 Hz
P0304	230	380	电动机额定电压(V)
P0305	3.25	1.05	电动机额定电流(A)
P0307	0.75	0.37	电动机额定功率(kW)
P0310	50	50	电动机额定频率(Hz)
P0311	0	1400	电动机额定转速(r/min)
以上参数设置完成后,设 P0010=0,变频器可正常运行。			

② 设置实训用参数:具体参数设定如表 9-7 所列。

模块九　变频器的操作运行

表 9-7　参数设定

参数号	出厂值	设置值	说　明
P0003=1			设用户访问级为标准级
P0004=7			命令和数字 I/O
P0700	2	1	由键盘输入设定值（选择命令源）
P0003=1			设用户访问级为标准级
P0004=10			设定值通道和斜波函数发生器
P1000	2	1	由键盘（电动电位计）输入设定值
*P1080	0	0	电动机运行的最低频率（Hz）
*P1082	50	50	电动机运行的最高频率
P0003=2			设用户访问级为扩展级
P0004=10			设定值通道和斜坡函数发生器
*P1040	5	20	设定键盘控制的频率值（Hz）
*P1058	5	10	正向点动频率（Hz）
*P1059	5	10	反向点动频率（Hz）
*P1060	10	5	点动斜波上升时间（s）
*P1061	10	5	点动斜波下降时间（s）

注：标*号的参数在做实验时可以不改变参数而使用变频器的出厂值。

P1032=0：允许反向，可以用键入的设定值改变电动机的旋转方向（既可以用数字输入，也可以用键盘上的升/降键增加/降低运行频率）。

P3900=3：结束快速调试。

P0010=0：运行准备。

4. 调　试

① 在变频器的前操作面板上按运行键"I"，变频器就将驱动电机按由 P1120 所设定的上升时间升速，并运行在由 P1040 所设定的频率值上。

② 如果需要，则电动机的转速（运行频率）及旋转方向可直接通过按前操作面板上的增加键及减少键来改变（当设置 P1031=1 时，则由增加键/减少键改变了的频率设定值被保存在内存中）。

③ 所设置的最大运行频率 P1082=50 Hz，如果需要可根据情况改变其值。

④ 在变频器的前操作面板上按停止键"O"，则变频器将由 P1121 所设置的斜波下降时间驱动电动机降速至零。

⑤ 点动运行：按下变频器前操作面板上的点动键"jog"，则变频器将驱动电动机按由 P1060 所设置的点动斜波上升时间升速，并运行在由 P1058 所设置的正向点动频率值上。当松开变频器前操作面板的点动键"jog"，则变频器将按由 P1061 所设置的点动斜波下降时间驱动电机降速至零。这时，如果按一下变频器前操作面板上的换向键，再重复上述的点动。

【任务评价】

西门子变频器 MM420 面板基本操作控制成绩评分标准见附表 9-1。

课题二　西门子M420型变频器控制电动机正反转

【任务引入】

现阶段,在能源日趋紧张,生产成本居高不下的时代,加大节能降耗力度,最大限度降低电力消耗,是建设节约型社会的内在需要和必然选择;而变频技术无疑是实现这一目标的重要支柱。目前变频器的使用已非常广泛,掌握其使用方法是非常必要的。

【任务分析】

在本课题中,以西门子变频器为例掌握其使用方法。完成此课题首先必须明确西门子变频器的外部电路的配线要求和注意事项,除此之外还必须掌握变频器内部各个参数的具体含义,以便于可根据具体要求进行参数设置。

【相关知识】

一、变频器外接主电路的配线

1. 西门子变频器MM420型变频器的基本配线图

西门子变频器MM420型变频器的配线图如图9-5所示。

模拟输入回路可以另行组态,用以提供一个附加的数字输入(DIN 4),如图9-6所示。

2. 配线注意事项

① 确保变频器与供电电源之间连接有中间断路器,以免变频器故障时事故扩大。

② 为减小电磁干扰,可给变频器周围电路中的电磁接触器、继电器等装置的线圈接上浪涌吸收器。

③ 继电器输入及输出回路的接线都应选用0.75 mm² 以上的绞合线或屏蔽线,屏蔽层与控制端子的公共端CM相连,接线长度小于50 m。

④ 控制线应与主回路动力线分开,平行布线应相隔10 cm以上,交叉布线应使其垂直。

⑤ 变频器与电机间的连线应小于30 m,当接线长度大于30 m时,应适当降低变频器的载波频率。

⑥ 所有引线必须与端子充分紧固,以保证接触良好。

⑦ 所有引线的耐压必须与变频器的电压等级相符。

⑧ 变频器U、V、W输出端不可加装吸收电容或其他阻容吸收装置,如图9-7所示。

二、变频器的安装环境及注意事项和维护保养

变频器的安装环境、安装方式、安装中主回路和控制回路接线要求以及防雷保护等各环节及注意事项,这些安装细节是确保变频器安全和可靠运行的基本条件和必要措施,直接关系着变频器及其系统运行安全和系统的可靠性。

1. 安装环境

变频器应该安装在控制柜内部,控制柜在设计时要注意以下问题。

模块九 变频器的操作运行

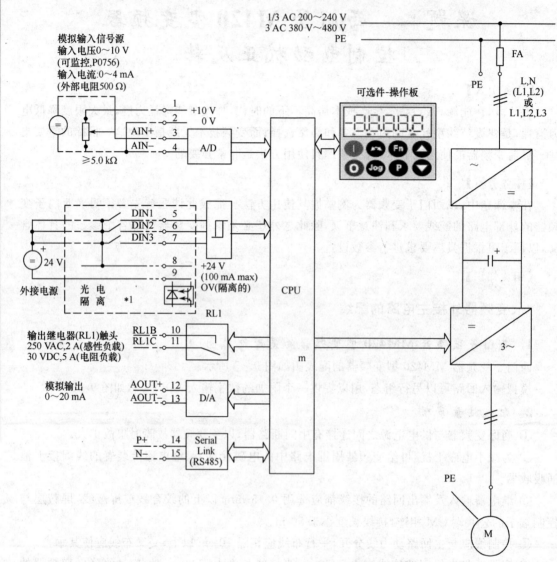

图 9-5 西门子变频器 MM420 型变频器的基本配线

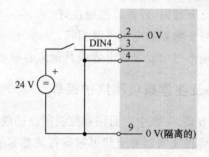

图 9-6 输入回路附加的数字输入（DIN 4）

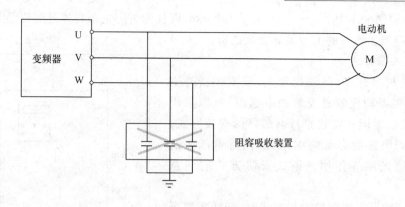

图 9-7　输出端禁止连接阻容吸收装置

（1）散热问题

变频器的发热是由内部元件的损耗产生的。在变频器中各部分损耗中主要以主电路为主，约占 98%，控制电路占 2%。为了保证变频器正常可靠运行，必须对变频器进行散热。散热通常采用风扇散热；变频器的内装风扇可将变频器的箱体内部散热带走，若风扇不能正常工作，应立即停止变频器运行；大功率的变频器还需要在控制柜上加风扇，控制柜的风道要设计合理，所有进风口要设置防尘网，排风通畅，避免在柜中形成涡流，在固定的位置形成灰尘堆积；根据变频器说明书的通风量来选择匹配的风扇，风扇安装要注意防震问题。

（2）电磁干扰问题

① 变频器在工作中由于整流和变频，周围产生了很多的干扰电磁波，这些高频电磁波对附近的仪表、仪器有一定的干扰，而且会产生高次谐波，这种高次谐波会通过供电回路进入整个供电网络，从而影响其他仪表。如果变频器的功率很大占整个系统 25% 以上，需要考虑控制电源的抗干扰措施。

② 当系统中有高频冲击负载，如电焊机、电镀电源时，变频器本身会因为干扰而出现保护，则考虑整个系统的电源质量问题。

（3）防护问题需要注意的问题

① 防水防结露：如果变频器放在现场，需要注意变频器柜上方不得有管道法兰或其他漏点，在变频器附近不能有喷溅水流。

② 防尘：所有进风口要设置防尘网阻隔絮状杂物进入，防尘网应该设计为可拆卸式，以方便清理，维护。防尘网的网格根据现场的具体情况确定，防尘网四周与控制柜的结合处要处理严密。

③ 防腐蚀性气体：在化工行业这种情况比较多见，此时可以将变频柜放在控制室中。

2. 安装方式与散热处理

变频器在运行过程中有功率损耗，并转换为热能，使自身的温度升高。粗略地说，每 1 kV·A 的变频器容量，其损耗功率约为 40~50W。因此，安装变频器时要考虑变频器散热问题，要考虑如何把变频器运行时产生的热量充分地散发出去，因此要讲究安装方式。

（1）壁挂式安装

变频器的外壳设计比较牢固，一般情况下，允许直接安装在墙壁上，称为壁挂式。为了保证通风良好，所有变频器都必须垂直安装，变频器与周围物体之间的距离应满足下列条件，如

图 9-8 所示:两侧大于 100 mm、上下大于 150 mm,而且为了防止杂物掉进变频器的出风口阻塞风道,在变频器出风口的上方最好安装挡板。

(2) 柜式安装方式

当现场的灰尘过多,湿度比较大,或变频器外围配件比较多,需要和变频器安装在一起时,可以采用柜式安装。变频器柜式安装是目前最好的安装方式,因为可以起到很好的屏蔽幅射干扰,同时也能防灰尘、防潮湿、防光照等作用。柜式安装方式的注意事项:

① 单台变频器采用柜内冷却方式时,变频柜顶端应安装抽风式冷却风扇,并尽量装在变频器的正上方,以利于空气流通。

② 多台变频器应尽量并列安装,如必须采用纵向方式安装,应在两台变频器间加装隔板。

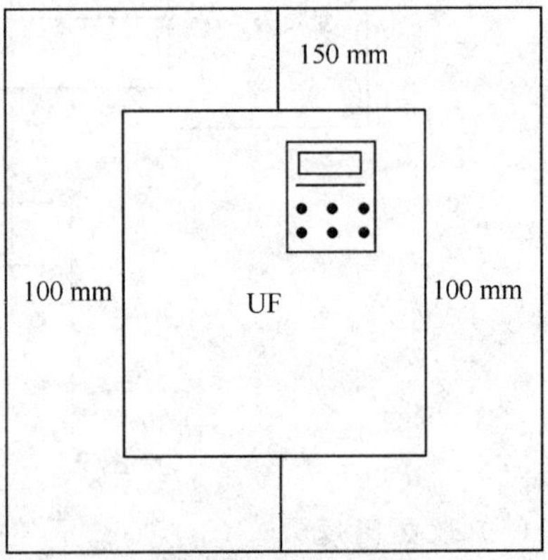

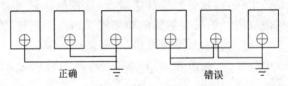

图 9-8 壁挂式变频器安装示意图

3. 注意事项

① 接地电阻应小于 10 Ω。接地电缆的线径要求,应根据变频器功率的大小而定。

② 切勿与焊接机及其他动力设备共用接地线。

③ 如果供电线路是零地共用的话,最好考虑单独敷设地线。

④ 多台变频器接地,则应分别和大地相连,切勿使接地线形成回路,如图 9-9 所示。

图 9-9 接地合理化配线

4. 控制回路端子接线

① 由于低压变频器控制回路电缆的过电流一般都很小,所以控制回路电缆的尺寸规格可以规范化,为避免干扰引起的误动作,控制回路连接线应采用绞合的屏蔽线。

② 控制线与主回路电缆铺设:变频器控制线与主回路电缆或其他电力电缆分开铺设,且尽量远离主电路 100 mm 以上;尽量不和主电路电缆平行铺设,不和主电路交叉,必须交叉时,应采取垂直交叉的方法。

③ 电缆的屏蔽:变频器电缆的屏蔽可利用已接地的金属管或者带屏蔽的电缆。屏蔽层一端接变频器控制电路的公共端(com),但不要接到变频器地端(e),屏蔽层另一端悬空。

④ 开关量控制线:变频器开关量控制线允许不使用屏蔽线,但同一信号的两根线必须互相绞在一起,绞合线的绞合间距应尽可能小。并将屏蔽层接在变频器的接地端 e 上,信号线电缆最长不得超过 50 m。

⑤ 控制回路的接地:弱电压电流回路的电线取一点接地,接地线不作为传送信号的电路使用;电线的接地在变频器侧进行,使用专设的接地端子,不与其他的接地端子共用。

5. 变频器的防雷

现在的变频器产品,一般都设有雷电吸收网络,主要用来防止因瞬间的雷电侵入,使变频器损坏。但是在实际工作中,特别是电源线架空引入的情况下,单靠变频器自带的雷电吸收网络是不能满足要求,还需要设置变频器专用避雷器。具体措施有:

① 可在电源进线处装设变频专用避雷器(选件);
② 或按规范要求在离变频器 20 m 的远处预埋钢管做专用接地保护;
③ 如果电源是电缆引入,则应做好控制室的防雷系统,以防雷电窜入破坏设备。

三、变频器相关参数含义说明

1. 变频器参数(一)

变频器的设定参数较多,每个参数均有一定的选择范围,使用中常常遇到因个别参数设置不当,导致变频器不能正常工作的现象,因此,必须对相关的参数进行正确的设定。

① 控制方式 即速度控制、转距控制、PID 控制或其他方式。采取控制方式后,一般要根据控制精度进行静态或动态辨识。

② 最低运行频率 即电动机运行的最小转速。电动机在低转速下运行时,其散热性能很差,电动机长时间运行在低转速下,会导致电动机烧毁。低速时,其电缆中的电流也会增大,导致电缆发热。

③ 最高运行频率 一般的变频器最大频率到 60 Hz,有的甚至到 400 Hz,高频率将使电动机高速运转,这对普通电动机来说,其轴承不能长时间的超额定转速运行,电动机的转子是否能承受这样的离心力。

④ 载波频率 载波频率设置的越高其高次谐波分量越大,这和电缆的长度、电动机发热、电缆发热、变频器发热等因素是密切相关的。

⑤ 电动机参数 变频器在参数中设定电动机的功率、电流、电压、转速、最大频率,这些参数可以从电动机铭牌中直接得到。

⑥ 跳频 在某个频率点上,有可能会发生共振现象,特别在整个装置比较高时;在控制压缩机时,要避免压缩机的喘振点。

2. 变频器参数(二)

变频器功能参数很多,一般都有数十甚至上百个参数供用户选择。实际应用中,没必要对每一参数都进行设置和调试,多数只要采用出厂设定值即可。

① 加减速时间 加速时间就是输出频率从 0 上升到最大频率所需时间,减速时间是指从最大频率下降到 0 所需时间。通常用频率设定信号上升、下降来确定加减速时间。

② 转矩提升 又称为转矩补偿,是为补偿因电动机定子绕组电阻所引起的低速时转矩降低,而把低频率范围 F/V 增大的方法。

③ 电子热过载保护 本功能为保护电动机过热而设置,它是变频器内 CPU 根据运转电流值和频率计算出电动机的温升,从而进行过热保护。本功能只适用于"一拖一"场合,而在"一拖多"时,则应在各台电动机上加装热继电器。

电子热保护设定值(%)=[电动机额定电流(A)/变频器额定输出电流(A)]×100 %。

④ 频率限制 即变频器输出频率的上、下限幅值。频率限制是为防止误操作或外接频率

设定信号源出故障,而引起输出频率的过高或过低,以防损坏设备的一种保护功能。此功能还可作限速使用,如有的传送带输送机,由于输送物料不太多,为减少机械和传送带的磨损,可采用变频器驱动,并将变频器上限频率设定为某一值,这样就可使传送带输送机运行在一个固定、较低的工作速度上。

⑤ 偏置频率 有的又称为偏差频率或频率偏差设定。其用途是当频率由外部模拟信号(电压或电流)进行设定时,可用此功能调整频率设定信号最低时输出频率的高低。

⑥ 频率设定信号增益 此功能仅在用外部模拟信号设定频率时才有效。它是用来弥补外部设定信号电压与变频器内电压(+10 V)的不一致问题;同时方便模拟设定信号电压的选择,设定时,当模拟输入信号为最大时(如 10 V、5 V 或 20 mA),求出可输出 F/V 图形的频率百分数并以此为参数进行设定即可;如外部设定信号为 0~5 V 时,若变频器输出频率为 0~50 Hz,则将增益信号设定为 200 %即可。

⑦ 转矩限制 该限制可分为驱动转矩限制和制动转矩限制两种。它是根据变频器输出电压和电流值,经 CPU 进行转矩计算,可对加减速和恒速运行时的冲击负载恢复特性有显著改善。转矩限制功能可实现自动加速和减速控制。假设加减速时间小于负载惯量时间时,也能保证电动机按照转矩设定值自动加速和减速。

⑧ 加减速模式选择 又称为加减速曲线选择。一般变频器有线性、非线性和 S 三种曲线,通常大多选择线性曲线,而非线性曲线适用于变转矩负载,如风机等;S 曲线适用于恒转矩负载,其加减速变化较为缓慢。设定时可根据负载转矩特性,选择相应曲线。

⑨ 转矩矢量控制 矢量控制是基于理论上认为异步电动机与直流电动机具有相同的转矩产生机理。矢量控制方式就是将定子电流分解成规定的磁场电流和转矩电流,分别进行控制,同时将两者合成后的定子电流输出给电动机。因此,从原理上可得到与直流电动机相同的控制性能。采用转矩矢量控制功能,电动机在各种运行条件下都能输出最大转矩,尤其是电动机在低速运行区域。

转差补偿控制,其作用是为补偿由负载波动而引起的速度偏差,可加上对应于负载电流的转差频率。这一功能主要用于定位控制。

⑩ 节能控制 风机、水泵都属于减转矩负载,即随着转速的下降,负载转矩与转速的平方成比例减小,而具有节能控制功能的变频器设计有专用 V/F 模式,这种模式可改善电动机和变频器的效率;还可根据负载电流自动降低变频器输出电压,从而达到节能目的;还可根据具体情况设置为有效或无效。

要说明的是,⑨、⑩这两个参数是很先进的,但有一些用户在设备改造中,根本无法启用这两个参数,即启用后变频器跳闸频繁,停用后一切正常。究其原因有:

1) 原用电动机参数与变频器要求配用的电动机参数相差太大。

2) 对设定参数功能了解不够,如节能控制功能只能用于 V/F 控制方式中,不能用于矢量控制方式中。

3) 启用了矢量控制方式,但没有进行电动机参数的手动设定和自动读取工作,或读取方法不当。

【任务实施】

1. 准备工具、仪表及器材

三相接触器 1 只(参数根据变频器的使用电压和电流而定);中间继电器 2 只(参数根据变

频器的使用电压和电流而定);空气断路器 1 只;启动停止组合按钮 1 只;正转、反转、停止组合按钮 1 只;变频器 1 台;电动机 1 台;5 000 Ω/2 W 线绕可变电阻 1 只;导线若干。

2. 识读线路、了解元器件作用

识读如图 9-10 所示的变频器控制正反转控制线路,明确线路所用电器元件及作用,熟悉线路的工作原理。

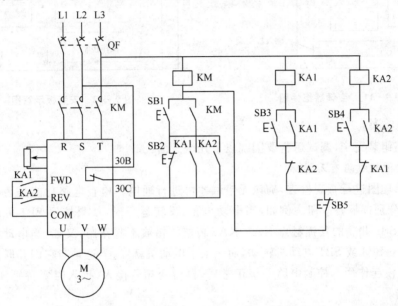

图 9-10 正(REV)反(FWD)转控制电路

本实训课题为变频器的正、反转运行控制。实际应用电路中根据操作、安全运行等具体情况,往往需要由外接电路对变频器进行控制。选择控制电路时,首先考虑避免由主接触器直接控制电动机的启动和停止;其次是应由使用最为方便的按钮开关进行正、反转运行控制。

3. 电路安装

电路安装可以在电器控制实训柜中或实训配电屏上进行。由于变频器的接线端子不能也不便于反复拆装,可将变频器安装在一块绝缘板上,在板上安装上接线端子线排,变频器的接线端子连接到线排上,再由线排向外接线。即由绝缘板、变频器及接线端子线排组成一个"变频器组件",如图 9-11 所示。

如果没有合适的实训柜或配电屏,也可以在实训板上进行。材料可选用家装用的细木工板或纤维压合板,板的尺寸如图 9-12 所示。各电器元件可用快攻螺钉进行固定,安装时要根据变频器的安装原理进行区域划分,布线按照电工要求进行。控制电路安装完毕,先不要连接主电路,当检查通电无问题后再将主电路接通。连接主电路时要认真核对,以免将输入、输出端接错而造成变频器损坏。

说明:图 9-10 正(REV)反(FWD)转对应图 9-5 的 5、6 接线柱 30B 对应 14 接线柱,30C 对应 15 接线柱。

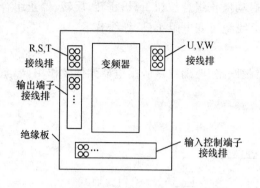

图 9-11 变频器组件图　　　图 9-12 安装板示意图

4. 调试运行

控制电路组装完毕,调试运行要围绕以下几个方面:

(1) 检查控制线路有无接错

先对照原理图进行直观检查,确认无错误才可进行通电。检查电路功能是否与设计要求相同,通电后分别按下各按钮。例如,当电动机正、反转运行时,如果按下 SB1 可以使变频器断电,那么与 SB1 并联的互锁触点 KA1、KA2 可能接错或不起作用;又如,当电动机正转或反转运行时,按下 SB3 或 SB4 电动机转动,而一抬手电动机就停止,这是与它们并联的自锁触点 KA1 或 KA2 没起作用。控制电路一切正常后,再将变频器接入,接入时要特别注意输入、输出端不要搞错。

(2) 对变频器进行功能预置

将变频器的频率预置为外端子控制,并预置上限和下限频率、频率上升和下降时间等。改变外控电位器,观察变频器的频率变化。

(3) 将电路按某一具体应用对变频器进行功能预置

可以将此控制电路赋予一定的功能,例如普通车床上的主轴电动机控制,这样就可以按照车床主轴传动要求对变频器进行功能预置。

5. 操作注意事项

① 为了保证人身及设备安全,学生必须清楚变频器输入与输出接线端。
② 学生应在明确各功能键的前提下进行操作。

【任务评价】

西门子 MM420 型变频器控制电动机正反馈成绩评分标准附表 9-2 所列。

模块十 单片机

第一节 单片机(MCS-51)简介

一、单片机的概述

1. 什么是单片机

单片微型计算机就是将CPU、RAM、ROM、定时器/计数器和多种接口都集成到一块集成电路芯片上的微型计算机。因此,一块芯片就构成了一台计算机。它已成为工业控制领域、智能仪器仪表、尖端武器、日常生活中最广泛使用的计算机。

2. 单片机的发展历程

单片机自从20世纪70年代问世以来,以其鲜明的特点得到迅猛的发展,单片机的发展经历了以下几个阶段:

① 单片机的初级阶段　1976年Intel公司推出了8位MCS-48系列单片机,以其体积小、质量轻、控制功能齐全和低价格的特点,得到了广泛的应用,为单片机的发展奠定了坚实的基础。

② 单片机的发展阶段　80年代初,Intel公司推出了8位MCS-51系列单片机,随着单片机应用的急剧增加,其他的单片机也随之大量涌现如:Motorola的68系列,Zilog的Z8系列等。

③ 高性能单片机发展阶段　随着控制领域对单片机性能要求的增加,出现了16位单片机,而且芯片内部也增加了其他的性能。如Intel的MCS-96系列单片机,在单片机内部集成了A/D转换器、PWM输出。在未来,应各种电子产品对单片机的要求,单片机将会向多功能、高性能、高速度、低电压、低功耗、大容量存储器的方向发展。

二、MCS-51系列单片机的内部结构

1. 微处理器结构

由单片机的内部结构如图10-1可知,MCS-51单片机主要由以下几部分组成:中央处理器(CPU)、振荡电路、内部总线、程序存储器和数据存储器、定时器/计数器、I/O口、串行口和中断系统。

2. 振荡电路

单片机必须在时钟的驱动下才能进行工作。MCS-51单片机内部具有一个时钟振荡电路,需要外接振荡器,即可为各部分提供时钟信号。

典型的时钟电路如图10-2所示。在电路中电容通常取30 pF,晶振的取值通常为:1~33 MHz(不同型号的单片机的上限频率可能有差别)。

3. 时钟周期、状态周期和机器周期

① 时钟周期　单片机在工作时,由内部振荡器产生或由外部直接输入的送到内部控制逻

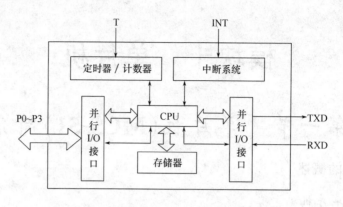

图 10-1 单片机内部结构示意图

辑单元的时间信号的周期。其大小是时钟信号频率(f_{osc})的倒数。

例如:时钟信号频率 f_{osc} 为 6 MHz,则时钟周期为 1/6 μs。

② 状态周期 由 2 个时钟周期组成(1 个状态周期=2 个时钟周期)。

③ 机器周期 由 12 个时钟周期或 6 个状态周期组成(1 个机器周期=12 个时钟周期)。

例如:有一个单片机系统,它的 f_{osc}=12 MHz,则时钟周期为 1/12 μs,状态周期为 1/6 μs,机器周期为 1 μs。

1 个机器周期=6 个状态周期=12 个时钟周期。

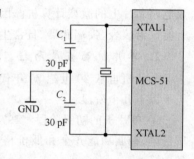

图 10-2 典型时钟电路

三、复位和复位电路

单片机在重新启动时都需要复位,MCS-51 系列单片机有一个复位引脚输入端 RST。MCS-51 系列的单片机复位方法为:在 RST 上加一个维持两个机器周期以上的高电平,则单片机被复位。复位时单片机各部分将处于一个固定的状态。

1. 常用的 MCS-51 单片机复位电路

① 上电自动复位电路如图 10-3(a)所示。

② 手动复位电路如图 10-3(b)所示。

四、MCS-51 单片机的引脚功能

MCS-51 单片机采用 40 脚双列直插式封装形式,如图 10-4 所示,主要包括以下几个部分:

1. 电源引脚 V_{CC} 和 V_{SS}

① V_{CC}(40 脚):电源端,为+5 V。

② V_{SS}(20 脚):接地端。

2. 时钟电路引脚 XTAL1 和 XTAL2

① XTAL1 为内部振荡电路反相放大器的输入端。

② XTAL2 为内部振荡电路反相放大器的输出端。

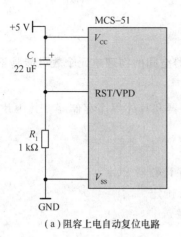
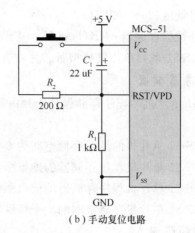

(a) 阻容上电自动复位电路　　　　(b) 手动复位电路

图 10-3　复位电路

3. 其他引脚

① 控制信号引脚 RST、ALE、PSEN 和 EA。

② I/O(输入/输出)端口 P0、P1、P2 和 P3。

③ MCS-51 单片机 P3 口的第二功能如表 10-1 所列。

表 10-1　MCS-51 单片机 P3 口的第二功能

引　脚	第二功能
P3.0	RXD(串行口输入)
P3.1	TXD (串行口输出)
P3.2	$\overline{INT0}$ (外部中断 0 输入)
P3.3	$\overline{INT1}$ (外部中断 1 输入)
P3.4	T0 (定时器 0 的外部输入)
P3.5	T1 (定时器 1 的外部输入)
P3.6	$\overline{WR}$ (片外数据存储器写选通控制输出)
P3.7	$\overline{RD}$ (片外数据存储器读选通控制输出)

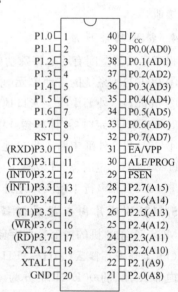

图 10-4　单片机引脚图

五、MCS-51 单片机的存储器

1. MCS-51 系列的单片机存储空间

MCS-51 系列的单片机有 5 个独立的存储空间，它们分别是：

① 片内/片外程序存储器 64 K(0000H～0FFFFH)；

② 128B 的片内数据存储器(00H～7FH)；

③ 128B 特殊功能寄存器 SFR(80H～0FFH)；

④ 位寻址区(20H～2FH);

⑤ 片外数据存储器 64 K(0000H～0FFFFH)。

注:MCS-51 系列单片机各型号芯片在各个存储器空间的物理单元个数可能是不同的。

2. 程序存储器

MCS-51 单片机的程序存储器分为片内程序存储器和片外程序存储器。其中片外程序存储器中。

① MCS-51 单片机的最大存储空间为 64 KB。

② MCS-51 单片机程序存储器的地址指针为程序计数器 PC。

③ MCS-51 单片机程序存储器的读取顺序由 $\overline{EA}$ 确定。

④ MCS-51 单片机存储空间的 6 个特殊功能区域。

3. $\overline{EA}$ 的作用

① 对于片内有 4 KB 程序存储器的单片机,若 $\overline{EA}=1$ 时,则 PC 的值在 0000H～0FFFH 之间,CPU 先从片内程序存储器空间取指执行。当 PC 的值大于 0FFFH 时才访问外部的程序存储器空间。

若 $\overline{EA}=0$ 时,则片内程序存储器空间被忽略,CPU 只从片外程序存储器空间取指执行。

② 对于片内没有程序存储器的单片机,在构成系统时必须在外部扩展程序存储器,其 $\overline{EA}$ 必须接地。

4. 特殊功能区域

程序存储器空间有 6 个特殊功能区域:

① 0000H   系统的启动单元(系统复位后,单片机从此处开始取指令开始执行);

② 0003H   外部中断 0 入口地址;

③ 000BH   定时器/计数器 0 中断入口地址;

④ 0013H   外部中断 1 入口地址;

⑤ 001BH   定时器/计数器 1 中断入口地址;

⑥ 0023H   串行中断入口地址。

5. 128B 的片内数据存储器(00H～7FH)

MCS-51 单片机的内部数据存储器有以下几个部分:

(1) 工作寄存器区(00H～1FH)

内部 RAM 的 00H-1FH 分为 4 个区(由 RS0 和 RS1 的状态决定当前的工作寄存器组别),每个区有 8 个单元,分别用 R0～R7 来表示。

第 0 组工作寄存器:地址范围为 00H-07H;

第 1 组工作寄存器:地址范围为 08H-0FH;

第 2 组工作寄存器:地址范围为 10H-17H;

第 3 组工作寄存器:地址范围为 18H-1FH。

举例:

如果 RS0:RS1=00 时;则(R0)=00H(使用第 0 组)。

如果 RS0:RS1=01 时;则(R0)=08H(使用第 1 组)。

如果 RS0:RS1=10 时;则(R0)=10H(使用第 2 组)。

如果 RS0:RS1=11 时;则(R0)=18H(使用第 3 组)。

(2) 位寻址区(20H～2FH)

该区域的 16 个字节单元可以用于位寻址(共 128 个位单元,位地址为:00H～7FH);另外也可以作为一般的 RAM 使用。

举例:SETB　　0FH(21H.7);置位 0FH 为"1"
　　　CLR　　　0FH(21H.7);置位 0FH 为"0"

(3) 用户区(30H～7FH)

该区域的 80 个字节单元,主要用于用户的数据存储,在该区域的单元只能以地址单元的形式进行操作。

128B 特殊功能寄存器 SFR(80H～0FFH)

MCS-51 单片机中,有 21 个具有特殊功能的寄存器,主要用来存放单片机相应功能部件的控制命令、状态或数据。其中常用的有以下几个:

① ACC(累加器,8 位)　特殊用途的寄存器,专门存放操作数或运算结果。

例如:MOV　A,30H(把 30H 单元的数据传送给 A)
　　　ADD　A,30H(30H 的数据和 A 的内容相加,并保存在 A 中)

② B(8 位)　专门为乘除法而设置的寄存器。

例如:MUL　A,B　;A 和 B 相乘,结果的高低字节分别放入 A 和 B 中
　　　DIV　A,B　;(A)/(B),商存 A,余数存 B

③ PSW(程序状态字,8 位)　存放指令执行后的有关状态,如表 10-2 所列。

表 10-2　程序状态字结构

位　序	D7	D6	D5	D4	D3	D2	D1	D0
位标志	CY	AC	F0	RS1	RS0	OV	/	P

CY(C):进位和借位标志。当指令执行中有进位和借位产生时,CY 为 1,反之为 0。

AC:辅助进位、借位标志(高半字节对低半字节的进位和借位)。有进位和借位产生时,AC 为 1,反之为 0。

F0:用户标志位,由用户自定义。

RS1 和 RS0:工作寄存器选择标志位。

OV:溢出标志位。

P:奇偶校验位。当 A 中 1 的个数为偶数时,P=0,反之为 1。

④ SP(堆栈指针,8 位)　专门存放堆栈的栈顶位置。遵循"先进后出"的原则。

注意:禁止用传送指令存放数据。在编程设计时,首先设置堆栈指针 SP 的值(如:MOV SP,#60H),在执行堆栈操作、程序调用、子程序返回及中断返回等指令时,SP 的值自动增 1 或减 1。

⑤ DPTR(数据地址指针,16 位)　存放程序存储器的地址或外部数据存储器的地址。可分 DPH 和 DPL 两个独立 8 位寄存器使用。

⑥ PC(程序地址寄存器,16 位)　执行指令后自动加一,常将 PC 值设置成程序第一条指令的内存地址。访问范围:0000H～0FFFFH。

第二节　MCS-51系列单片机的指令系统及汇编语言程序设计

一、指令格式与寻址方式

1. 指令格式

MCS-51单片机汇编语言指令格式为，如表10-3所列。

表10-3　指令格式

标号：	操作码	操作数或操作数地址	;注释

（1）标号　标号是程序员根据编程需要给指令设定的符号地址，可有可无；通常是由1~8个字符组成，第一个字符必须是英文字母，不能是数字或其他符号；标号后必须用冒号；在程序中，不可以重复使用。

（2）操作码　操作码表示指令的操作种类，规定了指令的具体操作。例如：ADD（加操作），MOV（数据的传送操作）。

（3）操作数或操作数地址　操作数或操作数地址表示参加运算的数据或数据的地址。操作数和操作码之间必须用逗号分开。操作数一般有以下几种形式：

① 没有操作数项，操作数隐含在操作码中，如RET指令；
② 只有一个操作数，如CPL　A指令；
③ 有两个操作数，如MOV　A,♯00H指令，操作数之间以逗号相隔；
④ 有三个操作数，如CJNE　A,♯00H,NEXT指令，操作数之间也以逗号相隔。

（4）注释　注释是对指令的解释说明，用以提高程序的可读性；注释前必须以";"和指令分开，注释在每条指令后都可以设有。

二、MCS-51单片机指令中常用符号含义

指令中常用符号含义如表10-4所列。

表10-4　单片机指令常用符号

符　号	含　义
Rn	当前工作寄存器中的某一个，即R0~R7
Ri	R0或者R1
Direct	内部RAM低128字节中的某个字节地址，或者是某个专用寄存器的名字
♯data	8位（1字节）立即数
♯data16	16位（2字节）的立即数
Addr16	16位目的地址，在LJMP和LCALL的指令中采用
Addr11	11位目的地址，只在AJMP和ACALL指令中采用

续表 10-4

符 号	含 义
Rel	相对转移指令中的偏移量 DPTR 数据指针（由 DPH 和 DPL 构成）
Bit	内部 RAM（包括专用寄存器）中可寻址位的地址或名字
A	累加器 ACC
B	B 寄存器
@	间接寻址标志
/	加在位地址前,表示对该位状态取反
(X)	某寄存器或某单元的内容
((X))	由 X 间接寻址的单元中的内容

三、MCS-51 单片机的寻址方式

MCS-51 有 7 种不同的寻址方式,所下所述。

1. 立即寻址

MOV A,♯40H;将 40H 这个立即数传送给累加器 ACC,"♯"符号称为立即数符号,40H 在称为立即数。

2. 直接寻址

MOV A,30H;将内部 RAM30H 单元内的数传送给累加器 ACC。例如:MOV A,30H;假如(30H)=55H;则 A=55H。

3. 寄存器寻址

MOV A,R0

数据存放在 R0～R7 中的某个通用寄存器内,或者放在某个专用寄存器中。例如:MOV A,R0;设 R0 的值为 40H;则 A=40H。

4. 寄存器间接寻址

在 51 单片机中有两个寄存器可以用于间接寻址,它们是 R0 和 R1。当指向片外的 64 KB 的 RAM 地址空间时,可用 DPTR 作间接寄存器。

MOV A,@R0

假如:R0 寄存器中的数据是 50H,则以上指令的意思是:将内部 RAM 中 50H 单元内的数传送给累加器 ACC。

例如:R1 内的数是 70H,在内部 RAM 的 70H 单元中存放的数据是 00H,在执行以下指令后,外部 RAM 中 3FFFH 单元的内容是 00H。

MOV A,@ R1
MOV DPTR,♯ 3FFFH
MOVX @ DPTR,A

5. 位寻址

当单片机要进行某一位二进制数操作时,可采用位寻址。

例如:SETB C

指令含义:将专用寄存器 PSW 中的 CY 位置为 1。
CLR　　　P1.0;将单片机的 P1.0 清"0"
SETB　　P1.0;将单片机的 P1.0 置"1"

6. 变址寻址

例如:MOVC　　A,@ A+ DPTR

指令含义:假设在执行指令前,数据指针 DPTR 中的数据是 1 000H,累加器 ACC 中的数据是 50H,则上述指令执行的操作是将程序存储器 1050H 单元中的数据传送给累加器 ACC。

同样寻址方式的指令还有两条:

MOVC　A,@ A+ PC
JMP　　@ A+ DPTR

该类指令常用于编写查表程序。

7. 相对寻址

在跳转程序中有一种相对寻址方式,程序的书写方式是:

SJMP　rel

程序含义:当程序执行到上述语句时,在当前语句位置的基础上向前或向后跳转 rel 中指明的位置。

例如:　JZ　　　rel
　　　　CJNE　　A,#DATA,rel
　　　　DJNZ　　R0,rel

课题一　51 系列通用 I/O 控制

【任务引入】

单片机 I/O(Input/Output)端口,称为 I/O(简称为 I/O 口)或称为 I/O 通道或 I/O 通路。I/O 端口是单片机与外围器件或外部设备实现控制和信息交换的桥梁。51 系列单片机有 4 个双向 8 位 I/O 口 P0~P3,共 32 根 I/O 引线。每个双向 I/O 口都包含一个锁存器(专用寄存器 P0~P3)、一个输出驱动器和输入缓冲器。

【任务分析】

51 系列通用 I/O 控制电路原理如图 10-51 所示。其中 P1 口为准双向 I/O 口,每一位口线都能独立作为输入/输出线。

① 通过电路分析可以得知低电平"0"让 LED 灯点亮,反之高电平"1"让 LED 灯熄灭。

② 由于此程序的花样显示较复杂,因此可建立一个表格,通过查表方式编程较简单,如果想显示不同的形式,只需将表中的代码更改即可。

【相关知识】

一、Keil-5 软件使用

Keil C 软件菜单命令非常丰富,常用的菜单命令都有对应的快捷键和快捷图标,自己可以打开相应的菜单,熟悉各种命令。

模块十 单片机

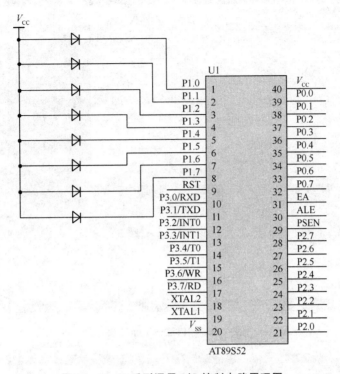

图 10-5 51 系列通用 I/O 控制电路原理图

打开计算机,运行 Keil C51 集成开发环境,如图 10-6 所示。

图 10-6 第一次启动 Keil C

1. 创建项目

选择"Project""New Project..."建立新的工程文件(注意工程文件放置的文件夹),输入文件名,选择"保存",如图 10-7 和图 10-8 所示。

模块十 单片机

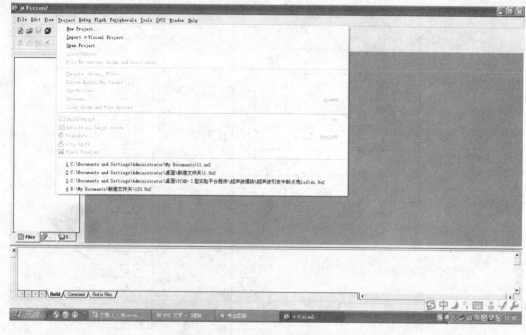

图 10-7 创建一个新工程

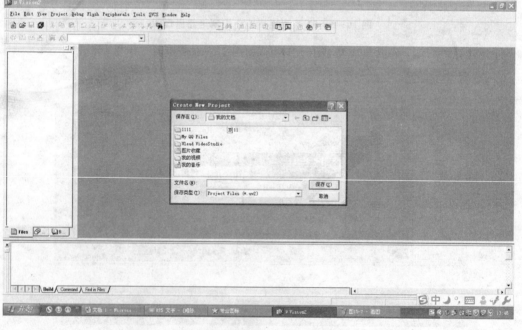

图 10-8 为新工程命名并保存

2. 单片机类型选择

工程保存后会弹出来一个器件选择窗口,这里需要选择单片机芯片类型。器件选择的目的是告诉 μVision 2 最终使用的 80C51 芯片的型号是哪一个公司的哪一个型号,因为不同型号的 51 芯片内部的资源是不同的,如图 10-9 所示。

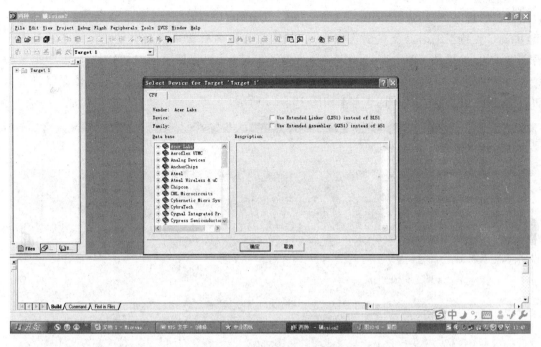

图 10-9　器件选择窗口

① 选择"Atmel"下的"AT89C51",然后在接下来的窗口中,选择"是",加载芯片基本参数,如图 10-10 所示。

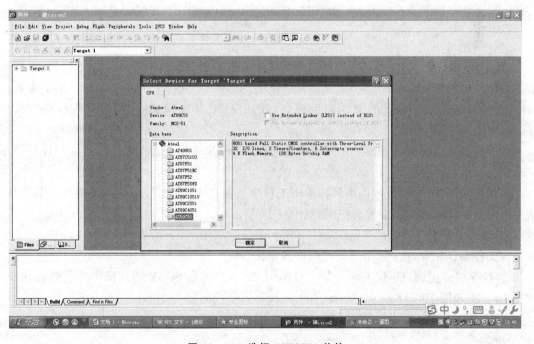

图 10-10　选择 AT89C51 芯片

模块十 单片机

② 选择"File"—"New"或者单击新文件快捷图标,打开一个文本编辑器窗口。输入下列数据传送的程序,然后选择"File"—"Save...",注意保存时给文件起名字以后,加个文件名后缀,Keil C 支持汇编语言及 C 语言编程,它是依靠文件名后缀来判断文件是汇编语言还是 C 语言格式的,如果是汇编语言,后缀为". asm",或". a",C 语言格式的,后缀为". c"。根据实验要求选择保存为汇编语言格式或 C 语言格式。注意此时程序中的一些代码和寄存器将会自动蓝色显示,方便观察,如图 10-11 和图 10-12 所示。

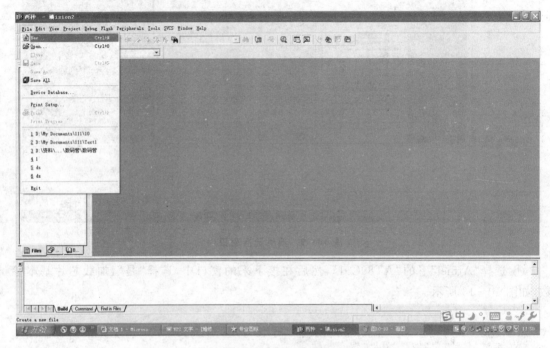

图 10-11 创建一个新文件

③ 选择"Project"—"Targets, Groups, Files...",选择"Groups/Add Files"标签,首先单击下边窗口中的"Source Group 1",然后选择下边的"Add Files to Group...",在接下来的窗口中,首先选择你需要加入的文件的后缀名(默认是 . c 可选择 Asm Source file,即后缀为". a"),如图 10-13 所示。

然后选择对应的文件,选择"Add",然后选择"Close",最后选择"确定",完成文件的添加工作。

工程项目添加结束后,可以用鼠标单击工程项目窗口中的"+",展开工程项目内部文件,从中可以看到添加进来的文件名称,如图 10-14 所示。

④ 编译工程文件,选择"Project"—"Build target",如图 10-15 所示。图 10-16(a)表示该工程文件编译正确,反之如图 10-16(b)所示。

⑤ 程序编译正确,选择"Debug"——"Start/Stop Debug Session"对程序进行软件仿真,如图 10-17 和图 10-18 所示。

⑥ 选择"Peripherals",选择输入/输出口,单击 仿真运行,或单击 单步运行,如图 10-19所示。

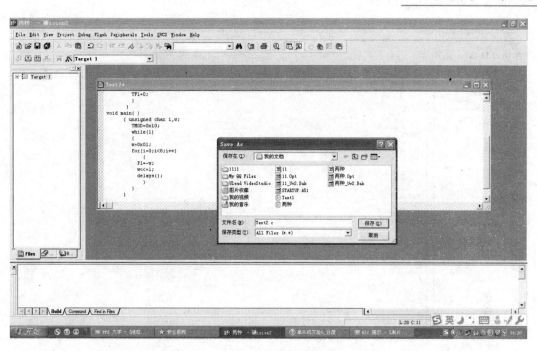

图 10-12 输入程序并保存文件

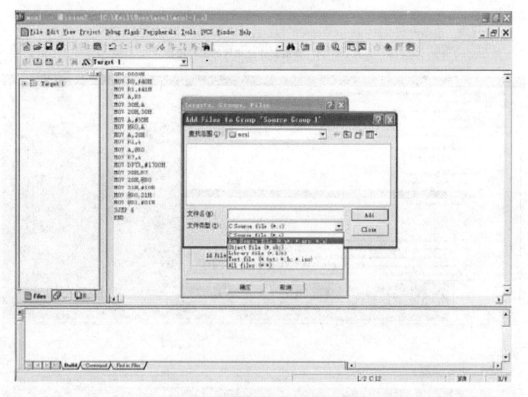

图 10-13 选择准备添加的文件类型

模块十 单片机

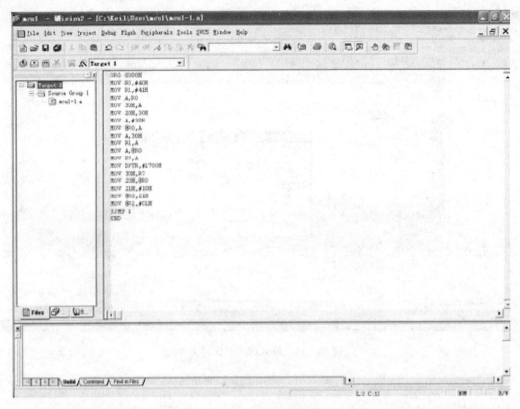

图 10-14 添加文件结束后的工程项目

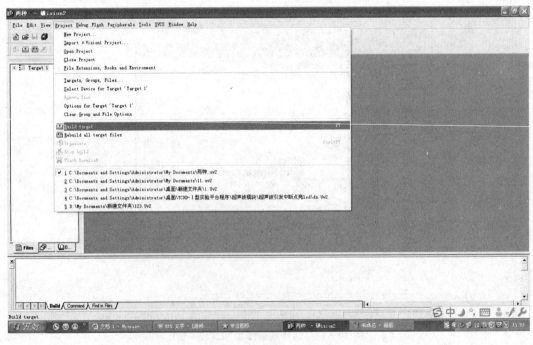

图 10-15 编译文件窗口

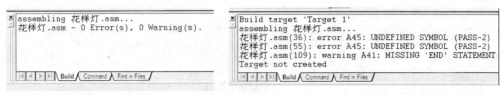

(a) 程序正确　　　　　　　　　　　　(b) 程序有误

图 10-16

图 10-17　选择 Debug 标签

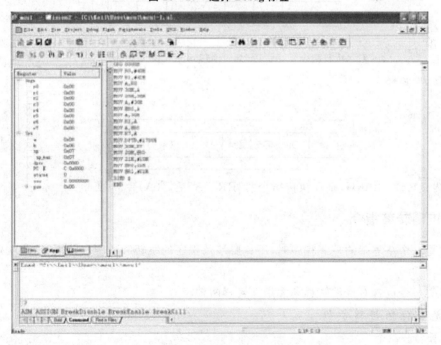

图 10-18　进入 Debug 状态

模块十 单片机

图 10-19 仿真运行窗口

二、累加器移位指令

1. 循环左移

RL A

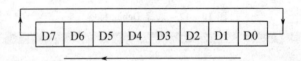

例：假设(A)＝0A6H,则在执行指令"　RL　A"后,(A)＝4DH。

2. 循环右移

RR A

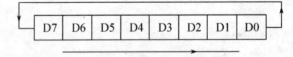

例：假设(A)＝0A6H,则在执行指令"　RR　A"后,(A)＝53H。

三、控制转移指令

在编写一个略复杂的控制程序时,不免要涉及程序的跳转和子程序调用,这时就要用到转移类指令。

转移类指令包含有条件转移和无条件转移两种。

1. 无条件转移指令组

（1）长转移指令

LJMP　　　目标语句

说明：目标语句可以是程序存储器 64 KB 空间的任何地方。

（2）绝对转移指令

AJMP　　　目标语句

注意：目标语句必须和当前语句同页。在 51 单片机中，64 KB 程序存储器分成 32 页，每页 2KB(7FFH)。

（3）短跳转指令

SJMP　　　目标语句(rel)

注意：短跳转的目标语句地址必须在当前语句向前 128(80H)字节，向后 127(7FH)字节，否则在进行程序编译时肯定出错。

2. 条件转移指令组

所谓条件转移，指指令中规定的条件满足时，程序跳转到目标地址。

① 数值比较转移指令

CJNE　　A,#data　，目标语句(rel)

含义：累加器的数和立即数不相等，则跳到目标语句；若相等则顺序执行下一条指令。

CJNE　　A,direct,rel

CJNE　　Rn,#data,rel

CJNE　　@Ri,#data,rel

② 减 1 条件转移指令组：该类指令主要用于循环程序设计。

DJNZ　　Rn,目标地址(rel);如果(Rn)-1≠0，则程序跳转到目标语句，否则顺序执行下一条语句。

DJNZ　　direct,目标地址(rel)

3. 子程序调用和返回指令

子程序调用指令

① 长调用指令

　　　LCALL　　　目标子程序标号

例：　LCALL DELAY　;调用 DELAY 子程序

② 绝对调用指令

　　　ACALL　　　目标子程序

例：　ACALL DELAY

（3）子程序返回指令

RET　;子程序调用返回

【任务实施】

操作步骤如下：

① 在 Keil 程序中，执行菜单命令"Project"→"New Project"创建"51 系列 I/O 控制口的应用"项目，并选择单片机型号为 AT89C51。

② 执行菜单命令"File"→"New"创建文件，输入汇编源程序，保存"51 系列 I/O 控制口的应用.ASM"。在 Project 栏的 File 项目管理窗口中右击文件组，选择"Add File Group Source Group1"，将源程序"51 系列 I/O 控制口的应用.ASM 添加到项目中。

③ 执行菜单命令"Project"→"Options for Target target 1"，在弹出的对话框中选择

"Output"选项卡,选中"Create HEX File"。

④ 执行菜单命令"Project"→"Build Target",编译源程序,如果编译成功,则在"Output Window"窗口中显示没有错误,并创建了"51 系列 I/O 控制口的应用 . HEX"。

⑤ 在 Keil 中执行菜单命令"Debug"→"Star/Stop Debug Seession",进入 Keil 调试环境。在 Keil 代码编辑窗口中设置相应断点,断点的设置方法,在需要设置断点语句的空白处双击,可设置断点;再次双击,可取消该断点。设置好断点后,在 Keil 中按 F5 键运行程序。从运行结果看出使用 P1 口控制 LED0～LED7 进行花样显示。显示规律为:

1) 8 个 LED 依次左移点亮。

2) 8 个 LED 依次右移点亮。

3) LED0、LED2、LED4、LED6 亮 1 s 后熄灭,LED1、LED3、LED5、LED7 亮 1 s 后熄灭,LED0、LED2、LED4、LED 6 亮 1 s 后熄灭…循环 3 次。

4) LED 0、LED 1、LED 2、LED 3 亮 1 s 后熄灭,LED4、LED5、LED6、LED7 亮 1 s 后熄灭,LED 0、LED 1、LED 2、LED 3 亮 1 s 后熄灭……亮 1 s 后熄灭,LED2、LED3、LED6、LED7 亮 1 s 后熄灭……循环 3 次,然后再从(1)进行循环。

【任务评价】

51 系列通用 I/O 控制成绩评分标准见附表 10-1 所列。

课题二　定时器/计数器的应用

【任务引入】

在单片机应用系统中,常会有定时控制需求,如定时输出、定时检测和定时扫描等。也经常要对外部事件进行计数。80C51 单片机片内集成有两个可编程的定时器/计数器:T0 和 T1。这既可以工作于定时模式,也可以工作于外部事件计数模式。此外,T1 还可以作为串行口的波特率发生器。

【任务分析】

AT89S51 单片机内部集成了定时器/计数器的功能模块,该模块通过一个开关来选择输入的信号是时间单位脉冲还是外部事件。也就是说,1 个定时器/计数器模块一次只能工作在一次只能工作在一种功能下——要么是定时器,要么是计数器。当完成定时器/计数后,定时器模块向 CPU 输出一个完成信号来中断定时器/计数操作。AT89S51 单片机的 Timer0 和 Timer1 的功能基本相同,这两个 Timer 可以工作在定时器模式下,也可以工作在计数器模式下。Timer 所处在的工作模式是由定时器/计数器控制寄存器(TMOD)决定的。

图 10-20 所示为定时器/计数器电路搭建图。

由于定时器直接延时的最大时间 $t_{max}=(2^{16}-0)\times 12/(12\times 10^6)=65\ 536\mu s$,为延时 1 s,必须采用循环计数方式实现。方法为:定时器每延时 50 ms,单片机内部寄存器加 1,然后定时器重新延时,当内部寄存器计数 20 次时,表示已延时 1 s。使用定时器 T0 工作在方式 1,延时 50 ms,初始值 TMOD 为 10H,TH0 为 3CH,TL0B0H。

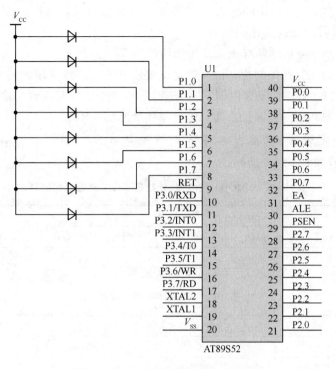

图 10-20 定时器/计数器电路原理图

【相关知识】

一、MCS-51 单片机定时器/计数器组成

定时器/计数器 0(T0):16 位加计数器。

定时器/计数器 1(T1):16 位加计数器。

二、定时器/计数器的功能

① 信号的计数功能:定时器/计数器 0(T0)的外来脉冲输入端为 P3.4;定时器/计数器 1(T1)的外来脉冲输入端为 P3.5。

② 时功能:定时器/计数器的定时功能也是通过计数器实现的,它的计数脉冲是由单片机的片内振荡器输出经 12 分频后产生的信号,即为对机器周期计数。

三、定时器/计数器的控制

定时器/计数器的控制主要是通过以下几个寄存器实现的。

1. TCON---定时器/计数器控制寄存器

TCON 寄存器如表 10-5 所列。

表 10-5 TCON---定时器/计数器控制寄存器

D7	D6	D5	D4	D3	D2	D1	D0
TF1	TR1	TF0	TR0	IE1	IT1	IE0	IT1

① TF1:定时器1的溢出中断标志。T1被启动计数后,从初值做加1计数,计满溢出后由硬件置位TF1,同时向CPU发出中断。

② TF0:定时器0溢出中断标志。其操作功能同TF1。

③ TR1:定时器1运行控制位。由软件置1或清0来启动或关闭定时器1。当GATE=1,且为高电平时,TR1置1启动定时器1;当GATE=0时,TR1置1即可启动定时器1。

④ TR0:定时器0运行控制位。其功能及操作情况同TR1。

2. TMOD---定时器/计数器工作方式控制寄存器

TMOD寄存器如表10-6所列。

表10-6 TMOD---定时器/计数器工作方式控制寄存器

D7	D6	D5	D4	D3	D2	D1	D0
$\overline{\text{CATE}}$	C/$\overline{\text{T}}$	M1	M0	$\overline{\text{CATE}}$	C/$\overline{\text{T}}$	M1	M0

① M1和M0:方式选择位。定义如表10-7所列。

表10-7 M1、M0方式选择

M1	M0	工作方式	功能说明
0	0	方式0	13位计数器
0	1	方式1	16位计数器
1	0	方式2	自动重装8位计数器
1	1	方式3	定时器0:分成两个8位计数器 定时器1:停止计数

C/$\overline{\text{T}}$:功能选择位。当设置为定时器工作方式该位为"0";当设置为计数器工作方式该位为"1"。

$\overline{\text{CATE}}$:门控位。当$\overline{\text{CAATE}}$=0时,软件控制位TR0或TR1置1即可启动定时器。

当$\overline{\text{CATE}}$=1时,软件控制位TR0或TR1须置1,同时还须(P3.2)或(P3.3)为高电平方可启动定时器,常用于测量信号的脉宽。

注意:TMOD不能位寻址,只能用字节指令设置,其中高4位定义定时器1,低4位定义定时器0工作方式。

3. 工作方式计数范围及特点

工作方式0(M1,M0=0,0),其特点是:

① 为13位计数器结构(由TH和TL的低五位构成);

② 计数范围:1~8 192;

③ 定时时间:(8192-初值)×T机器周期。

工作方式1(M1,M0=0,1),其特点是:

① 为16位计数器结构(由TH和TL的全部构成);

② 计数范围:1~65 536;

③ 定时时间:(65536-初值)×T机器周期。

工作方式2(M1,M0=1,0),其特点是:

① 为8位计数器结构(由TL全部构成,TH作为预置寄存器);
② 计数范围:1～256;
③ 定时时间:(256-初值)*T机器周期。

注:在计数溢出后不需要由软件向计数器赋初始值,而改由TH完成。IE为中断允许控制寄存器。

例1:利用T0,使用工作方式0,在单片机的P1.0输出一个周期为2 ms、占空比为1:1的方波信号。

解:周期为2 ms,占空比为1:1的方波信号,只需要利用T0产生定时,每隔1ms将P1.0取反即可。

编程步骤:
(1) 计算TMOD的值:由于GATE=0;M1M0=00;C/T=0,所以(TMOD)=00H。
(2) 计算初值(单片机振荡频率为12 MHz):所需要的机器周期数:$n=(1\ 000\ \mu s/1\ \mu s)=1\ 000$。计数器的初始值:$X=8\ 192-1\ 000=7\ 192$。所以:(TH0)=0E0H,(TL0)=18H。

例2:用定时器T1,使用工作方式1,在单片机的P1.0输出一个周期为2 min、占空比为1:1的方波信号。

解:周期为2 min,占空比为1:1的方波信号,只需要利用T1产生定时,每隔1 min将P1.0取反即可。

由于定时器定时时间有限,设定T1的定时为50 ms,软件计数1 200次,可以实现1 min定时。

编程步骤:
① 计算TMOD的值:由于GATE=0;M1,M0=0、1;C/T=0,所以(TMOD)=10H。
② 计算初值(单片机的振荡频率为12 MHz):所需要的机器周期数:$n=50\ 000\ \mu s/1\ \mu s=50\ 000$,计数器的初始值:$X=65\ 536-50\ 000=15\ 536$,所以(TH0)=3CH;(TL0)=0B0H。

【任务实施】

① Keil程序中执行菜单命令"Project"→"New Project",创建'定时器/计数器的应用'项目,并选择单片机型号为AT89C51。

② 执行菜单命令"File"→"New",创建文件,输入汇编源程序,保存"定时器/计数器的应用.ASM"。在Project栏的File项目管理窗口中右击文件组,选择"Add File Group Source Group1",将源程序"定时器/计数器的应用.ASM"添加到项目中。

③ 执行菜单命令"Project"→"Options for Target target 1",在弹出的对话框中选择"Output"选项卡,选中"Create HEX File"。

④ 执行菜单命令"Project"、"Build Target",编译源程序,如果编译成功,则在"Output Window"窗口中显示没有错误,并创建了"定时器/计数器的应用.HEX"。

⑤ 在Keil中执行菜单命令"Debug"→"Star/Stop Debug Seession",进入Keil调试环境。

⑥ 在Keil代码编辑窗口中设置相应断点,断点的设置方法,在需要设置断点语句的空白处双击,可设置断点;再次双击,可取消该断点。设置好断点后,在Keil中按F5键运行程序。从运行结果看出P0.0和P0.1控制的两个LED互闪,闪烁间隔时间为1 s。

【任务评价】

定时器/计数器的应用成绩评分标准见附表10-2所列。

课题三 中断系统的应用

【任务引入】

中断系统是计算机的重要组成部分。采用了中断技术后的计算机,可以解决 CPU 与外设之间速度匹配的问题、实时控制、故障自动处理、计算机与外围设备间的数据传送。中断系统的应用大大提高了计算机效率,同时它也提高了计算机处理故障与应变的能力。

【任务分析】

中断系统的应用电路原理图如图 10-21 所示。主程序将 P1 口进行花样显示,显示规律为:

① 8 个 LED 依次左移点亮。

② 8 个 LED 依次右移点亮。

③ LED0、LED2、LED4、LED6 亮 1 s 熄灭,LED1、LED3、LED5、LED7 亮 1 s 熄灭,LED0、LED2、LED4、LED6 亮 1 s 熄灭……循环 3 次。按下中断按钮(按下 $\overline{INT0}$ 的按钮)时使 8 个 LED 闪烁 5 次,然后返回到中断前的状态,继续按前面的规律进行显示。

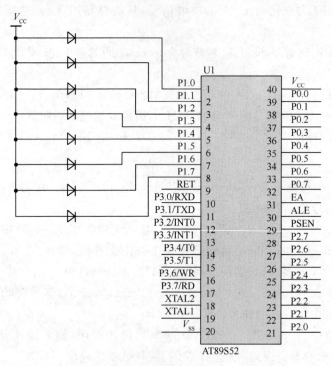

图 10-21 中断系统的应用电路原理图

【相关知识】

一、中断的概念

CPU 在执行程序的过程中,由于某种外界的原因,必须尽快终止 CPU 当前的程序执行,而去执行相应的处理程序,待处理结束后,再回来继续执行开始被终止的程序。这种程序在执行过程中由于外界的原因而被中间打断的情况称为"中断"。

二、中断的作用

① 可以实现 CPU 与外部设备的并行工作,提高 CPU 利用效率。
② 可以实现 CPU 对外部事件的实时处理,进行实时控制。
③ 实现多项任务的实时切换。

三、MCS-51 单片机的中断源

MCS-51 单片机具有多中断控制源,它由以下几部分组成:

外中断:由外部信号触发的中断,MCS-51 有 2 个中断(INT0)和(INT1)组成。

定时中断:由单片机的定时器/计数器的溢出标志触发的中断,MCS-51 单片机有 T0 和 T1 两个定时中断。

串行口中断:由单片机的串行数据传输设置的中断,MCS-51 单片机有 1 个串行中断。

四、中断控制

MCS-51 单片机的中断控制主要是通过以下几个寄存器的设置实现:

① IE(中断允许控制寄存器)如表 10-8 所列。

表 10-8　中断允许控制寄存器

D7	D6	D5	D4	D3	D2	D1	D0
EA	—	—	ES	ET1	EX1	ET0	EX0

EA:总中断允许控制位。EA=1,开放所有中断,各中断源的允许和禁止可通过相应的中断允许位单独加以控制;EA=0,禁止所有中断。

ES:串行口中断允许位。ES=1,允许串行口中断;ES=0,禁止串行口中断。

ET1:定时器 1 中断允许位。ET1=1,允许定时器 1 中断;ET1=0,禁止定时器1 中断。

EX1:外部中断 1 中断允许位。EX1=1,允许外部中断 1 中断;EX1=0,禁止外部中断1 中断。

ET0:定时器 0 中断允许位。ET0=1,允许定时器 0 中断;ET0=0,禁止定时器 0 中断。

EX0:外部中断 0 中断允许位。EX0=1,允许外部中断 0 中断;EX0=0,禁止外部中断0 中断。

② IP(中断优先级控制寄存器)如表 10-9 所列。

表 10-9　中断优先级控制寄存器

D7	D6	D5	D4	D3	D2	D1	D0
—	—	—	—	PS	PT1	PX1	PT0	PX0

PS:串行口中断优先控制位。PS=1,设定串行口为高优先级中断;PS=0,设定串行口为低优先级中断。

PT1：定时器 T1 中断优先控制位。PT1=1,设定定时器 T1 中断为高优先级中断；PT1=0,设定定时器 T1 中断为低优先级中断。

PX1：外部中断 1 中断优先控制位。PX1=1,设定外部中断 1 为高优先级中断；PX1=0,设定外部中断 1 为低优先级中断。

PT0：定时器 T0 中断优先控制位。PT0=1,设定定时器 T0 中断为高优先级中断；PT0=0,设定定时器 T0 中断为低优先级中断。

PX0：外部中断 0 中断优先控制位。PX0=1,设定外部中断 0 为高优先级中断；PX0=0,设定外部中断 0 为低优先级中断。

③ TCON(定时器控制寄存器)如表 10-10 所列。

表 10-10 定时器控制寄存器

D7	D6	D5	D4	D3	D2	D1	D0
TF1	TR1	TF0	TR0	IE1	IT1	IE0	IT0

TF1：定时器 1 的溢出中断标志。T1 被启动计数后,从初值做加 1 计数,计满溢出后由硬件置位 TF1,同时向 CPU 发出中断。

TF0：定时器 0 溢出中断标志。其操作功能同 TF1。

IE1：外部中断 1 标志。IE1=1,外部中断 1 向 CPU 申请中断。

IT1：外中断 1 触发方式控制位。当 IT1=0 时,外部中断 1 控制为电平触发方式。当 IT1=1 时,外部中断 1 控制为电平触发方式。

IE0：外部中断 0 中断标志。其操作功能与 IE1 相同。

IT0：外中断 0 触发方式控制位。其操作功能与 IT1 相同。

④ SCON(串行口控制寄存器)如表 10-11 所列。

表 10-11 串行口控制寄存器

D7	D6	D5	D4	D3	D2	D1	D0
SM0	SM1	SM2	REN	TB8	RB8	T1	R1

T1：串行发送中断标志。CPU 将数据写入发送缓冲器 SBUF 时,就启动发送,每发送完一个串行帧,硬件将使 TI 置位。

注意：CPU 响应中断时并不清除 TI,必须由软件清除。

R1：串行接收中断标志。在串行口允许接收时,每接收完一个串行帧,硬件将使 RI 置位。

注意：CPU 在响应中断时不会清除 RI,必须由软件清除。

五、中断优先级控制原则

① 低优先级中断不可以打断高优先级中断,但高优先级中断可以打断低优先级中断。

② 如果一个中断请求已经响应,则同级的其他中断服务将被禁止。

③ 当多个同级的中断请求同时出现时,则有以下一个响应的顺序：外部中断 0→定时中断 0→外部中断 1→定时中断 1→串行口中断。

六、中断响应过程

中断响应过程如图 10-22 所示。

七、中断处理

① 中断现场保护和恢复：中断的现场保护主要是在中断时刻单片机的存储单元中的数据和状态的存储。中断的恢复是恢复单片机在被中断前存储单元中的数据和状态。

② 开中断和关中断：对于一个不允许在执行中断服务程序时被打扰的重要中断，可以在进入中断时关闭中断系统，在执行完后，再开放中断系统。

八、中断服务子程序返回指令

```
RETI              ;中断服务子程序返回
```

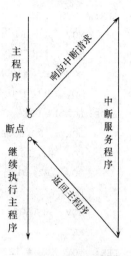

图 10-22　中断响应过程流程图

九、外中断的初始化

方法 1
```
CLR    PX0        ;设定外中断 0 为低优先级
SETB   IT0        ;设定外中断 0 为边沿触发方式
SETB   EX0        ;开放外中断 0 允许
SETB   EA         ;开 CPU 中断允许
```

方法 2
```
MOV    IP,#00H    ;设定外中断 0 为低优先级
MOV    TCON,#01H  ;设定外中断 0 为边沿触发方式
MOV    IE,#81H    ;开外中断 0 和 CPU 中断允许
```

例：P1 口输出控制 8 只发光二极管呈现循环灯状态，当开关按下时，发光二极管全部熄灭一段时间，然后回到原来的状态。

```
        ORG    0000H      ⎫
        AJMP   ST         ⎬ 中断程序的主程序
        ORG    0003H      ⎪ 和中断服务程序的
        AJMP   SER        ⎭ 布局
ST:     MOV    SP,#40H
        MOV    IE,#81H    ⎫
        MOV    IP,#01H    ⎬ 中断的初始化
        MOV    TCON,#00H  ⎭
        MOV    A,#01H     ;ACC 初始化
RES:    MOV    P1,A       ;显示
        RL     A          ;循环移位
        LCALL  DEL        ;延时保持
        SJMP   RES        ;循环
```

```
    SER: PUSH   ACC    ┐
         MOV    30H,R1 │ 保护现场
         MOV    31H,R2 ┘
         MOV    P1,#00H
         MOV    R3,#10
    LOOP:LCALL  DEL
         DJNZ   R3,LOOP
         MOV    R1,30H  ┐
         MOV    R2,31H  │ 恢复现场
         POP    ACC     ┘
         MOV    P1,ACC
         RETI
    DEL: MOV    R7,#123
    DEL1:MOV    R6,#200
    DEL2:DJNZ   R6,DEL2
         DJNZ   R7,DEL1
         RET
         END
```

【任务实施】

① Keil 程序中,执行菜单命令"Project"→"New Project",创建"中断系统的应用"项目,并选择单片机型号为 AT89C51。

② 执行菜单命令"File"→"New",创建文件,输入汇编源程序,保存"中断系统的应用.ASM"。在 Project 栏的 File 项目管理窗口中右击文件组,选择"Add File Group Source Group1",将源程序"中断系统的应用.ASM"添加到项目中。

③ 执行菜单命令"Project"→"Options for Target target 1",在弹出的对话框中选择"Output"选项卡,选中"Create HEX File"。

④ 执行菜单命令"Project"、"Build Target",编译源程序,如果编译成功,则在"Output Window"窗口中显示没有错误,并创建了"中断系统的应用.HEX"。

⑤ 在 Keil 中执行菜单命令"Debug"→"Star/Stop Debug Seession",进入 Keil 调试环境。

⑥ 在 Keil 代码编辑窗口中设置相应断点,断点的设置方法,在需要设置断点语句的空白处双击,可设置断点;再次双击,可取消该断点。设置好断点后,在 Keil 中按 F5 键运行程序。在没有按下 $\overline{INT0}$ 的按钮时,显示顺序规律为:

1) 8 个 LED 依次左移点亮。

2) 8 个 LED 依次右移点亮。

3) LED0、LED2、LED4、LED6 亮 1 s 后熄灭,LED1、LED3、LED5、LED7 亮 1 s 后熄灭,LED0、LED2、LED4、LED6 亮 1 s 后熄灭……循环 3 次。按下中断按钮(按下 $\overline{INT0}$ 的按钮)时使 8 个 LED 闪烁 5 次,然后返回到中断前的状态,继续按前面的规律进行显示。

【任务评价】

中断系统的应用成绩评分标准如附表 10-3 所列。

课题四　数码管的静态显示

【任务引入】

发光二极管(Light Emitting Diode,LED)是单片机应用系统中常用的输出设备,LED 由发光二极管构成,具有结构简单、价格便宜等特点。

【任务分析】

① 单片机对按键的识别和过程处理;

② 单片机对正确识别的按键进行计数,计数满时,又从零开始计数;

③ 单片机对计的数值要进行数码显示,计得的数是十进数,含有十位和个位,要把十位和个位拆开分别送出这样的十位和个位数值到对应的数码管上显示。如何拆开十位和个位则可以把所计得的数值对 10 求余,即可个位数字,对 10 整除,即可得到十位数字了。

④ 通过查表方式,分别显示出个位和十位数字。

数码管的静态显示电路原理图如图 10-23 所示。

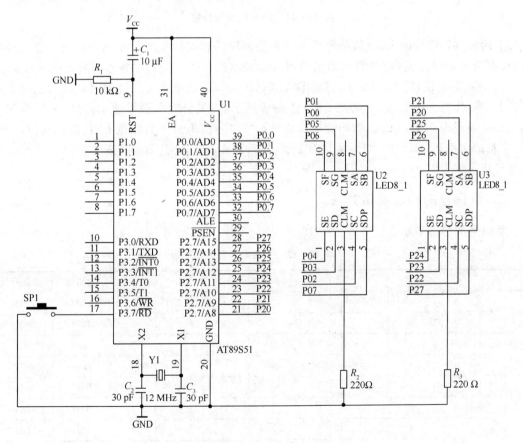

图 10-23　数码管的静态显示电路原理图

模块十 单片机

【相关知识】

一、数码显示器的连接与显示方法

八段 LED 显示器由 8 个发光二极管组成。其中 7 个长条形的发光管排列成一个"日"字形,另一个圆点形的发光管在显示器的右下角作为显示小数点用,它能显示各种数字及部分英文字母。LED 显示器有两种不同的连接形式:一种是 8 个发光二极管的正极连在一起,称为共阳极连接;另一种是 8 个发光二极管的负极连在一起,称为共阴极,其内部电路图如图 10-24 所示。

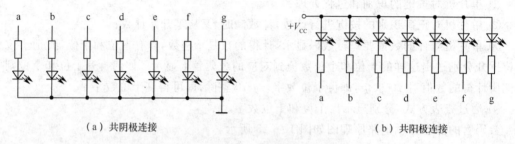

图 10-24 LED 的两种连接

共阴和共阳结构的 LED 数码管显示器各笔画段名和安排位置是相同的。当二极管导通时,对应的笔画段发亮,由发亮的笔画段组合而显示的各种字符。8 个笔画段 dphgfedcba 对应于一个字节(8 位)的 D_7、D_6、D_5、D_4、D_3、D_2、D_1、D_0,于是用 8 位二进制码就能表示欲显示字符的字形代码。例如,对于共阴 LED 数码管显示器,当公共阴极接地(为零电平),而阳极 hgfedcba 各段为 0111011 时,数码管显示器显示"P"字符,即对于共阴极 LED 数码管显示器,"P"字符的字形码为 73H。如果是共阳 LED 数码管显示器,公共阳极接高电平,显示"P"字符的字形代码应为 1 0001100(8CH)。

二、数码管的静态显示方法

数码管的静态显示方法如表 10-12 所列。

表 10-12 七段数码管显示

字 符	dp	g	f	e	d	c	b	a	共阳极	共阴极
0	0	0	1	1	1	1	1	1	C0H	3FH
1	0	0	0	0	0	1	1	0	F9H	06H
2	0	1	0	1	1	0	1	1	A4H	5BH
3	0	1	0	0	1	1	1	1	B0H	4FH
4	0	1	1	0	0	1	1	0	99H	66H
5	0	1	1	0	1	1	0	1	92H	6DH
6	0	1	1	1	1	1	0	1	82H	7DH
7	0	0	0	0	0	1	1	1	F8H	07H
8	0	1	1	1	1	1	1	1	80H	7FH
9	0	1	1	0	1	1	1	1	90H	6FH

三、程序框图

该项目程序框图如图 10-25 所示。

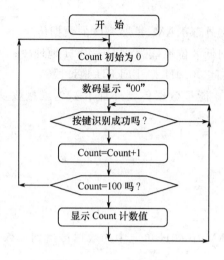

图 10-25　程序流程图

四、指　令

1. 伪指令

MCS-51 单片机汇编语言程序设计中，常用的伪指令有七条，即
① ORG——定位伪指令；
② END——结束汇编伪指令；
③ EQU——赋值伪指令；
④ DB——定义字节指令；
⑤ DW——定义数据字指令；
⑥ DS——定义存储区指令；
⑦ BIT——位定义指令。

2. 数据指针赋值指令（16位数据指针）

当要对片外的 RAM 和 I/O 接口进行访问时，或进行查表操作时，通常要对 DPTR 赋值。
指令为：
　　MOV　　DPTR,#data16
例意：将数据指针 DPTR 指向外部 RAM 的 2000H 单元。
　　MOV　　DPTR,#2000H
例意：将数据指针 DPTR 指向存于 ROM 中的表格首地址。
　　MOV　　DPTR,#TABLE

3. 片外数据传递指令

使用 DPTR 和 Ri 进行间接寻址

```
MOVX    A, @ DPTR           ;A←((DPTR))片外
MOVX    A,@ Ri              ;A←((Ri))片外
MOVX    @ DPTR,A            ;(DPTR)片外←(A)
MOVX    @ Ri,A              ;(Ri)片外←(A)
```

注意：

① 该指令用在单片机和外部 RAM、扩展 I/O 的数据传送；

② 使用 Ri 时，只能访问低 8 位地址为 00H~FFH 地址段；

③ 使用 DPTR 时，能访问 0000H ~ FFFFH 地址段。

在这里，只有累加器 A 才能把数据传到外部 RAM，或接收从外部数据存储器传回的数据。比如：

```
MOVX    20H, @ DPTR
MOVX    @ DPTR,SBUF
MOVX    @ DPTR,R2
MOVX    @ DPTR,@ R1
```

都是错误的。

思考：如果要将内部 RAM 中 40H 单元中的数据传递到外部 RAM 的 2000H 单元中，应如何解决？试写出相应程序。

4. 查表指令（ROM 数据传送指令）

指令格式：

```
MOVC    A,      @ A+ DPTR   ;A←((A)+ (DPTR))
MOVC    A,      @ A+ PC     ;A←((A)+ (PC))
例：    MOV DPTR,# 3000H
        MOV A,# 55H
        MOVC A,@ A+ DPTR
```

【任务实施】

① 在 Keil 程序中执行菜单命令"Project"→" New Project"，创建"数码管显示"项目，并选择单片机型号为 AT89C51。

② 执行菜单命令"File"→" New"创建文件，输入汇编源程序，保存"数码管显示.ASM"。在 Project 栏的 File 项目管理窗口中右击文件组，选择"Add File Group Source Group1"，将源程序"数码管显示.ASM"添加到项目中。

③ 执行菜单命令"Project"→" Options for Target target 1"，在弹出的对话框中选择"Output"选项卡，选中"Create HEX File"。

④ 执行菜单命令"Project"→"Build Target"，编译源程序，如果编译成功，则在"Output Window"窗口中显示没有错误，并创建了"数码管显示.HEX"。

⑤ 把"单片机系统"区域中的 P0.0/AD0~P0.7/AD7 端口用 8 芯排线连接到"四路静态数码显示模块"区域中的任一个 a~h 端口上，要求 P0.0/AD0 对应 a，P0.1/AD1 对应 b，……，P0.7/AD7 对应着 h。把"单片机系统"区域中的 P2.0/A8~P2.7/A15 端口用 8 芯排线连接到"四路静态数码显示模块"区域中的任一个数码管的 a~h 端口上；把"单片机系统"区域中的 P3.7/RD 端口用导线连接到"独立式键盘"区域中的 SP1 端口上。

【任务评价】
数码管的静态显示成绩评分标准见附表10-4所列。

课题五 4×4矩阵式键盘识别技术

【任务引入】
　　键盘是由若干个按键组成的,是向系统提供操作人员的干预命令及数据的接口设备。在单片机应用系统中,为了控制系统的工作状态,以及向系统中输入系统时,键盘是不可缺少的输入设备,它实现人机对话的纽带。编码键盘通过硬件的方法产生键码,能自动识别按下的键并产生相应的键码值,以并行或串行的方式发给CPU,它接口简单,响应速度快,但需要专用的硬件电路。非编码键盘通过软件方法产生键码,它不需专用的硬件电路,结构简单、成本低廉,但响应速度不如编码键盘快。为了减少电路的复杂程度,节省单片机的I/O口,在单片机应用系统中广泛使用非编码键盘。

【任务分析】
　　4×4矩阵键盘识别处理:每个按键有它的行值和列值,行值和列值的组合就是识别这个按键的编码。矩阵的行线和列线分别通过两并行接口和CPU通信。每个按键的状态同样需变成数字量"0"和"1",开关的一端(列线)通过电阻接V_{CC},而接地是通过程序输出数字"0"实现的。键盘处理程序的任务是:确定有无键按下,判断哪一个键按下,键的功能是什么;还要消除按键在闭合或断开时的抖动。两个并行口中,一个输出扫描码,使按键逐行动态接地,另一个并行口输入按键状态,由行扫描值和回馈信号共同形成键编码而识别按键,通过软件查表,查出该键的功能。

【相关知识】

一、按键消抖

　　开关S未被按下时,P1.0输入为高电平,S闭合后,P1.0输入为低电平。由于按键是机械触点,当机械触点断开、闭合时,会有抖动,P1.0输入端的波形如图10-26所示。这种抖动对于人来说是感觉不到的,但对计算机来说,则是完全能感应到的,因为计算机处理的速度是在微秒级,而机械抖动的时间至少是毫秒级,对计算机而言,这已是一个"漫长"的时间了。

图10-26　按键抖动

　　为使CPU能正确地读出P1口的状态,对每一次按键只作一次响应,就必须考虑如何去除抖动,常用的去抖动的办法有两种:硬件办法和软件办法。单片机中常用软件法,因此,对于硬件办法这里不介绍。软件法其实很简单,就是在单片机获得P1.0口为低的信息后,不是立即认定S1已被按下,而是延时10 ms或更长一些时间后再次检测P1.0口,如果仍为低,说明

S1的确按下了,这实际上是避开了按钮按下时的抖动时间。而在检测到按键释放后(P1.0为高)再延时5~10 ms,消除后沿的抖动,然后再对键值处理。

二、程序框图

程序框图如图10-27所示。

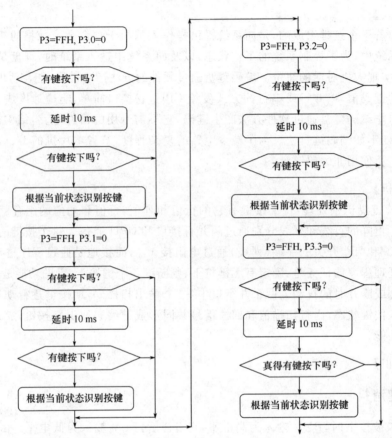

图10-27 程序流程图

【任务实施】

① 在Keil程序中执行菜单命令"Project"→"New Project",创建"4×4矩阵键盘"项目,并选择单片机型号为AT89C51。

② 执行菜单命令"File"→"New"创建文件,输入汇编源程序,保存"4×4矩阵键盘.ASM"。在Project栏的File项目管理窗口中右击文件组,选择"Add File Group Source Group1",将源程序"4×4矩阵键盘.ASM"添加到项目中。

③ 执行菜单命令"Project"→"Options for Target target 1",在弹出的对话框中选择"Output"选项卡,选中"Create HEX File"。

④ 执行菜单命令"Project"→"Build Target",编译源程序,如果编译成功,则在"Output Window"窗口中显示没有错误,并创建了"4×4矩阵键盘.HEX"。

⑤ 把"单片机系统"区域中的P3.0~P3.7端口用8芯排线连接到"4×4行列式键盘"区

域中的 C1～C4、R1～R4 端口上。

⑥ 把"单片机系统"区域中的 P0.0/AD0～P0.7/AD7 端口用 8 芯排线连接到"四路静态数码显示模块"区域中的任一个 a～h 端口上；要求：P0.0/AD0 对应 a，P0.1/AD1 对应 b，……，P0.7/AD7 对应 h。以 P3.0～P3.3 作为列线，在数码管上显示每个按键的 0～F 序号，如图 10-28 所示。

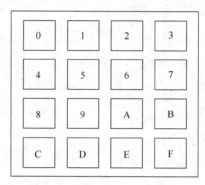

图 10-28 按键序号

【任务评价】
识别 4×4 矩阵式键盘成绩评分见附表 10-5 所列。

课题六 8×8 点阵式 LED 显示

【任务引入】
LED 点阵显示器由一串发光或不发光的点状（或条状）显示器按矩阵的方式排列组成的，其发光体是（LED 发光二极管）。目前，LED 点阵显示器的应用十分广泛，如广告中的字幕机、活动布告栏等。

【任务分析】
一个 8×8 在某一时刻只能显示一个字符，要想显示字符串或者显示图案，必须在显示完一个字符或图案后接着显示下一个字符或图案，因此需建立一个字符串库。
8×8 点阵式 LED 显示器电路如图 10-29 所示。

【相关知识】

一、8×8 点阵 LED 工作原理说明

① 8×8 点阵 LED 结构如图 10-30 所示。
② "★"在 8×8 个 LED 点阵上显示图如图 10-31 所示。
③ "●"在 8×8 个 LED 点阵上显示图如图 10-32 所示。
④ 心形图在 8×8 个 LED 点阵上显示图如图 10-33 所示。

二、汇编源程序

```
CNTA      EQU  30H
COUNT     EQU  31H
          ORG  00H
          LJMP START
          ORG  0BH
          LJMP T0X
          ORG  30H
START:    MOV  CNTA,#00H
          MOV  COUNT,#00H
          MOV  TMOD,#01H
          MOV  TH0,#(65536-1 000)/256
          MOV  TL0,#(65536-1 000)MOD 256
          SETB TR0
          SETB ET0
          SETB EA
WT:       JB   P2.0,WT
          MOV  R6,#5
          MOV  R7,#248
D1:       DJNZ R7,$
          DJNZ R6,D1
          JB   P2.0,WT
          INC  COUNT
          MOV  A,COUNT
          CJNE A,#03H,NEXT
          MOV  COUNT,#00H
NEXT:     JNB  P2.0,$
          SJMP WT
T0X:      NOP
          MOV  TH0,#(65536-1 000)/256
          MOV  TL0,#(65536-1 000)MOD 256
          MOV  DPTR,#TAB
          MOV  A,CNTA
          MOVC A,@A+DPTR
          MOV  P3,A
          MOV  DPTR,#GRAPH
          MOV  A,COUNT
          MOV  B,#8
          MUL  AB
          ADD  A,CNTA
          MOVC A,@A+DPTR
          MOV  P1,A
```

```
        INC   CNTA
        MOV   A,CNTA
        CJNE  A,#8,NEX
        MOV   CNTA,#00H
NEX:    RETI
TAB:    DB 0FEH,0FDH,0FBH,0F7H,0EFH,0DFH,0BFH,07FH
GRAPH:  DB 12H,14H,3CH,48H,3CH,14H,12H,00H
        DB 00H,00H,38H,44H,44H,44H,38H,00H
        DB 30H,48H,44H,22H,44H,48H,30H,00H
        END
```

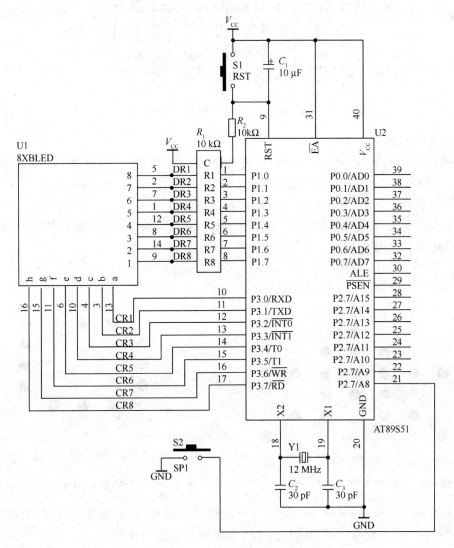

图 10-29　8×8 点阵式 LED 显示电路原理图

【任务实施】

① 在 Keil 程序中执行菜单命令"Project"→"New Project",创建"8×8 点阵显示器"项

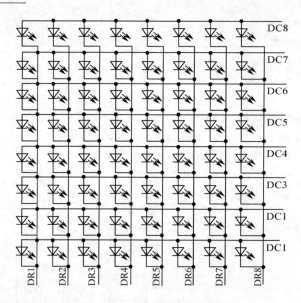

图 10-30 8×8 点阵 LED 结构

目,并选择单片机型号为 AT89C51。

② 执行菜单命令"File"→"New"创建文件,输入汇编源程序,保存"8×8点阵显示器.ASM"。在 Project 栏的 File 项目管理窗口中右击文件组,选择"Add File Group Source Group1",将源程序"8×8点阵显示器.ASM"添加到项目中。

③ 执行菜单命令"Project"→"Options for Target target 1",在弹出的对话框中选择"Output"选项卡,选中"Create HEX File"。

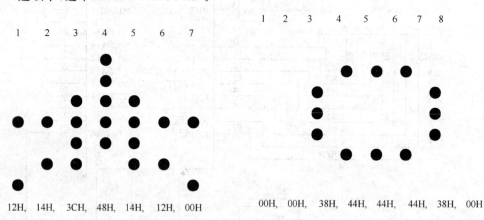

图 10-31 "★"在 8×8 个 LED 点阵上显示　　图 10-32 "●"在 8×8 个 LED 上显示

④ 执行菜单命令"Project"→"Build Target",编译源程序,如果编译成功,则在"Output Window"窗口中显示没有错误,并创建了"8×8点阵显示器.HEX"。

⑤ 把"单片机系统"区域中的 P1 端口用 8 芯排芯连接到"点阵模块"区域中的"DR1~DR8"端口上。

⑥ 把"单片机系统"区域中的 P3 端口用 8 芯排芯连接到"点阵模块"区域中的"DC1~DC8"端口上。

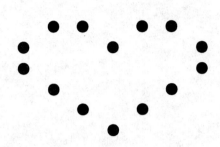

30H, 48H, 44H, 22H, 44H, 48H, 30H, 00H

图 10-33　心形图在 8×8 个 LED 点阵上显示

⑦ 把"单片机系统"区域中的 P2.0/A8 端子用导线连接到"独立式键盘"区域中的 SP1 端子上；在 8×8 点阵式 LED 显示"★"、"●"和心形图，通过按键来选择要显示的图形。

【任务评价】

8×8 点阵式 LED 显示成绩评分标准见附表 10-6 所列。

附 表

附表 1-1 低压电器检验成绩评分标准

班级：_____ 姓名：_____ 学号：_____ 成绩：_____

序号	主要内容	考核要求	评分标准	配分	扣分	得分
1	低压验电器的使用	熟练掌握低压验电器的使用方法	使用方法错误扣 10～20 分 电压高低判断错 10～20 分	50		
			直流电源极性判断错误 10 分	50		
2	安全文明生产	能够保证人身、设备安全	违反安全文明操作规程扣 5～10 分	10		

本次实训技能点：

学生任务实施过程的小结及反馈：

附表 1-2　螺钉旋具的使用成绩评分标准

班级：_____　姓名：_____　学号：_____　成绩：_____

序号	主要内容	考核要求	评分标准	配分	扣分	得分
1	螺钉旋具的使用	熟练掌握螺钉旋具的使用方法	螺钉旋具使用方法错误扣 20 分	20		
			木螺钉旋入木板方向歪斜扣 5~30 分	30		
			电气元件安装歪斜或与木板间有缝隙扣 5~20 分	20		
			操作过程中损坏电气元件扣 30 分	30		
2	安全文明生产	能够保证人身、设备安全	违反安全文明操作规程扣 5~20 分	10		

本次实训技能点：

学生任务实施过程的小结及反馈：

附表1-3 电工常用工具应用与导线绝缘层的剖削成绩评分标准

班级：_____ 姓名：_____ 学号：_____ 成绩：_____

序号	主要内容	考核要求	评分标准	配分	扣分	得分
1	导线绝缘层的剖削	熟练掌握常用导线绝缘层的剖削方法	工具选用错误扣5分	5		
			操作方法错误扣5~10分	10		
			线芯有断丝、受损现象5~10分	10		
2	安装圈的制作	安装圈的形状	安装圈过大或过小扣5~25分	25		
			安装圈不圆扣5~25分	25		
			安装圈开口过大扣5~10分	10		
			绝缘层剖削过多扣15分	15		
3	安全文明生产	能够保证人身、设备安全	违反安全文明操作规程扣5~20分	10		

本次实训技能点：

学生任务实施过程的小结及反馈：

附表 1-4 导线的连接成绩评分标准

班级：_____ 姓名：_____ 学号：_____ 成绩：_____

序号	主要内容	考核要求	评分标准	配分	扣分	得分
1	单股铜线的直线连接	熟练掌握单股铜线的直线连接、T字形连接	剖削方法不正确扣 5 分	20		
2	单股铜线的 T 字形连接		芯线有刀伤、钳伤、断芯情况扣 5 分	20		
3	7 芯铜线的直线连接	熟练掌握 7 芯铜线的直线连接、T 字形连接	导线缠绕方法错误扣 5 分	30		
4	7 芯铜线的 T 字形连接		导线连接不整齐，不紧，不平直，不圆扣 5 分	30		
5	安全文明生产	能够保证人身、设备安全	违反安全文明操作规程扣 5~20 分	10		

学生任务实施过程的小结及反馈：

教师点评：

附表 1-5　导线绝缘恢复成绩评分标准

班级：_____　　姓名：_____　　学号：_____　　成绩：_____

序号	主要内容	考核要求	评分标准	配分	扣分	得分
1	单股导线接头的绝缘恢复	熟练掌握单股导线和多芯导线接头的绝缘恢复	包缠方法错误扣 30 分 有水渗入绝缘层扣 10 分 有水渗到导线上扣 10 分	50		
2	多芯导线接头的绝缘恢复			50		
3	安全文明生产	能够保证人身、设备安全	违反安全文明操作规程扣 5~20 分	20		

学生任务实施过程的小结及反馈：

教师点评：

附表 2-1　接触器的拆装与检修成绩评分标准

班级：		姓名：		学号：		成绩：	

序号	项目内容	配分	评分标准	扣分	得分
1	拆卸和装配	20	1) 拆卸步骤及方法不正确，每次扣 5 分 2) 拆装不熟练扣 5～10 分 3) 丢失零部件，每件扣 10 分 4) 拆卸后不能组装扣 15 分 5) 损坏零部件 扣 20 分		
2	检　修	30	1) 未进行检修或检修无效果扣 30 分 2) 检修步骤及方法不正确，每次扣 5 分 3) 扩大故障扣 30 分		
3	效验	25	1) 不能进行通电效验扣 25 分 2) 检验的方法不正确扣 10～20 分 3) 检验效果不正确扣 10～20 分 4) 通电时有震动或噪声扣 10 分		
4	调整触头压力	25	1) 不能凭经验判断触头压力扣 10 分 2) 不会测量触头压力扣 10 分 3) 触头压力测量不准确扣 10 分 4) 触头压力的调整方法不正确扣 15 分		
5	安全文明生产	10	违反安全文明生产规程扣 5～10 分		

学生任务实施过程的小结及反馈：

教师点评：

附表 2-2 三相异步电动机正转控制线路的安装与调试成绩评分标准

班级：_____ 姓名：_____ 学号：_____ 成绩：_____

序号	项目内容	配分	评分标准	扣分	得分
1	装前检查	5	电器元件漏检或错检，每处扣 5 分		
2	安装元件	15	不按布置图安装扣 15 分 元件安装不牢固，每只扣 4 分 元件安装不整齐、不匀称、不合理每只扣 3 分 损坏元件扣 15 分		
3	布　线	40	不按电路图接线扣 25 分 布线不符合要求： 　主电路，每根扣 4 分 　控制电路，每根扣 2 分 　节点不符合要求，每个节点扣 1 分 　损伤导线绝缘或线芯，每根扣 5 分		
4	通电试车	40	第一次试车不成功扣 20 分 第二次试车不成功扣 30 分 第三次试车不成功扣 40 分		
5	安全文明生产	10	违反安全文明生产规程扣 5～10 分		
6	定额时间	2.5 h	每超 5 min 扣 5 分		

学生任务实施过程的小结及反馈：

教师点评：

附表 2-3　三相异步电动机正反转控制线路的安装与调试成绩评分标准

班级：_____　　姓名：_____　　学号：_____　　成绩：_____

序号	项目内容	配分	评分标准	扣分	得分
1	装前检查	5	电器元件漏检或错检，每处扣 5 分		
2	安装元件	15	不按布置图安装扣 15 分 元件安装不牢固，每只扣 4 分 元件安装不整齐、不匀称、不合理每只扣 3 分 损坏元件扣 15 分		
3	布　线	40	不按电路图接线扣 25 分 布线不符合要求： 　主电路，每根扣 4 分 　控制电路，每根扣 2 分 节点不符合要求，每个节点扣 1 分 损伤导线绝缘或线芯，每根扣 5 分		
4	通电试车	40	第一次试车不成功扣 20 分 第二次试车不成功扣 30 分 第三次试车不成功扣 40 分		
5	安全文明生产	10	违反安全文明生产规程扣 5~10 分		
6	定额时间	2.5 h	每超 5 min 扣 5 分		

学生任务实施过程的小结及反馈：

教师点评：

附表 2-4　顺序控制线路的安装与调试成绩评分标准

班级：_____　　姓名：_____　　学号：_____　　成绩：_____

序号	项目内容	配分	评分标准	扣分	得分
1	装前检查	5	电器元件漏检或错检，每处扣 5 分		
2	安装元件	15	不按布置图安装扣 15 分 元件安装不牢固，每只扣 4 分 元件安装不整齐、不匀称、不合理每只扣 3 分 损坏元件扣 15 分		
3	布线	40	不按电路图接线扣 25 分 布线不符合要求： 　主电路，每根扣 4 分 　控制电路，每根扣 2 分 节点不符合要求，每个节点扣 1 分 损伤导线绝缘或线芯，每根扣 5 分		
4	通电试车	40	第一次试车不成功扣 20 分 第二次试车不成功扣 30 分 第三次试车不成功扣 40 分		
5	安全文明生产	10	违反安全文明生产规程扣 5～10 分		
6	定额时间	2.5 h	每超 5 min 扣 5 分		

学生任务实施过程的小结及反馈：

教师点评：

附表 2-5　星形-三角形降压启动控制线路安装与调试成绩评分标准

班级：_____　　姓名：_____　　学号：_____　　成绩：_____

序号	项目内容	配分	评分标准	扣分	得分
1	装前检查	5	电器元件漏检或错检，每处扣 5 分		
2	安装元件	15	不按布置图安装扣 15 分 元件安装不牢固，每只扣 4 分 元件安装不整齐、不匀称、不合理每只扣 3 分 损坏元件扣 15 分		
3	布　线	40	不按电路图接线扣 25 分 布线不符合要求： 　主电路，每根扣 4 分 　控制电路，每根扣 2 分 节点不符合要求，每个节点扣 1 分 损伤导线绝缘或线芯，每根扣 5 分		
4	通电试车	40	第一次试车不成功扣 20 分 第二次试车不成功扣 30 分 第三次试车不成功扣 40 分		
5	安全文明生产	10	违反安全文明生产规程扣 5~10 分		
6	定额时间	3 h	每超 5 min 扣 5 分		

学生任务实施过程的小结及反馈：

教师点评：

附表 2-6 单相半波整流能耗制动控制线路的安装与调试成绩评分标准

班级：_____ 姓名：_____ 学号：_____ 成绩：_____

序号	项目内容	配分	评分标准	扣分	得分
1	装前检查	5	电器元件漏检或错检，每处扣 5 分		
2	安装元件	15	不按布置图安装扣 15 分 元件安装不牢固，每只扣 4 分 元件安装不整齐、不匀称、不合理每只扣 3 分 损坏元件扣 15 分		
3	布　线	40	不按电路图接线扣 25 分 布线不符合要求： 　主电路，每根扣 4 分 　控制电路，每根扣 2 分 节点不符合要求，每个节点扣 1 分 损伤导线绝缘或线芯，每根扣 5 分		
4	通电试车	40	第一次试车不成功扣 20 分 第二次试车不成功扣 30 分 第三次试车不成功扣 40 分		
5	安全文明生产	10	违反安全文明生产规程扣 5～10 分		
6	定额时间	3 h	每超 5 min 扣 5 分		

学生任务实施过程的小结及反馈：

教师点评：

附表 2－7 单相半波整流能耗制动控制线路的安装与调试成绩评分标准

班级：_____　姓名：_____　学号：_____　成绩：_____

序号	项目内容	配分	评分标准	扣分	得分
1	装前检查	5	电器元件漏检或错检，每处扣 5 分		
2	安装元件	15	不按布置图安装扣 15 分 元件安装不牢固，每只扣 4 分 元件安装不整齐、不匀称、不合理每只扣 3 分 损坏元件扣 15 分		
3	布　线	40	不按电路图接线扣 25 分 布线不符合要求： 　主电路，每根扣 4 分 　控制电路，每根扣 2 分 节点不符合要求，每个节点扣 1 分 损伤导线绝缘或线芯，每根扣 5 分		
4	通电试车	40	第一次试车不成功扣 20 分 第二次试车不成功扣 30 分 第三次试车不成功扣 40 分		
5	安全文明生产	10	违反安全文明生产规程扣 5～10 分		
6	定额时间	3 h	每超 5 min 扣 5 分		

学生任务实施过程的小结及反馈：

教师点评：

附表 2-8　多速异步电动机的控制线路的安装与调试成绩评分标准

班级：_____　　姓名：_____　　学号：_____　　成绩：_____

序号	项目内容	配分	评分标准	扣分	得分
1	装前检查	5	电器元件漏检或错检，每处扣 5 分		
2	安装元件	15	不按布置图安装扣 15 分 元件安装不牢固，每只扣 4 分 元件安装不整齐、不匀称、不合理每只扣 3 分 损坏元件扣 15 分		
3	布　线	40	不按电路图接线扣 25 分 布线不符合要求： 　主电路，每根扣 4 分 　控制电路，每根扣 2 分 节点不符合要求，每个节点扣 1 分 损伤导线绝缘或线芯，每根扣 5 分		
4	通电试车	40	第一次试车不成功扣 20 分 第二次试车不成功扣 30 分 第三次试车不成功扣 40 分		
5	安全文明生产	10	违反安全文明生产规程扣 5～10 分		
6	定额时间	3 h	每超 5 min 扣 5 分		

学生任务实施过程的小结及反馈：

教师点评：

附表 3-1　十字路口交通信号灯控制成绩评分标准

班级：_____　　姓名：_____　　学号：_____　　成绩：_____

序号	课题内容	考核要求	配分	评分标准	扣分	得分
1	接线图及 I/O 分配	I/O 分配表正确 输入输出接线图正确	30	分配表每错一处扣 5 分 输入输出图，错一处扣 5 分		
2	接线	能够用导线正确将模拟实验板与 PLC 端子连接	20	连线接错一根，扣 10 分		
3	PLC 编程调试成功	程序编制实现功能 操作步骤正确	50	一个功能不实现，扣 10 分 操作步骤错一步，扣 5 分 显示运行不正常，扣 5 分/台		
4	安全文明生产		10	违反安全文明生产规程扣 5~10 分		

学生任务实施过程的小结及反馈：

教师点评：

附表 3-2 抢答器控制成绩评分标准

班级：_____ 姓名：_____ 学号：_____ 成绩：_____

序号	课题内容	考核要求	配分	评分标准	扣分	得分
1	接线图及 I/O 分配	I/O 分配表正确 输入输出接线图正确	30	分配表每错一处扣 5 分 输入输出图，错一处扣 5 分		
2	接线	能够用导线正确将模拟实验板与 PLC 端子连接	20	连线接错一根，扣 10 分		
3	PLC 编程调试成功	程序编制实现功能 操作步骤正确	50	一个功能不实现，扣 10 分 操作步骤错一步，扣 5 分 显示运行不正常，扣 5 分/台		
4	安全文明生产		10	违反安全文明生产规程扣 5~10 分		

学生任务实施过程的小结及反馈：

教师点评：

附表 3-3 音乐喷泉控制成绩评分标准

班级：_____   姓名：_____   学号：_____   成绩：_____

序号	课题内容	考核要求	配分	评分标准	扣分	得分
1	接线图及 I/O 分配	I/O 分配表正确 输入输出接线图正确	30	分配表每错一处扣 5 分 输入输出图，错一处扣 5 分		
2	接线	能够用导线正确将模拟实验板与 PLC 端子连接	20	连线接错一根，扣 10 分		
3	PLC 编程调试成功	程序编制实现功能操作步骤正确	50	一个功能不实现，扣 10 分 操作步骤错一步，扣 5 分 显示运行不正常，扣 5 分/台		
4	安全文明生产		10	违反安全文明生产规程扣 5~10 分		

学生任务实施过程的小结及反馈：

教师点评：

附表 4−1　用钳形电流表测量三相笼型异步电动机的空载电流成绩评分标准

班级：_____　姓名：_____　学号：_____　成绩：_____

序号	主要内容	配分	考核要求	评分标准	扣分	得分
1	测量准备	20	测量准备工作准确到位	钳形表测量挡位选择不正确扣 10 分		
2	测量过程	40	测量过程准确无误	测量过程中操作步骤每错 1 处扣 5 分		
3	测量结果	20	测量结果在允许误差范围之内	测量结果有较大误差或错误扣 5 分		
4	维护保养	5	对使用的仪器进行简单的维护保养	维护保养有误扣 5 分		
5	安全文明生产	15	违纪一次扣 5 分			

学生任务实施过程的小结及反馈：

教师点评：

附表 4-2 利用兆欧表测量电动机绝缘电阻成绩评分标准

班级：_____ 姓名：_____ 学号：_____ 成绩：_____

序号	主要内容	配分	考核要求	评分标准	扣分	得分
1	测量准备	20	测量准备工作准确到位	兆欧表接线不正确扣 10 分		
2	测量过程	40	测量过程准确无误	测量过程中操作步骤每错 1 处扣 5 分		
3	测量结果	20	测量结果在允许误差范围之内	测量结果有较大误差或错误扣 5 分		
4	维护保养	5	对使用的仪器进行简单的维护保养	维护保养有误扣 5 分		
5	安全文明生产	15		违纪一次扣 5 分		

学生任务实施过程的小结及反馈：

教师点评：

附表4-3 利用指针式万用表的基本操作成绩评分标准

班级:_____ 姓名:_____ 学号:_____ 成绩:_____

序号	主要内容	配分	考核要求	评分标准	扣分	得分
1	测量准备	20	测量准备工作准确到位	万用表测量挡位选择不正确扣10分		
2	测量过程	40	测量过程准确无误	测量过程中操作步骤每错1处扣5分		
3	测量结果	20	测量结果在允许误差范围之内	测量结果有较大误差或错误扣5分		
4	维护保养	5	对使用的仪器进行简单的维护保养	维护保养有误扣5分		
5	安全文明生产	15	违纪一次扣5分			

学生任务实施过程的小结及反馈:

教师点评:

附表 4-4 利用数字式万用表基本操作成绩评分标准

班级：_____ 姓名：_____ 学号：_____ 成绩：_____

序号	主要内容	配分	考核要求	评分标准	扣分	得分
1	测量准备	20	测量准备工作准确到位	万用表测量挡位选择不正确扣 10 分		
2	测量过程	40	测量过程准确无误	测量过程中操作步骤每错 1 处扣 5 分		
3	测量结果	20	测量结果在允许误差范围之内	测量结果有较大误差或错误扣 5 分		
4	维护保养	5	对使用的仪器进行简单的维护保养	维护保养有误扣 5 分		
5	安全文明生产	15	违纪一次扣 5 分			

学生任务实施过程的小结及反馈：

教师点评：

附表 4-5 利用数字式示波器测量波形的成绩评分标准

班级：_____ 姓名：_____ 学号：_____ 成绩：_____

序号	主要内容	配分	考核要求	评分标准	扣分	得分
1	测量准备	20	测量准备工作准确到位	通道选择、校准不正确扣10分		
2	测量过程	40	测量过程准确无误	测量过程中操作步骤每错1处扣5分		
3	测量结果	20	测量结果在允许误差范围之内	测量结果有较大误差或错误扣5分		
4	维护保养	5	对使用的仪器进行简单的维护保养	维护保养有误扣5分		
5	安全文明生产	15	违纪一次扣5分			

学生任务实施过程的小结及反馈：

教师点评：

附表 5-1　电阻器的识别与检测成绩评分标准

班级：_____　姓名：_____　学号：_____　成绩：_____

序号	主要内容	配分	考核要求	评分标准	扣分	得分
1	电阻器的识别	20	正确识别电阻体上色环颜色	色环颜色识别错误每错1处扣4分		
2		20	并根据其颜色读出电阻值	读数错误每错1处扣4分		
3	电阻器、电位器的检测	40	正确使用万用表进行检测，测量结果正确	万用表使用不正确，每步扣3分 测量结果不正确，每件扣5分 不会检测，每件扣10分		
4	维护保养	5	对使用的仪器进行简单的维护保养	维护保养有误扣5分		
5	安全文明生产	15	违纪一次扣5分			

学生任务实施过程的小结及反馈：

教师点评：

附表 5-2　电容器的识别与检测评分表

班级：_____　　姓名：_____　　学号：_____　　成绩：_____

序号	主要内容	配分	考核要求	评分标准	扣分	得分
1	电容器的识别	20	正确识别其名称、型号及主要参数	名称漏写或写错每件扣5分 型号漏写或写错每件扣3分 主要参数漏写或写错每件扣5分 不会识别，每件扣5分		
2	电容器的检测	40	正确使用万用表进行检测，测量结果正确	万用表使用不正确，每步扣3分 测量结果不正确，每件扣5分 不会检测，每件扣10分		
3	维护保养	5	对使用的仪器进行简单的维护保养	维护保养有误扣5分		
4	安全文明生产	15		违纪一次扣5分		

学生任务实施过程的小结及反馈：

教师点评：

附表 5-3 二极管识别与检测成绩评分标准

班级：_____ 姓名：_____ 学号：_____ 成绩：_____

序号	主要内容	配分	考核要求	评分标准	扣分	得分
1	二极管的识别	40	正确识别其名称、型号、引脚极性及主要参数	名称漏写或写错，扣3分 极性、材料、类型及用途每漏写或写错，扣3分 不会直观识别引脚极性，每件扣2分		
2	二极管的检测	40	正确使用万用表进行引脚极性的判别及质量的好坏	万用表使用不正确，每步扣3分 不会判别引脚极性，每件扣5分 不会判别质量好坏，每件扣10分		
3	维护保养	5	对使用的仪器进行简单的维护保养	维护保养有误扣5分		
4	安全文明生产	15		违纪一次扣5分		

学生任务实施过程的小结及反馈：

教师点评：

附表5-4 三极管识别与检测评分表

班级:			姓名:		学号:	成绩:	
序号	主要内容	配分	考核要求	评分标准		扣分	得分
1	三极管的识别	40	正确识别其名称、型号、引脚极性及主要参数	名称漏写或写错,扣3分 极性、材料、类型及用途每漏写或写错,扣3分 不会直观识别引脚极性,每件扣2分			
2	三极管的检测	40	正确使用万用表进行引脚极性的判别及质量的好坏	万用表使用不正确,每步扣3分 不会判别引脚极性,每件扣5分 不会判别质量好坏,每件扣10分			
3	维护保养	5	对使用的仪器进行简单的维护保养	维护保养有误扣5分			
4	安全文明生产	15	违纪一次扣5分				

学生任务实施过程的小结及反馈:

教师点评:

附表 5-5 电烙铁的拆装成绩评分标准

班级：_____		姓名：_____		学号：_____	成绩：_____		

序号	主要内容	配分	考核要求	评分标准	扣分	得分
1	电源线加工	20	电源线端头加工正确	剪裁、剥头、拧股每错一处扣5分		
2	安装烙铁芯	35	电烙铁芯安装正确可靠	不正确扣5分		
3	电源线与电烙铁插头、接线柱、地线的连接	20	电源线与插头、电烙铁接线柱连接可靠、无短路；电源线接地可靠	连接不可靠，每处扣5分出现短路扣10分		
4	手柄及螺钉固定	5	手柄及螺钉安装可靠	没拧紧，每处扣5分；出现断线或短路扣10分		
5	万用表复测	10	正确使用万用表检测电阻丝的通路和绝缘	不会使用万用表，每错一处扣2分		
6	安全文明生产	10		违纪一次扣5~10分		

学生任务实施过程的小结及反馈：

教师点评：

附表5-6 元器件插装焊接成绩评分标准

班级：	姓名：	学号：	成绩：		

序号	考核内容	配分	考核要求	评分标准	扣分	得分
1	插件	40	电阻器、二极管卧式的安装离电路板间距5 mm,色标法电阻的色环标志方向不一致 电容器、三极管垂直安装,元件底部离万能电路板距离8 mm 按图装配,元件的位置,极性正确	元件安装歪斜,不对称,高度超差,色环电阻标志方向不一致。每处扣3分 错误漏装,每处扣5分		
2	焊接	40	焊点光亮,清洁,焊料合适无漏、虚焊,假焊,搭焊,溅锡等现象 焊接后引脚剪脚留头长度小于1 mm	焊点不光亮,焊料过多或过少,每处扣3分 漏焊,虚焊,假焊,搭焊,溅锡等每处扣3分剪脚留头大于1 mm,每处扣2分		
3	安全文明生产	20	安全用电,不人为损坏元器件,加工件和设备等 保持实习环境整洁,操作习惯良好	发生安全事故,扣总分20分 违反文明生产要求,视情况扣总分5~20分		

学生任务实施过程的小结及反馈：

教师点评：

附表 5-7 制作多用充电器成绩评分标准

班级：_____ 姓名：_____ 学号：_____ 成绩：_____

序号	考核内容	配分	考核要求	评分标准	扣分	得分
1	插 件	20	电阻器、二极管离电路板间距 5 mm，色标法电阻的色环标志方向不一致 电容器、三极管垂直安装，元件底部离万能电路板距离 8 mm 按图装配，元件的位置，极性正确	元件安装歪斜，不对称，高度超差，色环电阻标志方向不一致。每处扣 1 分 错误漏装，每处扣 5 分		
2	焊 接	20	焊点光亮、清洁，焊料合适 布局平直 无漏焊、虚焊、假焊、搭焊和溅锡等现象 焊接后引脚剪脚留头长度小于 1 mm	焊点不光亮，焊料过多或过少，线不平直，每处扣 0.5 分 漏焊、虚焊、假焊、搭焊和溅锡等每处扣 3 分 剪脚留头大于 1mm，每处扣 0.5 分		
3	总 装	15	整机装配符合工艺要求 导线连接正确，绝缘恢复良好 变压器固定牢靠	错装、漏装每处扣 1 分 导线连接错误，每处扣 1 分 紧固件松动扣 2 分		
4	调 试	30	按调试要求和步骤正确测量 正确使用万用表，正确使用示波器观察波形 关键点电位正常 直流电压 3V、4.5V、6V 输出	调试步骤错误，每次扣 3 分 万用表、示波器使用错误，每次扣 5 分 测量结果错误，每次扣 5 分，误差大，每次扣 2 分 无直流电压输出扣 10 分		
5	安全文明生产	15	安全用电，不人为损坏元气件、加工件和设备等 保持实习环境整洁，操作习惯良好	发生安全事故扣总分 20 分 违反文明生产要求，视情况扣总分 5～20 分		

学生任务实施过程的小结及反馈：

教师点评：

附表 6-1　利用 DXP 软件自制元器件并绘制原理图成绩评分标准

班级：_____　　姓名：_____　　学号：_____　　成绩：_____

序号	课题与技术要求	配分	评分标准	自检记录	交检记录	得分
1	软件使用正确	8	不合格无分			
2	元件绘制正确	16	不合格无分			
3	元件属性操作正确	12	一处不合格扣 2 分			
4	绘图工具使用正确	10	一处不合格扣 2 分			
5	电气检测正确	12	一处不合格扣 2 分			
6	PCB 操作正确	12	一处不合格扣 2 分			
7	按实训要求完成 PCB 设计	10				
8	安全用电	12	一处不合格扣 2 分			
9	安全文明生产	8	违纪一次扣 5 分			

学生任务实施过程的小结及反馈：

教师点评：

附表 6-2　利用 DXP 软件设计 PCB 板成绩评分标准

班级：_____　姓名：_____　学号：_____　成绩：_____

序号	课题与技术要求	配分	评分标准	自检记录	交检记录	得分
1	软件使用正确	8	不合格无分			
2	元件绘制正确	16	不合格无分			
3	元件属性操作正确	12	一处不合格扣2分			
4	绘图工具使用正确	10	一处不合格扣2分			
5	电气检测正确	12	一处不合格扣2分			
6	PCB操作正确	12	一处不合格扣2分			
7	按实训要求完成PCB设计	10				
8	安全用电	12	一处不合格扣2分			
9	安全文明生产	8	违纪一次扣5分			

学生任务实施过程的小结及反馈：

教师点评：

附表 9-1　西门子变频器 MM420 面板基本操作控制成绩评分标准

班级：_____		姓名：_____		学号：_____	成绩：_____	
序号	考核内容	配分	考核要求	评分要求	扣分	得分
1	电路检查	20	电动机安装牢固 电源相序安装应正确 无损坏元件	电动机安装不牢固，每只扣 4 分 电源相序安装错误，每根扣 3 分 损坏元件扣 15 分		
2	变频器参数检查	40	参数应按要求输入	不按参数表输入扣 40 分 参数每输入错一处 扣 4 分		
3	通电调试	40	通电试车满足控制要求	第一次试车不成功扣 20 分 第二次试车不成功扣 30 分		
4	安全文明生产	10	安全用电，不人为损坏元器件、加工件和设备等 保持实习环境整洁，操作习惯良好	发生安全事故，扣总分 10 分 违反文明生产要求视情况扣总分 5~10 分		

学生任务实施过程的小结及反馈：

教师点评：

附表 9-2　西门子 M420 型变频器控制电动机正反转成绩评分标准

班级：_____　　姓名：_____　　学号：_____　　成绩：_____

序号	考核内容	配分	考核要求	评分标准	扣分	得分
1	电路安装布线	50	按变频器的安装工艺进行布局安装 按照原理图正确布线 布线应满足软导线线槽布线要求	布局不合理扣 10 分 布线不符合接线工艺每处扣 2 分 不按电路图接线，每处扣 2 分		
2	电路调试	50	按调试要求和步骤正确操作。通电试车满足控制要求	第一次试车不成功扣 20 分 第二次试车不成功扣 30 分		
3	安全文明生产	10	安全用电，不人为损坏元器件、加工件和设备等 保持实习环境整洁，操作习惯良好	发生安全事故，扣总分 10 分 违反文明生产要求，视情况扣总分 5～10 分		

学生任务实施过程的小结及反馈：

教师点评：

附表 10-1 51 系列通用 I/O 控制成绩评分标准

班级：_____ 姓名：_____ 学号：_____ 成绩：_____

序号	课题与技术要求	配分	评分标准	自检记录	交检记录	得分
1	软件使用正确	8	不合格无分			
2	源程序编写正确	12	不合格无分			
3	程序现象正确	26	一处不合格扣 2 分			
4	操作过程正确	10	一处不合格扣 2 分			
5	电路原理图绘制正确	12	一处不合格扣 2 分			
6	设备使用过程正确	12	一处不合格扣 2 分			
7	安全用电	12	一处不合格扣 2 分			
8	安全文明生产	8	违纪一次扣 5 分			

学生任务实施过程的小结及反馈：

教师点评：

附表10-2 定时器/计数器的应用成绩评分标准

班级：_____　　姓名：_____　　学号：_____　　成绩：_____

序号	课题与技术要求	配分	评分标准	自检记录	交检记录	得分
1	软件使用正确	8	不合格无分			
2	源程序编写正确	12	不合格无分			
3	按任务要求程序现象正确	26	一处不合格扣2分			
4	操作过程正确	10	一处不合格扣2分			
5	电路原理图绘制正确	12	一处不合格扣2分			
6	设备使用过程正确	12	一处不合格扣2分			
7	安全用电	12	一处不合格扣2分			
8	安全文明生产	8	违纪一次扣5分			

学生任务实施过程的小结及反馈：

教师点评：

附表 10-3 中断系统的应用成绩评分标准

班级：	姓名：	学号：	成绩：			
序号	课题与技术要求	配分	评分标准	自检记录	交检记录	得分
1	软件使用正确	8	不合格无分			
2	源程序编写正确	12	不合格无分			
3	按任务程序现象正确	26	一处不合格扣 2 分			
4	操作过程正确	10	一处不合格扣 2 分			
5	电路原理图绘制正确	12	一处不合格扣 2 分			
6	设备使用过程正确	12	一处不合格扣 2 分			
7	安全用电	12	一处不合格扣 2 分			
8	安全文明生产	8	违纪一次扣 5 分			

学生任务实施过程的小结及反馈：

教师点评：

附表 10-4 数码管的静态显示成绩评分标准

班级：_____　　姓名：_____　　学号：_____　　成绩：_____

序号	课题与技术要求	配分	评分标准	自检记录	交检记录	得分
1	软件使用正确	8	不合格无分			
2	源程序编写正确	12	不合格无分			
3	按任务程序现象正确	26	一处不合格扣2分			
4	操作过程正确	10	一处不合格扣2分			
5	电路原理图绘制正确	12	一处不合格扣2分			
6	设备使用过程正确	12	一处不合格扣2分			
7	安全用电	12	一处不合格扣2分			
8	安全文明生产	8	违纪一次扣5分			

学生任务实施过程的小结及反馈：

教师点评：

附表 10－5　识别 4×4 矩阵式键盘成绩评分标准

班级：_____　　姓名：_____　　学号：_____　　成绩：_____

序号	课题与技术要求	配分	评分标准	自检记录	交检记录	得分
1	软件使用正确	8	不合格无分			
2	源程序编写正确	12	不合格无分			
3	按任务程序现象正确	26	一处不合格扣2分			
4	操作过程正确	10	一处不合格扣2分			
5	电路原理图绘制正确	12	一处不合格扣2分			
6	设备使用过程正确	12	一处不合格扣2分			
7	安全用电	12	一处不合格扣2分			
8	安全文明生产	8	违纪一次扣5分			

学生任务实施过程的小结及反馈：

教师点评：

附表 10-6 8×8 点阵式 LED 显示成绩评分标准

班级：_____ 姓名：_____ 学号：_____ 成绩：_____

序号	课题与技术要求	配分	评分标准	自检记录	交检记录	得分
1	软件使用正确	8	不合格无分			
2	源程序编写正确	12	不合格无分			
3	按任务程序现象正确	26	一处不合格扣 2 分			
4	操作过程正确	10	一处不合格扣 2 分			
5	电路原理图绘制正确	12	一处不合格扣 2 分			
6	设备使用过程正确	12	一处不合格扣 2 分			
7	安全用电	12	一处不合格扣 2 分			
8	安全文明生产	8	违纪一次扣 5 分			

学生任务实施过程的小结及反馈：

教师点评：

参考文献

[1] 机械工业技师考评培训教材编审委员会. 维修电工技师培训教材. 北京:机械工业出版社,2003.
[2] 舒伟红. 单片机原理与实训教程. 北京:科学出版社,2008.
[3] 王天曦、李鸿儒. 电子技术工艺基础. 北京:清华大学出版社,2000.
[4] 清华大学电子工艺实习教研组. 电子工艺实习讲义. 2005.
[5] 杨承毅、刘起义. 电工电子仪表的使用. 北京:人民邮电出版社,2009.
[6] 温风英. 电工电子技术与技能. 北京:机械工业出版社.
[7] 李敬梅. 电力拖动控制线路与技能训练. 北京:中国劳动社会保障出版社,2007.
[8] 刘进峰. 电子制作实训. 北京:中国劳动社会保障出版社,2006.
[9] 方承远. 工厂电气控制技术. 北京:机械工业出版社,2007.
[10] 浙江天煌科技实业有限公司. THPWJ-2型高级维修电工及技师技能实训考核装置实验讲义、THHAJS-1R型维修电工技师、高级技师技能实训考核装置实验讲义.
[11] 王廷才、王崇文. 电子线路计算机辅助设计Protel 2004. 北京:高等教育出版社,2009.
[12] 谭胜富. 电工安全技术. 北京:化学工业出版社,2009.
[13] 吴志敏、阳胜峰. 西门子PLC与变频器、触摸屏综合应用教程. 北京:中国电力出版社.
[14] 程周. 欧姆龙系列PLC入门与应用实例. 北京:中国电力出版社,2009.